高职高专"十二五"规划教材

焊接方法与操作

主编　高卫明
主审　高凤林

U0245432

北京航空航天大学出版社

内 容 简 介

本书根据高职高专焊接专业的培养目标,基于焊接职业岗位和工作过程对知识、能力、素质的要求,以各种焊接方法的实践操作能力为主线,结合典型生产案例,通过校企合作编写而成。本书内容包括焊条电弧焊、埋弧焊、钨极氩弧焊、二氧化碳气体保护焊、熔化极氩弧焊、混合气体保护焊、等离子弧焊接与切割等的基本理论及操作技术,共 10 个学习情境。在编写中理论联系实际,注重实践性、启发性、科学性,力求做到概念清晰、重点突出。对基础理论部分以必需和够用为原则,以强化应用为重点,体现了面向生产实际、突出职业性的精神。

本书可作为高职高专院校和其他职业学校焊接专业教材,也可供从事焊接生产方面的技术人员参考。

图书在版编目(CIP)数据

焊接方法与操作 / 高卫明主编. -- 北京 : 北京航空航天大学出版社,2012.8
ISBN 978 - 7 - 5124 - 0658 - 2

Ⅰ. ①焊… Ⅱ. ①高… Ⅲ. ①焊接工艺 Ⅳ.
①TG44

中国版本图书馆 CIP 数据核字(2011)第 249072 号

焊接方法与操作

主编 高卫明

主审 高风林

责任编辑 蔡 喆

*

北京航空航天大学出版社出版发行

北京市海淀区学院路 37 号(邮编 100191) http://www.buaapress.com.cn
发行部电话:(010)82317024 传真:(010)82328026
读者信箱:goodtextbook@126.com 邮购电话:(010)82316936
北京时代华都印刷有限公司印装 各地书店经销

*

开本:787×1 092 1/16 印张:17.75 字数:454 千字
2012 年 8 月第 1 版 2012 年 8 月第 1 次印刷 印数:3 000 册
ISBN 978 - 7 - 5124 - 0658 - 2 定价:34.00 元

前　言

随着生产的发展和科学技术的进步,焊接技术在国民经济发展中起着越来越重要的作用,并广泛应用于宇航、航空、核工业、造船、建筑及机械制造等工业部门,在我国的国民经济发展中,尤其是制造业发展中,焊接技术是一种不可缺少的加工手段。本书是根据教育部高职高专教育的教学改革指导思想和培养目标编写而成的。该书在内容上与实际工作紧密结合,在形式上充分体现“基于工作过程导向”的职业教育理念。该书以校企合作制订的《焊接生产岗位职业标准》为依据,参照国家职业技能鉴定标准中应知应会的内容和要求,及结合相关企业职工队伍素质和企业整体素质的建设需求而编写的。

本书内容包括焊条电弧焊、埋弧焊、钨极氩弧焊、二氧化碳气体保护焊、熔化极氩弧焊、混合气体保护焊、等离子弧焊接与切割等的基本理论及操作技术,共10个学习情境。每个学习情境又分为若干任务,各任务均按照高职学生的认知规律设计为“任务分析—相关知识—工作过程—拓展与延伸”的学习流程,各个模块之间有紧密的前后关联性。在“任务分析”中,主要介绍相关焊接方法的实质、特点及应用;在“相关知识”中,主要介绍掌握相关操作技能所必需的理论知识;在“工作过程”中,主要介绍相关焊接方法的焊接工艺及操作要点;在“拓展与延伸”中扩大学生的知识面,强化对学生实际能力的培养。

本书由四川航天职业技术学院高卫明副教授主编,严天明副教授任副主编,其中学习情境2、6、10由高卫明编写;学习情境1、4由严天明编写;学习情境3、5、7、8、9由闫霞编写。全书由中国航天运载火箭技术研究院特级技师高凤林主审。

由于编者水平有限,加之时间仓促,教材中如有不妥和错漏之处,恳请广大读者批评指正,以期再版时更加完善。

编　者
2012 年 5 月

目　　录

学习情境一

焊接方法分类、应用及发展概况

🎯 知识目标

1. 了解焊接的分类及常用电弧焊的分类；
2. 熟悉各种焊接方法的应用范围；
3. 了解焊接技术的发展现状与趋势。

任务一　焊接的分类及常用电弧焊的分类

一、任务分析

　　了解焊接的分类及常用电弧焊的分类方法，有利于进一步了解各种焊接方法的应用范围、焊接技术发展现状及趋势等有关基础知识。

二、相关知识

(一) 焊接方法的分类

　　根据热源的性质、形成接头的状态及是否加压来划分，焊接主要分为熔化焊、钎焊、压焊三种。

　　1. 熔化焊

　　熔化焊是将焊件接头加热至熔化状态，不加压力完成焊接的方法。它包括气焊、电弧焊、电渣焊、激光焊、电子束焊、等离子弧焊、堆焊和铝热焊等。

　　2. 压　焊

　　压焊是通过对焊件施加压力（加热或不加热）来完成焊接的方法。它包括爆炸焊、冷压焊、摩擦焊、扩散焊、超声波焊、高频焊和电阻焊等。

　　3. 钎　焊

　　钎焊是采用比母材熔点低的金属材料作钎料，在加热温度高于钎料低于母材熔点的情况下，利用液态钎料润湿母材，填充接头间隙，并与母材相互扩散实现连接焊件的方法。它包括硬钎焊、软钎焊等。

(二) 电弧焊的分类

　　电弧焊是以电弧作为热源的形式，将电能转变为热能以熔化金属、实现焊接的一种熔化焊方法,是现代焊接方法中应用最为广泛,也是最为重要的一类焊接方法。

利用电弧作为热源的熔焊方法,称为电弧焊。可分为焊条电弧焊、埋弧自动焊和气体保护焊三种。焊条电弧焊的最大优点是设备简单,应用灵活、方便,适用面广,可焊接各种焊接位置和直缝、环缝及各种曲线焊缝;尤其适用于操作不便的场合和短小焊缝的焊接。埋弧自动焊具有生产率高、焊缝质量好、劳动条件好等特点。气体保护焊具有保护效果好、电弧稳定、热量集中等特点。

埋弧焊又可分为自动与半自动埋弧焊,但埋弧半自动焊设备过于笨重,已逐渐淘汰,而改用 CO_2 气体保护焊或焊条电弧焊。

气体保护焊的分类方法有三种:

1. 按保护气体的种类分

气体保护焊按保护气体的种类分,可分为氩弧焊、氦弧焊、氮弧焊、氢原子焊、二氧化碳气体保护焊以及混合气体保护焊等。

上述的保护气体中,氩气、氦气是惰性气体,一般用于化学性质比较活泼的金属的焊接。氩气的保护效果好,使用也最普遍。氦气由于价格昂贵,且气体消耗量大,常与氩气等混合使用。氮气、氢气是还原性气体。其中由于氮气不溶于铜,故多用于铜及铜合金的焊接。氢气则主要在氢原子焊中作保护气体。此外,氮气、氢气也常与其他气体混合使用。二氧化碳气体是氧化性气体。由于二氧化碳气体的来源丰富、成本低,因此应用也比较广泛,主要用于碳素钢及合金钢的焊接。

混合气体就是在一种保护气体中加入适量的另一种(或几种)其他气体。这样做能细化熔滴、增加电弧析出的热量及提高焊接质量,所以也被广泛采用。常用的各种保护气体及其主要用途如表 1-1 所列。

2. 按电极的形式分

气体保护焊按电极的形式可分为非熔化极气体保护电弧焊及熔化极气体保护电弧焊。

非熔化极气体保护焊是指钨极惰性气体保护焊(GTAW),即使用纯钨或活化钨(钍钨、铈钨等)电极的惰性气体保护焊。常用的是钨极氩弧焊(TIG 焊)。熔化极气体保护焊是指使用熔化电极的气体保护焊。按焊丝性能及结构的不同,又分为实心焊丝及药芯焊丝气体保护焊两类。

① 实心焊丝气体保护焊中有如下三种:

● 熔化极惰性气体保护焊(MIG 焊),如 Ar 保护焊、He 保护焊及 Ar＋He 保护焊等。

● 富氩混合气体保护焊(如 Ar＋O_2、Ar＋CO_2、Ar＋CO_2＋O_2 等)具有氧化性气体的活性混合气体保护焊,即属 MAG 焊。

● CO_2 气体保护焊,包括 CO_2＋O_2 气体保护焊,均属活性气体保护焊(MAG 焊)。

② 药芯焊丝气体保护焊中有如下三种:

● CO_2 保护焊。

● CO_2＋Ar 保护焊。

● 自保护焊(由焊芯药粉中造气剂造出保护气)。

3. 按操作方法分

气体保护焊按操作方法可分为手工气体保护焊、半自动及自动气体保护焊。

表 1-1 常用的保护气体及其主要用途

保护气体	其他化学成分及其体积分数	化学性质	焊接方法	适用的母材
Ar		惰性	熔化极、钨极	铝及铝合金
Ar+He	He 10%			
Ar				钛、锆及其合金
Ar+He	He 25%			
Ar				铜及铜合金
Ar+He	He 50%或 He 70%			
N₂			熔化极	
Ar+N₂	N₂20%			
Ar+O₂	O₂1%~2%	氧化性		不锈钢及高强度钢
Ar+O₂+CO₂	O₂1%~2%;CO₂5%			
Ar		惰性	钨极	
Ar+O₂	O₂1%~5%或 20%	氧化性	熔化极	碳钢及低合金钢
Ar+CO₂	CO₂20%~30%			
Ar+CO₂+O₂	CO₂15%;O₂5%			
CO₂				
Ar		惰性	熔化极、钨极	镍基合金
Ar+He	He 15%~20%			
Ar+H₂	H₂<6%	还原性	钨极	

注:表中"体积分数"可用希腊字母 Ψ(某物质的化学符号)(%)表示,如 Ar+He 的混合气体中,He 的体积分数为 10%,即可表示为 Ψ(He)=10%(或 0.10)。

任务二 各种焊接方法的应用范围、焊接技术发展现状及趋势

一、任务分析

了解各种焊接方法的应用范围、焊接技术发展现状及趋势,便于在实际焊接生产中选择适应的焊接方法,降低成本,提高各种焊接方法的经济性。

二、相关知识

(一)各种焊接方法的应用范围

1. 手工电弧焊的应用

手工电弧焊的应用虽因气体保护电弧焊和其他高效焊接方法的发展而有所减少,但仍然是常用的焊接方法;用于多品种、小批量的焊接件最为经济;在许多安装焊接和修补焊接中还

不能为其他焊接方法所取代。但焊工的操作技术水平对手工电弧焊质量影响很大,因此焊工必须接受严格培训,方能从事此种焊接工作。

2. 埋弧焊应用

埋弧焊是以连续送给的焊丝作为电极和填充金属。焊接时,在焊接区的上面覆盖一层颗粒状焊剂,电弧在焊剂层下燃烧,将焊丝端部和局部母材熔化,形成焊缝。在电弧热的作用下,上部分焊剂熔化熔渣并与液态金属发生冶金反应。熔渣浮在金属熔池的表面,一方面可以保护焊缝金属,防止空气的污染,并与熔化金属产生物理化学反应,改善焊缝金属的成分及性能;另一方面还可以使焊缝金属缓慢冷却。埋弧焊可以采用较大的焊接电流。与手弧焊相比,其最大的优点是焊缝质量好,焊接速度高。因此,它特别适于焊接大型工件的直缝式环缝,而且多数采用机械化焊接。

埋弧焊目前主要用于焊接各种钢板结构。可焊接的钢种包括碳素结构钢、不锈钢、耐热钢及其复合钢材等,还适用于压力容器的环缝焊和直缝焊,锅炉冷却壁的长直焊缝焊接,船舶和潜艇壳体的焊接,起重机械(行车)和冶金机械(高炉炉身)的焊接等。此外,用埋弧焊堆焊耐磨耐蚀合金或用于焊接镍合金、铜合金也是较理想的。

3. 气体保护焊的应用

根据所采用的保护气体的种类不同,气体保护焊适用于焊接不同的金属结构。例如,CO_2气体保护焊适用于焊接碳钢、低合金钢,而惰性气体保护焊除了可以焊接碳钢、低合金钢外,也适用于焊接铝、铜、镁等有色金属及其合金。某些熔点较低的金属,如锌、铅、锡等,由于焊接时容易蒸发出有毒的物质,或污染焊缝,因此很难采用气体保护焊进行焊接甚至不宜焊接。

气体保护焊方法特别适合于焊接薄板。不论是熔化极气体保护焊工艺还是非熔化极气体保护焊工艺,都可以成功地焊接厚度不足 1 mm 的薄板。采用气体保护焊工艺焊接中,厚板有一定的限制。一般说,当板厚超过一定限度后,其他电弧焊方法(如埋电弧焊或电渣焊)的生产效率和成本都比气体保护焊高。

气体保护焊根据实际生产中应用材质的具体情况,也可焊接厚板材料。例如,在铝合金焊接中,厚度 75 mm 的工件采用大电流熔化极惰性气体保护焊(MIG),双面单道焊即可完成。从生产效率上看,熔化极气体保护焊高于非熔化极气体保护焊,从焊缝美观上看,非熔化极气体保护焊(填丝或不填丝)没有飞溅,焊缝成形美观。就焊接位置而言,气体保护焊方法适合于焊接各种位置的焊缝,特别是 CO_2 气体保护焊由于电弧有一定的"吹力"更适合全位置焊接。由于各种气体保护焊采用的保护气体不同,每种方法具体的适应性也不同。比如,氩气比空气的密度大,因而氩弧焊更适合于水平位置的焊接,氦气比空气的密度小,氦弧焊适合于空间位置特别是仰焊位置的焊接,但实际应用较少。

几种常用气体保护焊方法的应用范围如下。

(1) CO_2 气体保护焊

CO_2 气体保护焊一般用于汽车、船舶、管道、机车车辆、集装箱、矿山和工程机械、电站设备、建筑等金属结构的焊接生产。CO_2 气体保护焊可以焊接碳钢和低合金钢,并可以焊接从薄板到厚板的不同的工件。采用细丝、短路过渡的方法可以焊接薄板;采用粗丝、射流过渡的方法可以焊接中、厚板。CO_2 气体保护焊可以进行全位置焊接,也可以进行平焊、横焊及其他空间位置的焊接。

药芯焊丝 CO_2 气体保护焊是近年来发展起来的采用渣-气联合保护的适用性广泛的焊接工艺,主要适合于焊接低碳钢、500 MPa 级的低合金高强钢、耐热钢以及表面堆焊等。通常药芯焊丝气体适合于中厚板进行水平位置的焊接,一般用于对外观要求较严格的箱形结构件、工程机械,是用于焊接碳钢和低合金钢的重要焊接方法之一,具有很大的发展前景。

(2) 熔化极气体保护焊

熔化极惰性气体保护焊(MIG)可以采用半自动或全自动焊接,应用范围较广。MIG 焊可以对各种材料进行焊接,但近年来碳钢和低合金钢等更多地采用富氩混合气体保护焊进行焊接,而很少采用纯惰性气体保护焊;熔化极惰性气体保护焊一般常用于焊接铝、镁铜、钛及其合金和不锈钢。熔化极惰性气体保护焊可以焊接各种厚度的工件,但实际生产中一般焊接较薄的板,如厚度 2 mm 以下的薄板采用熔化极惰性气体保护焊的焊接效果较好。熔化极惰性气体保护焊可以实现智能化控制的全位置焊接。

熔化极活性气体保护焊(MAG)因为电弧气氛具有一定的氧化性所以不能用于活泼金属(如 Al、Mg、Cu 及其合金)的焊接。熔化极活性气体保护焊多应用于碳钢和某些低合金钢的焊接,可以提高电弧稳定性和焊接效率。熔化性活性气体保护焊在气体制造、化工机械、工程机械、矿山机械、电站锅炉等行业得到广泛应用。

(3) 非熔化极惰性气体保护焊

非熔化极惰性气体保护焊又称为钨极氩弧焊(TIG)。除了熔点较低的铅、锌等金属以外,对大多数金属及其合金,采用钨极氩弧焊进行焊接都可以得到满意的焊接接头质量。TIG 焊可以焊接质量要求较高的薄壁件,如薄壁管子,管-板、阀门与法兰盘等。TIG 焊适合于焊接各种类型的坡口和接头,特别是管接头,并可进行堆焊,最适合于焊接厚度 1.6~10 mm 的板材和直径 25~100 mm 的管子。对于更大厚度的板材,采用熔化极气体保护焊更加经济实用。

TIG 焊可以焊接形状复杂而焊缝较短的工件,通常采用半自动 TIG 焊工艺;形状规则的焊缝可以采用自动 TIG 焊工艺。

(4) 等离子弧焊

等离子弧焊适合于手工和自动两种操作,可以焊接连续或断续的焊缝。焊接时可添加或不添加填充金属。一般 TIG 焊能焊接的大多数金属,均可用等离子弧焊进行焊接,如碳钢、低合金钢、不锈钢、铜合金、镍及镍合金、钛及钛合金等。低熔点和低沸点的金属(如铅、锌等)不适合等离子弧焊。

手工等离子弧焊可进行全位置焊接,而自动等离子弧焊通常是在平焊位置进行焊接。等离子弧焊适于焊接薄板,不开坡口并且背面不需要加衬垫。等离子弧焊最薄可焊接厚度 0.01 mm 的金属薄片,板厚超过 8 mm 的金属一般不采用等离子弧焊进行焊接。

4. 钎焊的应用

钎焊的能源可以是化学反应热,也可以是间接热能。它是利用熔点比被焊材料的熔点低的金属作钎料,经过加热使钎料熔化,靠毛细管作用将钎料吸入到接头接触面的间隙内,润湿被焊金属表面,使液相与固相之间互相扩散而形成钎焊接头。因此,钎焊是一种固相兼液相的焊接方法。钎焊加热温度较低,母材不熔化,而且也不需施加压力。但焊前必须采取一定的措施清除被焊工件表面的油污、灰尘、氧化膜等。这是使工件润湿性好、提高接头质量的重要保证。钎料的液相线温度高于 450℃ 而低于母材金属的熔点时,称为硬钎焊;低于 450℃ 时,称为软钎焊。根据热源或加热方法不同钎焊可分为火焰钎焊、感应钎焊、炉中钎焊、浸沾钎焊和电阻钎焊等。钎焊时由于加热温度比较低,故对工件材料的性能影响较小,焊件的应力变形也较小。但钎焊接头的强度一般比较低,耐热能力较差。钎焊可以用于焊接碳钢、不锈钢、高温合金、铝、铜等金属材料,还可以连接异种金属、金属与非金属。适于焊接受载不大或常温下工作的接头,对于精密的、微型的以及复杂的多钎缝焊件尤其适用。

5. 电渣焊的应用

如前面所述,电渣焊是以熔渣的电阻热为能源的焊接方法。焊接过程是在立焊位置、在由两工件端面与两侧水冷铜滑块形成的装配间隙内进行。焊接时利用电流通过熔渣产生的电阻热将工件端部熔化。根据焊接时所用的电极形状,电渣焊分为丝极电渣焊、板极电渣焊和熔嘴电渣焊。电渣焊的优点是:可焊的工件厚度大(从 30 mm 到大于 1 000 mm),生产率高,主要用于在断面对接接头及丁字接头的焊接。电渣焊可用于各种钢结构的焊接,也可用于铸件的组焊。电渣焊接头由于加热及冷却均较慢,其热影响区宽、显微组织粗大、韧性,因此焊接以后一般须进行正火处理。

6. 高能束焊的应用

这一类焊接方法包括电子束焊和激光焊。

(1) 电子束焊的应用

电子束焊是以集中的高速电子束轰击工件表面时所产生的热能进行焊接的方法。电子束焊接时,由电子枪产生电子束并加速。常用的电子束焊有:高真空电子束焊、低真空电子束焊和非真空电子束焊。前两种方法都是在真空室内进行的,焊接准备时间(主要是抽真空时间)较长,工件尺寸受真空室大小限制。电子束焊与电弧焊相比,主要的特点是焊缝熔深大、熔宽小、焊缝金属纯度高。它既可以用在很薄材料的精密焊接,又可以用在很厚的(最厚达300 mm)构件焊接。所有用其他焊接方法能进行熔化焊的金属及合金都可以用电子束焊接。目前主要用于要求高质量的产品的焊接,还能解决异种金属、易氧化金属及难熔金属的焊接。但不适于大批量产品。

(2) 激光焊的应用

激光焊是利用大功率相干单色光子流聚焦而成的激光束为热源进行的焊接。这种焊接方法通常有连续功率激光焊和脉冲功率激光焊。激光焊优点是不需要在真空中进行,缺点则是穿透力不如电子束焊强。激光焊时能进行精确的能量控制,因而可以实现精密微型器件的焊接。它能应用于很多金属,特别是能解决一些难焊金属及异种金属的焊接。

7. 摩擦焊的应用

摩擦焊是以机械能为能源的固相焊接。它是利用两表面间机械摩擦所产生的热来实现金属的连接的。摩擦焊的热量集中在接合面处,因此热影响区窄。两表面间须施加压力,多数情况是在加热终止时增大压力,使热态金属受顶锻而结合,一般结合面并不熔化。摩擦焊生产率较高,原理上几乎所有能进行热锻的金属都能摩擦焊接。摩擦焊还可以用于异种金属的焊接。目前主要适用于横断面为圆形的最大直径为 100 mm 的工件。

(二) 焊接技术的发展现状与趋势

1. 常用焊接方法的发展现状与趋势

(1) 焊条电弧焊的发展现状与趋势

20 世纪 70 年代,西方国家以焊条电弧焊的焊接为主。从当时各国焊条占焊接材料总产量的比例看,美国和西欧约 70%,日本达 87%。随着焊接生产机械化、自动化的发展,以及 CO_2 气体保护焊技术的普及,使得焊条产量逐步减少,实心焊丝和药芯焊丝的比例逐步上升,到了 80 年代,美国和西欧焊条占焊接材料总产量的比例已下降到 40%。1982 年日本焊条占焊接材料总产量的比例已小于 50%,以后逐年快速下降,1990 年为 24.5%,1997 年以后下降到 20% 以下。

而我国的焊条电弧焊应用还是比较多,从电焊条工业上看就能反映我国焊条电弧焊的发展状况。我国的焊条产业实际上是从 20 世纪 50 年代逐步发展起来的,至今无论从生产规模、产量、消耗量等方面来看,堪称世界第一,现已是焊接材料生产和消费大国。但我国还不是焊接材料生产强国,就产品结构来说,焊条的主导产品 E4303 普通结构钢焊条已呈饱和状态,但市场上急需的高品质、特种焊条尚不能满足需求。管线用纤维素型和低氢型全位置焊焊条、船舶行业使用的高效铁粉焊条、石油化工行业短缺的超低碳专用不锈钢焊条、交流施焊的高塑性低氢焊条,都还有待进一步开发。我国手工焊用电焊条约占总产量的 79%,而发达国家只在 20%～30%(日本为 19%,美国为 29%,西欧为 26%)。由此看来,焊条电弧焊在我国的焊接结构生产中仍发挥着不可取代的作用。

(2) 埋弧焊的发展现状与趋势

埋弧焊(含埋弧堆焊及电渣堆焊等)是一种重要的焊接方法,其固有的焊接质量稳定、焊接生产率高、无弧光及烟尘很少等优点,使其成为压力容器、管段制造、箱型梁柱等重要钢结构制作中的主要焊接方法。近年来,虽然先后出现了许多种高效、优质的新焊接方法,但埋弧焊的应用领域依然未受任何影响。从各种熔焊方法的熔敷金属重量所占份额的角度来看,埋弧焊约占 10%,且多年来一直变化不大。

(3) 惰性气体保护焊发展现状与趋势

1) 钨极惰性气体保护焊(TIG)

钨极惰性气体保护焊可以焊接几乎所有的金属,主要有直流、交流、脉冲、热丝等工艺方法。其中热丝钨极氩弧焊是一种特殊的气体保护焊工艺方法,其焊接效率高,但对于电阻低的铝、铜等金属不宜采用。目前钨极氩弧焊主要还是应用于不锈钢、碳钢、铝及铝合金等的焊接。

2) 熔化极惰性气体保护焊(MIG)

熔化极惰性气体保护焊目前主要应用于有色金属及不锈钢的焊接,其中铝及铝合金、铜及铜合金以及不锈钢的熔化极惰性气体保护焊焊接已经达到了长足的发展。例如,对于铝及铝合金的熔化极惰性气体保护焊焊接中的焊丝,针对被焊材料的不同,相应地有不同种类焊丝的选择,并且在焊接工艺参数上主要包括短路过渡熔化极惰性气体保护焊、脉冲熔化极惰性气体保护焊、射流过渡熔化极气体保护焊以及大流量熔化极惰性气体保护焊。由于熔化极惰性气体保护焊方法操作简单方便,通常可以进行对接立焊、横焊、仰焊以及船形焊、水平角焊等位置的焊接。

(4) 活性气体保护焊发展现状与趋势

1) 实心焊丝 CO_2 气体保护焊

CO_2 气体保护焊作为一种高效节能的焊接方法在西方发达国家已经有非常广泛的应用，比如在日本 1996 年 CO_2 焊机的年销售台数占总焊机销售台数的 42%，已成为日本国内焊接领域应用最广泛的焊接方法。目前我国 CO_2 气体保护焊技术在汽车制造、造船、机车车辆、工程机械等机械加工制造业已经得到广泛应用。同时在我国的很多焊机领域，尤其是焊接工程量较大的石油化工、电力建设、建筑施工领域，CO_2 气体保护焊技术的应用还处于逐步推广发展的阶段。

由于 CO_2 焊接技术具有焊接质量好、综合成本低、利于节能降耗等优点，因此 CO_2 焊接技术在汽车制造、工程机械等行业得到推广应用。在石油化工、电力建设施工工程中，大多数为耐压容器和管道的焊接对焊缝质量要求较高，尤其是对焊缝中缺陷的控制较严格。CO_2 气体保护焊由于受焊接设备、材料、环境等诸多因素的影响，对焊接工艺的要求相对较高。尤其是焊接设备、焊丝、气体三大因素，如选择不当，会直接影响焊接质量。石油化工、电力建设工程很多是在野外露天进行，作业环境较差，受气候的影响也比较大，如储油储气罐、输油气管道的焊接等。

野外露天施工现场采用 CO_2 气体保护焊，如果有风的影响、焊接工艺采用不当或气候的变化等会影响 CO_2 气体保护效果，容易产生焊接气孔等缺陷，这也是 CO_2 焊接技术在室外工作中需要解决的问题。由于 CO_2 焊方法存在诸多优点，在电力建设、石油化工施工领域推广 CO_2 焊接技术对于企业降低生产成本，提高管理水平，增加经济效益有着重要的意义。而且近年来，国内 CO_2 气体保护焊设备、材料的迅速发展为 CO_2 焊接技术的推广打下了良好的基础。因此 CO_2 焊接技术在化工、石化施工领域的推广应用有着良好的前景。

综上所诉，CO_2 气体保护焊设备在石油化工、电力建设施工上的推广应用有着良好的前景，而且目前国内从设备、材料、工艺等方面也已经具备了在该领域广泛使用的条件。CO_2 焊接技术的推广应用必将为国内石化、电力施工企业带来可观的经济效益。

2) 药芯焊丝 CO_2 气体保护焊

药芯焊丝 CO_2 气体保护焊是目前发展比较快、较实用的一种新型的焊接方法。20 世纪 80 年代细焊丝的出现，使得药芯焊丝 CO_2 气体保护焊不仅仅用于大型和中型结构件的焊接，在小型及精密结构件的焊接中也发挥了重要的作用。药芯焊丝 CO_2 气体保护焊在国外的工业生产中已经得到了很大的发展，例如：在日本几乎所有的造船厂都使用细焊丝的药芯焊丝 CO_2 气体保护焊工艺；而在美国从造船、海洋结构，到普通制造业，从薄板到厚板，从大型企业到小型厂家越来越广泛地采用这种先进的焊接方法。

我国的药芯焊丝 CO_2 气体保护焊的发展也经历了从粗丝到细丝的发展。目前随着国内药芯焊丝的发展，已经逐步在海洋石油钻井平台、特大储罐、造船工业、机械制造、原子能工业、石油管道等方面得到推广应用，并且随着焊接人员的操作技术的提高，将会使我国的焊接工业水平得到较大的提高。

3) 混合气体保护焊

混合气体保护焊由于具有良好的焊接工艺性能，焊缝成形美观，目前被广泛应用于汽车、压力容器、集装箱及阀门等的焊接。采用自动混合气体保护焊对钢板组合件进行焊接，其生产效率是自动焊的 3 倍，同时可以大大降低工人的劳动强度，改善焊缝的外观质量和均匀性。

2. 现代焊接技术的发展趋势

(1) 提高焊接生产率是推动焊接技术发展的重要驱动力

提高生产率的途径有以下两个。第一提高焊接熔敷率,例如三丝埋弧焊,其工艺参数分别为 220A/33V、1400A/40V、1100A/45 V。采用坡口断面小,背后设置挡板或衬垫,50～60 mm 的钢板可一次焊透成形,焊接速度可达到,0.4 m/min 以上,其熔敷率与焊条电弧焊相比在 100 倍以上。第二个途径则是减少坡口断面及金属熔敷,近十年来最突出的成就就是窄间隙焊接。窄间隙焊接采用气体保护焊为基础,利用单丝、双丝、三丝进行焊接,无论接头厚度如何,均可采用对接形式,例如钢板厚度为 50～300 mm,间隙均可设计为 13 mm 左右,因此所需熔敷金属量成数倍、数十倍地降低,从而大大提高生产率。窄间焊接技术关键是看如何保证两侧熔透和保证电弧中心自动跟踪并处于坡口中心线上;为此,世界各国开发出多种不同的方案,因而出现了多种窄间隙焊接法。

电子束焊、等离子焊、激光焊时,可采用对接接头,且不用开坡口,因此是更理想的窄间隙焊接法,这也是它广泛受到重视的原因之一。

最新开发成功的激光电弧复合焊接方法可以提高焊接速度,如 5 mm 的钢板或铝板,焊接速度可达 2～3 m/min,可获得好的成形和质量,焊接变形小。

(2) 提高准备车间的机械化、自动化水平是当前世界先进工业国家的重点发展方向

为了提高焊接结构的生产效率和质量,仅仅从焊接工艺着手有一定的局限性,因而世界各国特别重视车间的技术改造。准备车间的主要工序包括材料运输,材料表面去油、喷砂、涂保护漆;钢板画线、切割、开坡口;部件组装及点固。以上工序在现代化的工厂中均已采用机械化、自动化。其优点不仅是提高了产品的生产率,更重要的是提高了产品的质量。

(3) 焊接过程自动化、智能化是提高焊接质量稳定性、解决恶劣劳动条件的重要方向

我国在焊接自动化及智能化的发展大致体现在以下 8 个方面。

① 机器人焊接技术由于其良好的控制柔性和软硬件成本的迅速降低,将得到极大地发展并成为制造业自动化焊接技术的首选。

② 焊缝形式单一的标准化的自动化焊接在金属结构制造和金属结构安装行业将得到极大发展:如:窄间隙焊接专机、管-管焊接专机、管-板焊接专机、管-法兰焊接专机、相贯线焊接专机、表面堆焊焊接专机等。

③ 针对特定行业具体金属结构件的非标自动化焊接专机技术将继续得到发展的智能化焊接专机技术。

④ 大型的自动化焊接装备技术。

⑤ 自动化焊接车间技术。

⑥ 自动化焊接车间的网络化、数字化管理,远程控制技术。

⑦ 焊缝的自动检测、跟踪和补偿技术,电弧的检测与自动补偿技术。

⑧ 可视化焊接技术的开发与应用。

(4) 新技术、新材料的发展不断推动焊接技术的前进

焊接技术自发明至今已有百余年历史,几乎可以满足当前工业中一切重要产品生产制造的需要。但是新技术发展仍然迫使焊接技术不断前进。微电子技术的发展促进微型连接工艺的和设备的发展;陶瓷材料和复合材料的发展促进了真空钎焊、真空扩散焊;宇航技术的发展也将促进空间焊接技术的发展。

(5)热源的研究与开发是推动焊接工艺发展的根本动力

焊接工艺几乎运用了世界上一切可以利用的热源,其中包括火焰、电弧、电阻、超声波、摩擦、等离子、电子束、电子束、微波等,历史上每一种热源的出现,都伴有新的焊接工艺的出现。至今焊接热源的开发与研究并未终止。

(6)节能技术是普遍关注的问题

众所周知,焊接消耗能量甚大,焊条电弧焊机每台约 10 kV·A,埋弧焊机每台约 90 kV·A,电阻焊机可高达上千 kV·A。不少新技术的出现就是为了实现节能目标。在电阻点焊中,利用电子技术的发展,将交流点焊机改成次级整流点焊机,可以提高焊机的功率因素,减少焊机容量,1 000 kV·A 的点焊机可以降低至 200 kV·A,仍然能够达到同样的焊接效果。近 10 年来,逆变焊机的出现是另外一个成功的例子,它可以减少焊机的重量,提高焊机的功率因素的控制性能,已广泛应用于生产。

练习与思考

1. 简述常用电弧焊的分类及特点。
2. 简述各种常用电弧焊焊接方法的应用范围。
3. 简述焊接技术的发展趋势。

学习情境二

焊条电弧焊

🎯 知识目标

1. 了解焊条电弧焊的特点；
2. 熟悉焊接接头形式、焊缝符号及标注方法；
3. 掌握焊条电弧焊的焊接工艺参数选用原则及方法；
4. 熟悉焊条电弧焊焊接缺陷种类、各种焊接缺陷产生原因、防止措施；
5. 了解焊条电弧焊的基本操作方法和各种焊接位置上的操作要点。

任务一　焊条电弧焊概述

一、任务分析

焊条电弧焊又称手工电弧焊，是熔化焊中最基本的一种焊接方法，是用手工操纵焊条进行焊接的电弧焊方法。焊条电弧焊按电极材料的不同可分为熔化极焊条电弧焊和非熔化极焊条电弧焊（如手工钨极气体保护焊）两种。焊条电弧焊目前仍然是焊接工作中的主要方法之一。

二、相关知识

焊条电弧焊之所以成为应用广泛的焊接方法，是因为具有以下一些特点：

1. 工艺灵活、适应性强

对于不同的焊接位置，接头形式，焊件厚度及焊缝，只要焊条能达到，均能进行方便的焊接。如果使用带弯的焊条，甚至对复杂结构的难焊部位的接头也可以进行焊接。对一些不规则的焊缝，短焊缝或仰焊位置、狭窄位置的焊缝，更显得机动灵活，操作方便。

2. 接头的质量易于控制

焊条电弧焊的焊条能够与大多数焊件金属性能相匹配，因而，接头的性能一般可以达到被焊金属的性能。焊条电弧焊不但能焊接碳钢和低合金钢、不锈钢及耐热钢，对于铸铁、高强度的钢、铜合金、镍合金等也可以用手工电弧焊焊接。

3. 易于分散焊接应力和控制焊接变形

由于焊接是局部的不均匀加热，所以焊件在焊接过程中都存在着焊接应力和变形。对结构复杂而焊缝又比较集中的焊件，长焊缝和大厚度焊件，其应力和变形问题更为突出。采用手工电弧焊，可以通过改变焊接工艺，如采用跳焊、分段退焊、对称焊等方法，来减少变形和改善焊接应力的分布。

4. 设备简单、成本较低

焊条电弧焊中使用的交流焊机和直流焊机,其结构都比较简单,维护保养也较方便,设备轻便而且易于移动,利用电焊软线可以延伸至较远的距离,现场施工和设备维修均较方便,且费用比其他电弧焊低。

焊条电弧焊的不足之处是,由于焊条的长度是一定的,因此当每根焊条焊完之后必须停止焊接,调换新的焊条,而且每焊完一焊道后要求除渣,焊接过程不能连续地进行,所以生产率低。采用手工操作,劳动强度大。并且焊缝质量与操作技术水平密切相关。

任务二　焊接接头形式和焊缝形式

一、任务分析

在焊条电弧焊中,由于焊件的结构形状、厚度及使用条件不同,其接头形式及坡口形式也不相同。了解一般焊接接头形式及焊缝形式等知识,为后续学习打好基础。

二、相关知识

(一) 焊接接头形式

用焊接方法连接的接头称为焊接接头,或简称接头。焊接接头包括焊缝、熔合区和热响区。

1. 对接接头

两焊件端面相对平行的接头称为对接接头。对接接头在焊接结构中是采用最多的一种接头形式。根据焊件的厚度、焊接方法和坡口准备的不同,对接接头可分为:

(1) 不开坡口的对接接头

当钢板厚度在 6 mm 以下,一般不开坡口。为使电弧深入金属进行加热,保证焊透,接头之间需留 1～2mm 的接缝间隙,如图 2-1 所示。

(2) 开坡口的对接接头

板厚大于 6 mm 的钢板,为保证焊透,焊前必须开坡口。开坡口就是用机械、火焰或电弧等加工坡口的过程。将接头开成一定角度叫做坡口角度,其目的是为了保证电弧能深入接头根部,使接头根部焊透,以及便于清除熔渣获得较好的焊缝成形。坡口还能起到调节焊缝金属中的母材和填充金属的比例作用。

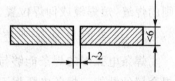

图 2-1　不开坡口的对接接头

钝边(焊件开坡口时,沿焊件厚度方向未开坡口的端面部分)是为了防止烧穿,但钝边的尺寸要保证第一层焊缝能焊透。根部间隙(焊前,在接头根部之间预留的空隙)也是为了保证接头根部能焊透。

坡口形式分为:

1) V 形坡口

钢板厚度为 7~40 mm 时,采用 V 形坡口。V 形坡口有:钝边 V 形坡口、V 形坡口、钝边单边 V 形坡口、单边 V 形坡口 4 种,如图 2-2 所示。V 形坡口的特点是加工容易,但焊后焊件易产生角变形。

2) X 形坡口

钢板厚度为 12~60 mm 时,采用 X 形坡口,也称双面 V 形坡口,如图 2-3 所示。X 形坡口与 V 形坡口相比较,在相同厚度下,能减少焊着金属量约二分之一,焊件焊后变形和产生的内应力也小些;所以它主要用于大厚度以及要求变形较小的焊接结构中。

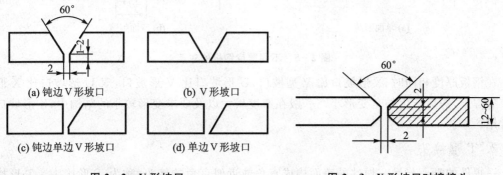

图 2-2 V 形坡口 图 2-3 X 形坡口对接接头

3) U 形坡口

U 形坡口有:U 形坡口、单边 U 形坡口、双面 U 形坡口,如图 2-4 所示。当钢板厚度为 20~60 mm 时采用 U 形坡口[图 2-4(a)],当钢板厚度为 40~60 mm 时采用双面 U 形坡口[图 2-4(c)]。

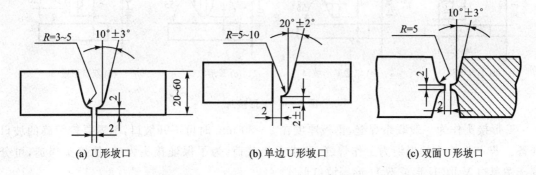

图 2-4 U 形坡口

U 形坡口的特点是焊着金属量最少,焊件产生的变形也小,焊缝金属中母材金属占的比例也小。但这种坡口加工较困难,一般应用于较重要的焊接结构。

不同厚度的钢板对接焊接时,如果厚度差($\delta-\delta_1$)不超过表 2-1 的规定时,则接头的基本形式与尺寸应按较厚板的尺寸数据选取。如果对接钢板的厚度差超过表 2-1 的规定,则应在较厚的板上作出单面或双面削薄,如图 2-5 所示,其削薄长 $L \geqslant 3(\delta-\delta_1)$。

表 2－1　不同厚度钢板对接的厚度差范围表

较薄板的厚度 δ_1/mm	≥2～5	>5～9	>9～12	>12
允许厚度差$(\delta-\delta_1)$/mm	1	2	3	4

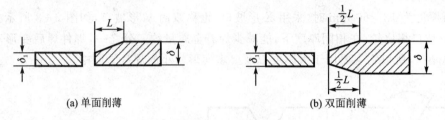

(a) 单面削薄　　　　　　　　　(b) 双面削薄

图 2－5　不同厚度钢板的对接

在钢板厚度相同时，X 形坡口比 V 型坡口，U 形坡口比 V 形坡口，双 U 形坡口比 X 形坡口节省焊条，焊后产生的角变形小。一般在厚度较大以及要求变形较小的结构中，X 形坡口比较常用。

2．T 形接头

一焊件的端面与另一焊件的表面构成直角或近似直角的接头，称为 T 形接头。T 形接头的形式如图 2－6 所示。T 形接头在焊接结构中被广泛地采用，特别是造船厂制造船体结构中，约 70%的焊缝是这种接头形式。按照焊件厚度和坡口准备的不同，T 形接头可分为不开坡口、单边 V 形、K 形以及双 U 形 4 种形式。

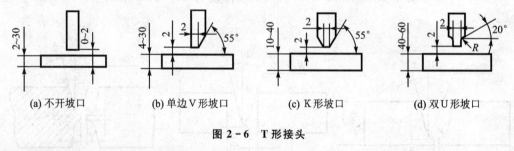

(a) 不开坡口　　(b) 单边 V 形坡口　　(c) K 形坡口　　(d) 双 U 形坡口

图 2－6　T 形接头

T 形接头作为一般联系焊缝，钢板厚度在 2～30 mm 时可不开坡口，不需要较精确的坡口准备。若 T 形接头的焊缝为工作焊缝，要求承受载荷，为了保证接头强度，使接头焊透，可分别选用单边 V 形、K 形或双 U 形等坡口形式。

3．角接接头

两焊件端面间构成大于 30°、小于 135°夹角的接头，称为角接接头。角接接头形式如图 2－7 所示。角接接头一般用于不重要的焊接结构中。根据焊件厚度和坡口准备的不同，角接接头可分为不开坡口、单边 V 形坡口、V 形坡口及 K 形坡口四种形式，但开坡口的角接接头在一般结构中较少采用。

4．搭接接头

两焊件部分重叠构成的接头称为搭接接头。搭接接头根据其结构形式和对强度的要求不同，可分为不开坡口、圆孔内塞焊以及长孔内角焊三种形式，如图 2－8 所示。

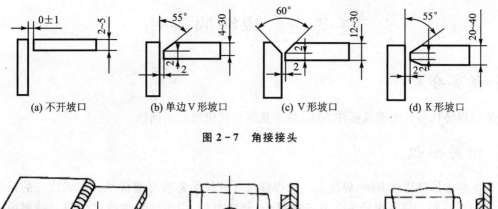

图 2-7　角接接头

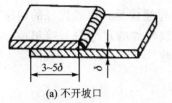 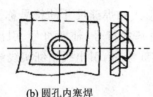 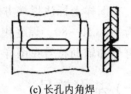

图 2-8　搭接接头

不开坡口的搭接接头,一般用于 12 mm 以下钢板,其重叠部分为 3~5 倍板厚,并采用双面焊接。这种接头的装配要求不高,也易于装配,但这种接头承载能力低,所以只用在不重要的结构中。

当遇到重叠钢板的面积较大时,为了保证结构强度,可根据需要分别选用圆孔内塞焊和长孔内角焊的接头形式。这种形式特别适合于被焊结构狭小处以及密闭的焊接结构,圆孔和长孔的大小和数量要根据板厚和对结构的强度要求而定。

搭接接头消耗钢板较多,增加了结构自重,且承载能力低,一般钢结构中很少采用。

5. 坡口的选择原则

焊接坡口的选择一般应遵循下列几条原则:

第一,能够保证焊件焊透(手工电弧焊熔深一般为 2~4 mm)且便于操作;

第二,坡口的形状应容易加工;

第三,尽可能地提高生产率和节省焊条;

第四,尽可能减小焊件焊后变形。

(二) 焊缝形式

焊缝是焊件经焊接后所形成的结合部分。焊缝按不同分类的方法可分为下列几种形式:

① 按焊缝在空间位置的不同可分为平焊缝、立焊缝、横焊缝及仰焊缝四种形式。

② 按焊缝结合形式不同可分为对接焊缝、角焊缝及塞焊缝三种形式。

③ 按焊缝断续情况可分为:定位焊缝——焊前为装配和固定焊件接头的位置而焊接的短焊缝称为定位焊缝;连续焊缝——沿接头全长连续焊接的焊缝;断续焊缝——沿接头全长焊接具有一定间隔的焊缝称为断续焊缝,分为并列断续焊缝和交错断续焊缝,其中断续焊缝只适用于对强度要求不高且不需要密闭的焊接结构。

任务三　焊缝的符号

一、任务分析

掌握焊缝代号的组成及标注方法,并注意其标注位置的正确性。

二、相关知识

在图样上标注焊接方法、焊缝形式和焊缝尺寸的符号称为焊缝代号。焊缝代号的国家标准为GB324—80。焊缝代号主要由基本符号、辅助符号、引出线和焊缝尺寸符号等组成。基本符号和辅助符号在图样上用粗实线绘制,引出线用细实线绘制。

(一) 基本符号

基本符号是表示焊缝横剖面形状的符号,采用近似于焊缝横剖面形状的符号来表示,如表2-2所列。

表2-2　基本符号

序　号	焊缝名称	焊缝形式	符　号
1	I形焊缝		‖
2	V形焊缝		V
3	钝边焊缝		Y
4	单边V形焊缝		
5	钝边单边V形焊缝		
6	U形焊缝		

序　号	焊缝名称	焊缝形式	符　号
7	单边 U 形焊缝		Ρ
8	喇叭形焊缝		⊢
9	单边喇叭形焊缝		⌈
10	角焊缝		◺
11	塞焊缝		⊓
12	点焊缝		○
13	缝焊缝		⊖
14	封底焊缝		◡
15	堆焊缝		⌣⌣

（二）辅助符号

焊缝符号是表示对焊缝的辅助要求的符号，见表 2－3。

表 2 - 3 辅助符号

序 号	名 称	形 式	符 号	说 明
1	平面符号		—	表示焊缝表面齐平
2	凹起符号		⌣	表示焊缝表面内陷
3	凸起符号		⌢	表示焊缝表面凸起
4	带垫板符号		▭	表示焊缝底部有垫板
5	三面焊缝符号		⊏	要求三面焊缝符号的开口方向与三面焊缝的实际方向断得基本一致
6	周围焊缝符号		○	表示环绕工件周围焊缝
7	现场符号			表示在现场或工地上进行焊接
8	交错断续焊缝符号		Z	表示双面交错断续分布焊缝

（三）引出线

引出线一般由指引线、横线组成。指引线应指向有关焊缝处,横线一般应与主标题栏平行。焊缝符号标注在横线上,其位置见表 2 - 4,必要时可在横线末端加一尾部,作为其它说明用(如焊接方法等),如图 2 - 9 所示。

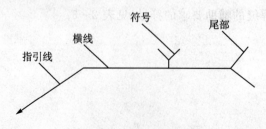

图 2 - 9 引出线

表 2-4　焊缝符号在横线上的位置

焊缝形式	表示法	标注法	位置说明
	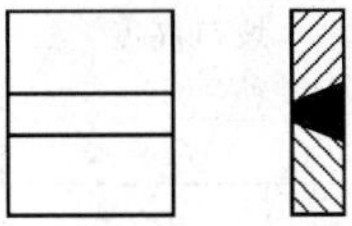	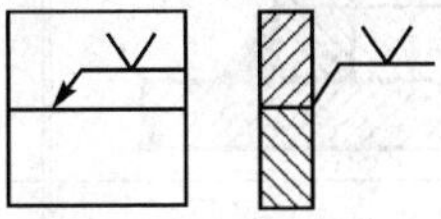	如果焊缝的外表面(焊缝面)在接头的箭头侧,应标注在横线上
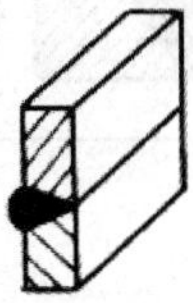	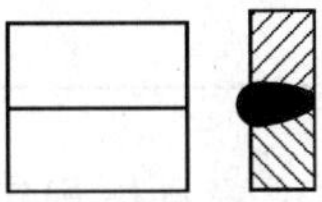	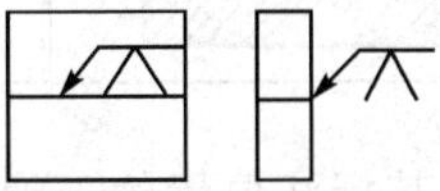	如果焊缝的外表面(焊缝面)在接头的箭头其他侧,标注在横线下
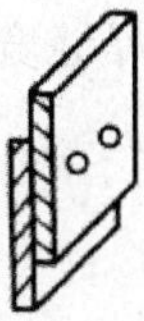	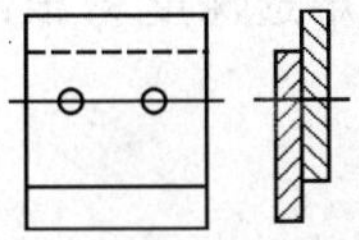	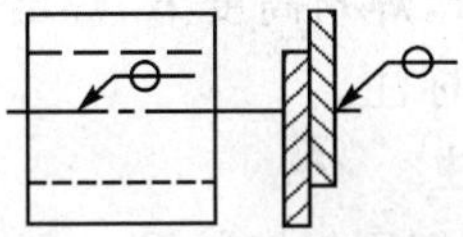	如果焊缝在接头的平面内,则穿过横线

注:用焊缝焊接的点焊缝,其叠面作为焊缝的外表面。

(四) 焊缝尺寸符号及其标注方法

焊缝尺寸一般不标注。如设计或生产需要注明焊缝尺寸时,其尺寸符号如表 2-5 所列。

表 2-5　焊缝尺寸符号

符号	名称	示意图	符号	名称	示意图
δ	板材厚度		c	焊缝宽度	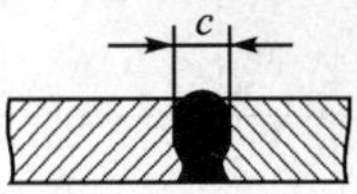
α	坡口角度	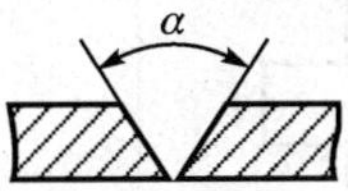	p	钝边高度	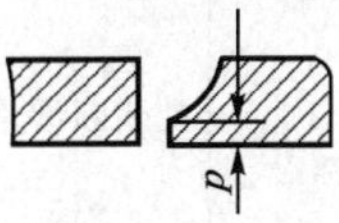
b	根部间隙	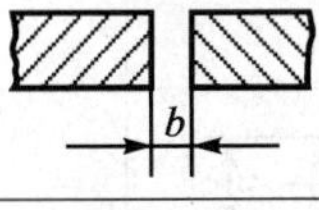	R	根部半径	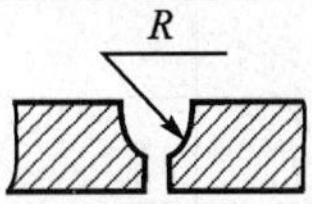
l	焊缝长度	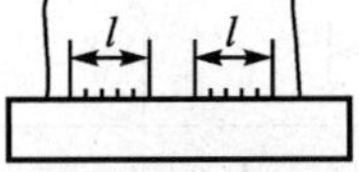	s	熔透深度	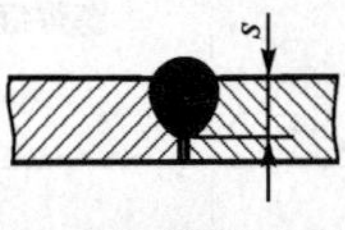
e	焊缝间隙	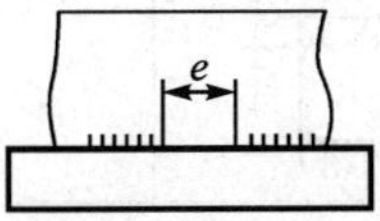	n	相同焊缝数量符号	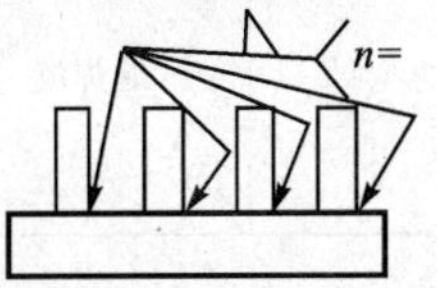

符 号	名 称	示意图	符 号	名 称	示意图
K	焊角高度	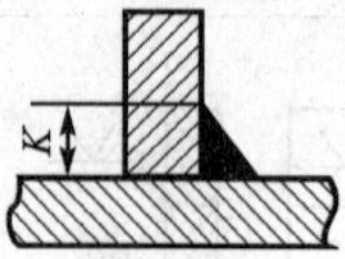	H	坡口高度	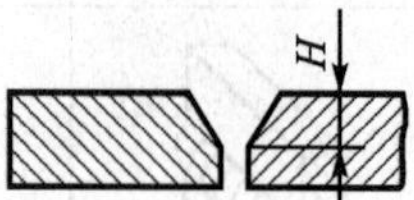
d	焊点直径	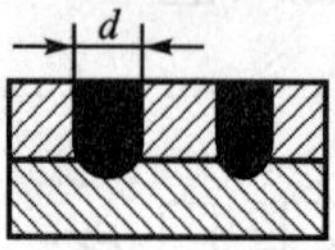	h	焊缝增高量（也称余高）	

焊缝尺寸标注时,应注意其标注位置的正确性。标注位置具体规定如下:

(1) 在焊缝符号左边标注

钝边高度 p,坡口高度 H,焊角高度 K,焊缝余高 h,熔透深度 s,根部半径 R,焊缝宽度 c,焊点直径 d 在焊缝符号左边标注。

(2) 在焊缝符号右边标注

焊缝长度 l,焊缝间隙 e,相同焊缝数量 n 在焊缝符号右边标注。

(3) 在焊缝符号上边标注

坡口角度 α,根部间隙 b 在焊缝符号上边标注。

焊缝尺寸标注示例如表 2-6 所列。

表 2-6 焊缝尺寸标注方法的示例

序 号	焊缝名称	焊缝形式	标注方法
1	断续角焊缝	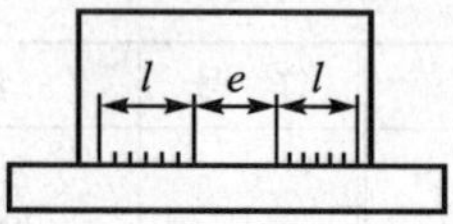	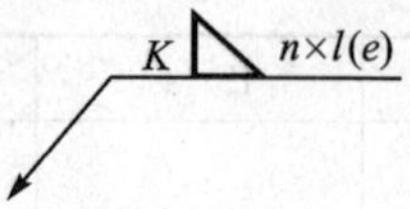 $K \triangle\, n×l(e)$
2	交错断续角焊缝	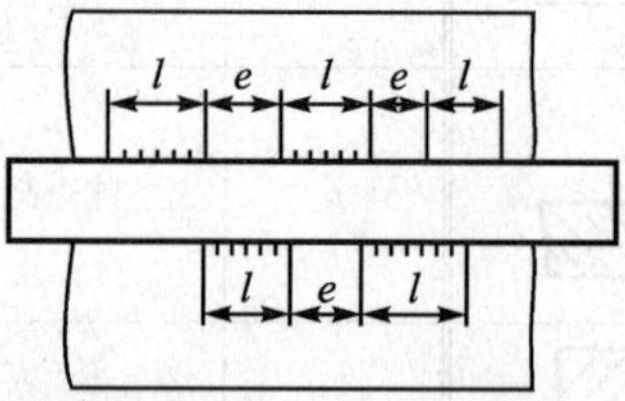	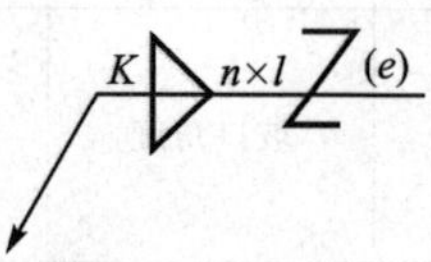 $K \triangle\, n×l\,\,Z(e)$
3	塞焊缝	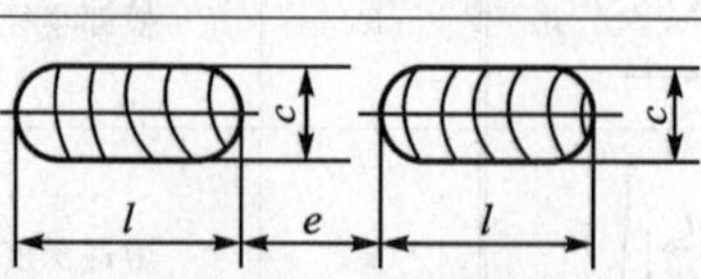	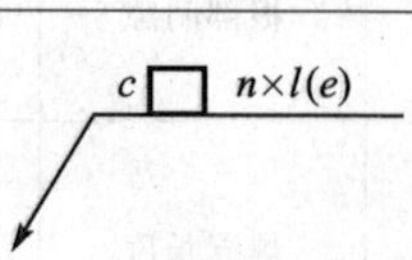 $c\,\square\, n×l(e)$
4	缝焊缝	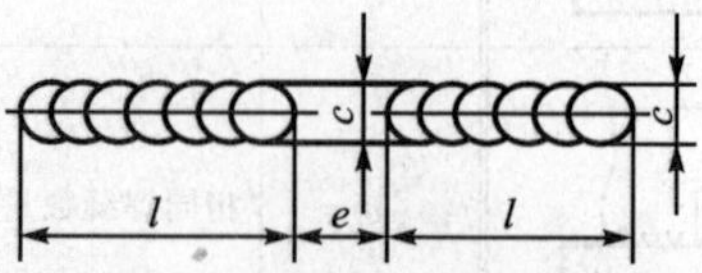	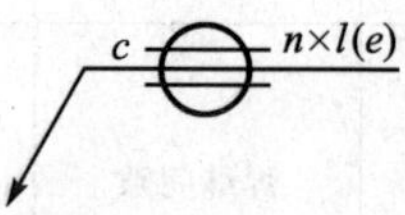 $c\,\bigcirc\, n×l(e)$

序　号	焊缝名称	焊缝形式	标注方法
5	点焊缝		

注:焊缝相对于板材边缘的边距尺寸应在图纸上标注;带锥度的塞焊缝,应在图样上标注孔底部尺寸。

任务四　焊条电弧焊工艺

一、任务分析

　　焊条电弧焊的焊接工艺参数通常包括:焊条选择、焊接电流、电弧电压、焊接速度、焊接层数等。焊接工艺参数选择得正确与否,直接影响焊缝的形状、尺寸、焊接质量和生产率,因此选择合适的焊接工艺参数是焊接生产上不可忽视的一个重要问题。

　　本次任务将介绍焊接工艺参数的选择及焊条电弧焊的基本操作方法。

二、相关知识

(一)焊接工艺参数

　　焊接工艺参数是指焊接时,为保证焊接质量而选定的诸物理量(如:焊接电流、电弧电压、焊接速度、线能量等)的总称,也叫做焊接规范。

　　由于焊接结构件的材质、工作条件、尺寸形状及装配质量不同,所选择的工艺参数也有所不同。即使同样的焊件,亦会因焊接设备条件与焊工操作习惯的不同而选用不同的工艺参数。因此,选择焊条电弧焊的焊接工艺参数,要掌握其选择原则,焊接时要根据具体情况灵活掌握。

1. 焊条的选择

(1) 焊条牌号的选择

　　焊缝金属的性能主要由焊条和焊件金属相互熔化状况决定。在焊缝金属中填充金属约占 $50\%\sim70\%$,因此,焊接时应选择合适的焊条牌号才能保证焊缝金属具备所要求的性能。否则,将影响焊缝金属的化学成分、机械性能和使用性能。

(2) 焊条直径的选择

　　为了提高生产率,应尽可能选用较大直径的焊条,但是用直径过大的焊条焊接,会造成未焊透或焊缝成形不良。焊条直径大小的选择与下列因素有关:

1) 焊件的厚度

　　厚度较大的焊件应选用直径较大的焊条;反之,薄焊件的焊接,则应选用小直径的焊条。在一般情况下,焊条直径与焊件厚度之间关系的参考数据如表 2-7 所列。

表 2-7 焊条直径选择的参考数据

焊件厚度/mm	≤1.5	2	3	4~7	8~12	≥13
焊条直径/mm	1.6	1.6~2	2.5~3.2	3.2~4	4~5	5~6

2) 焊接位置

在焊件厚度相同的情况下,平焊位置焊接用的焊条直径出其他位置要大一些;立焊所用焊条,直径最大不超过 5 mm;仰焊及横焊时,焊条直径不应超过 4 mm,以获得较小的熔池,减少熔化金属的下滴。

3) 焊接层数

在焊接厚度较大的焊件时,需进行多层焊,且要求每层焊缝厚度不宜过大,否则,会降低焊缝金属的塑性。

在进行多层焊时,如果第一层焊道所采用的焊条直径过大,焊条不能深入坡口根部会,造成电弧过长,而产生未焊透等缺陷。因此,多层焊的第一层焊道一般采用直径 3~4 mm 的焊条。以后各层可根据焊件厚度,选用较大直径的焊条。

4) 接头形式

搭接接头、T 形接头因不存在全焊透问题,所以应选用较大的焊条直径以提高生产率。

2. 焊接电流的选择

焊接时,流经焊接回路的电流称为焊接电流。焊接电流的大小是影响焊接生产率和焊接质量的重要因素之一。

增大焊接电流能提高生产率,但电流过大时,焊条本身的电阻热会使焊条发红,易造成焊缝咬边、烧穿等缺陷,同时增加了金属飞溅,也会使接头的组织产生过热而发生变化;而电流过小不但引弧困难,电弧不稳定,也易造成夹渣、未焊透等缺陷,降低焊接接头的机械性能,所以应适当地选择电流。焊接时决定电流强度的因素很多,如焊条类型、焊条直径、焊件厚度、接头形式、焊缝位置和层数等;但是主要的是焊条直径、焊缝位置和焊条类型。

(1) 根据焊条直径选择

焊条直径的选择取决于焊件的厚度和焊缝的位置等。焊条直径小时,焊接电流也应小些。反之,焊条直径越大,熔化焊条所需要的电弧热量也越大,电流也相应要大。焊接电流大小与焊条直径的关系,一般可根据下面的经验公式选择:

$$I_n = Kd \tag{2-1}$$

式中:I_n——焊接电流,A;

d——焊条直径,mm;

K——经验系数,数值参见表 2-8。

表 2-8 焊条直径与经验系数的关系

焊条直径/mm	1~2	2~4	4~6
经验系数 K	25~30	30~40	40~2

根据式(2-1)所求得的焊接电流只是一个大概数值,在实际生产中,焊工一般凭经验选择适当的焊接电流。先根据焊条直径算出一个大概的焊接电流,然后在钢板上进行试焊。在试

焊过程中,可根据以下几点来判断选择的电流是否合适。

1) 看飞溅

电流过大时,电弧吹力大,可看到较大颗粒的铁水向熔池外飞溅,焊接时爆裂声大;电流过小时,电弧吹力小,熔渣和铁水不易分清。

2) 看焊缝成形

电流过大时,熔深大、焊缝余高低、两侧易产生咬边;电流过小时,焊缝窄而高、熔深浅,且两侧与母材金属熔合不好;电流适中时,焊缝两侧与母材金属熔合得很好,呈圆滑过渡。

3) 看焊条熔化状况

电流过大时,当焊条熔化了大半根时,其余部分均已发红;电流过小时,电弧燃烧不稳定,焊条容易粘在焊件上。

(2) 根据焊接位置选择

相同焊条直径的条件下,在焊接平焊缝时,由于焊条和控制熔池中的熔化金属都比较容易,因此可以选择较大的电流进行焊接。但在其他位置焊接时,为了避免熔化金属从熔池中流出,要使熔池尽可能小些,所以电流相应要比平焊小一些。

(3) 根据焊条类型选择

当其他条件相同时,碱性焊条使用的焊接电流应比酸性焊条小 10% 左右,否则焊缝中易形成气孔。

3. 电弧电压的选择

电弧电压是由焊工根据具体情况灵活掌握的,掌握的原则一是保证焊缝具有合乎要求的尺寸和外形,二是保证焊透。

电弧电压主要由电弧长度决定。电弧长,电弧电压高;电弧短,电弧电压低。

在焊接过程中,电弧不宜过长,电弧过长会出现几种不良现象:

① 电弧燃烧不稳定,易摆动,电弧热能分散,熔滴金属飞溅增多;

② 熔深小,容易产生咬边、未焊透、焊缝表面高低不平整、焊波不均匀等缺陷;

③ 对熔化金属的保护差,空气中氧、氮等有害气体容易侵入,使焊缝产生气孔的可能性增加,焊缝金属的力学性能降低。

因此在焊接时应力求使用短弧焊接,在立、仰焊时弧长应比平焊时更短一些,以利于熔滴过渡。碱性焊条焊接时应比酸性焊条弧长短些,以利于电弧的稳定和防止气孔。所谓短弧一般认为电弧长度应是焊条直径的 0.5~1.0 倍,用计算式表示如下:

$$L = (0.5 \sim 1.0)d \qquad\qquad (2-2)$$

式中:L——电弧长度,mm;

d——焊条直径,mm。

4. 焊接速度

单位时间内完成的焊缝长度称为焊接速度,也就是焊条向前移动的速度。焊接过程中,焊接速度应该均匀适当,既要保证焊透,又要保证不烧穿,还要使焊缝宽度和高度符合图样设计要求。

如果焊接速度过快,熔池温度不够,易造成未焊透、未熔合、焊缝成形不良等缺陷。如果焊接速度过慢,使高温停留时间增长,热影响区宽度增加,焊接接头的晶粒变粗,力学性能降低,同时使变形量增大。当焊接较薄焊件时,则易烧穿。

焊接速度直接影响焊接生产率,所以应该在保证焊缝质量的前提下,根据具体情况适当加快焊接速度,以保证焊缝的高低和宽窄一致。手工电弧焊时,焊接速度主要由焊工手工操作控制,与焊工的操作技能水平密切相关。

5. 焊接层数

在焊件厚度较大时,往往需要多层焊。对于低碳钢和强度等级低的普通低碳钢的多层焊时,每层焊缝厚度过大时,对焊缝金属的塑性(主要表现在冷弯角上)稍有不利的影响。因此对质量要求较高的焊缝,每层厚度最好不大于 4~5 mm。

根据实际经验:每层厚度约等于焊条直径的 0.8~1.2 倍时,生产率较高,并且比较容易操作。因此焊接层数可近似地按如下经验公式计算:

$$n = \frac{\delta}{md} \tag{2-3}$$

式中:n——焊接层数;

δ——焊件厚度,mm;

m——经验系数,一般取 0.8~1.2;

d——焊条直径,mm。

(二) 线能量

在选择焊接工艺参数时,单以一个参数的大小来衡量对焊接接头的影响是不全面的。例如,焊接电流增大,虽然热量增大,但不能说加到焊接接头上的热量也大,因为还要看焊接速度的变化情况。当焊接电流增大时,如果焊接速度也相应增快,则焊接接头所得到的热量就不一定大,对焊接接头的影响就不大。因此焊接工艺参数的大小应综合考虑,用线能量来表示。

所谓线能量,是指熔焊时,由焊接能源输入给单位长度焊缝上的能量。电弧焊时,焊接能源是电弧。根据焊接电弧可知,焊接时是通过电弧将电能转换为热能,利用这种热能来加热和熔化焊条和焊件的。如果将电弧看做是把全部电能转为热能时。则电弧功率可由下式表示:

$$q_0 = I_h U_h \tag{2-4}$$

式中:q_0——电弧功率,即电弧在单位时间内所析出的能量,J/s;

I_h——焊接电流,A;

U_h——电弧电压,V。

实际上电弧所产生的热量不可能全部都用于加热熔化金属,而总有一些损耗,例如飞溅带走的热量,辐射、对流到周围空间的热量,熔渣加热和蒸发所消耗的热量等等。所以电弧功率中一部分能量是损失的,只有一部分能量利用在加热焊件上,故真正有效于加热焊件的有效功率为:

$$q = \eta I_h U_h \tag{2-5}$$

式中:η——电弧有效功率系数;

q——电弧有效功率,J/s。

在一定条件下 η 是常数,主要决定于焊接方法、焊接工艺参数和焊接材料的种类等,各种电弧焊方法在通用工艺参数条件下的电弧有效功率系数值参见表 2-9。

表 2 - 9　各种电弧焊方法有效功率系数 η

弧焊方法种类	η
直流手工电弧焊	0.75～0.85
交流手工电弧焊	0.65～0.75
埋弧自动焊	0.80～0.90
CO_2 气体保护焊	0.75～0.90
钨极氩弧焊	0.65～0.75
熔化极氩弧焊	0.70～0.80

各种电弧焊方法的有效功率系数在其他条件不变的情况下,均随电弧电压的升高而降低,因为电弧电压升高即电弧长度增加,热量辐射损失增多,因此有效功率系数 η 值降低。

由式(2-5)可知,当焊接电流大,电弧电压高时,电弧的有效功率就大。但是这并不等于单位长度的焊缝上所得到的能量一定多,因为焊件受热程度还受焊接速度的影响。例如用较小电流、小焊速时,焊件受热也可能比大电流配合大焊速时还要严重。显然,在焊接电流、电压不变的条件下,加大焊速,焊件受热减轻。因此线能量为:

$$\frac{q}{v} = \eta \cdot \frac{I_h U_h}{V} \tag{2-6}$$

式中:$\frac{q}{v}$——线能量,J/cm;

I_h——焊接电流,A;

U_h——电弧电压,V;

V——焊接速度,cm/s。

焊接工艺参数对热影响区的大小和性能有很大的影响。采用小的工艺参数,如降低焊接电流或增大焊接速度等,都可以减少热影响区尺寸。不仅如此,从防止过热组织和晶粒粗化角度看,也是采用小参数比较好。

由图 2-10 可以看出,当焊接电流增大或焊接速度减慢使焊接线能量增大时,过热区的晶粒尺寸粗大,韧性降低严重;当焊接电流减少或焊接速度增大,在硬度强度提高的同时,韧性也要变差。因此,对于具体钢种和具体焊接方法存在一个最佳的焊接工艺参数。例如图中 20Mn 钢(板厚 16 mm、堆焊),在线能量 $q/v = 30\ 000$ J/cm 左右,可以保证焊接接头具有最好的韧性,线能量大于或小于这个理想的数值范围,都引起塑性和韧性的下降。

以上是线能量对热影响区性能的影响。对于焊缝金属的性能,线能量也有类似的影响。对于不同的钢材,线能量最佳范围也不一样,需要通过一系列试验来确定恰当的线能量和焊接工艺参数。此外,还应指出,仅仅线能量数据符合要求还不够,因为即使线能量相同,其中的 I_h、U_h、V 的数值可能有很大的差别,当这些参数之间配合不合理时,还是不能得到良好的焊缝性能。例如在电流很大,电弧电压很低的情况下得到窄而深的焊缝;而适当地减小电流,提高电弧电压则能得到较好的焊缝成形,这两者所得到的焊缝性能就不同。因此应在参数合理的原则下选择合适的线能量。

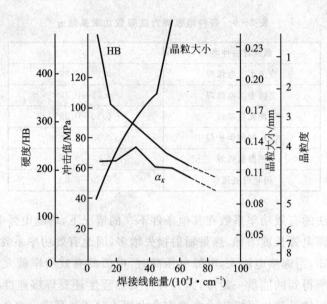

图 2-10 焊接线能量对 20Mn 钢过热区性能的影响

三、工作过程——焊条电弧焊操作方法

（一）基本操作方法

1. 引 弧

开始焊条弧焊焊接先要引弧,引弧有划擦引弧和直击引弧两种方法。

（1）划擦引弧

先将焊条末端对准焊件,然后将手腕扭转一下,使焊条在焊件表面轻轻划擦一下,动作有点似划火柴,用力不能过猛,随即将焊条提起 2~4 mm。即在空气中产生电弧。引燃电弧后,焊条不能离开焊件太高,一般不大于 10 mm,并且不要超出焊缝区,然后手腕扭回平位,保持一定的电弧长度,开始焊接,如图 2-11(a)所示。

（2）直击引弧

先将焊条末端对准焊件,然后手腕下弯一下,使焊条轻碰一下焊件,再迅速提起 2~4 mm,即产生电弧。引弧后,手腕放平,保持一定电弧高度开始焊接,如图 2-11(b)所示。

划擦引弧对初学者来说容易掌握,但操作不当容易损伤焊件表面。直击引弧法对初学者来说较难掌握,操作不当,容易使焊条粘在焊件上或用力过猛使药皮大块脱落。不论采用哪一种引弧方法,都应注意以下几点:

① 引弧处应清洁,不宜有油污、锈斑等杂物,以免影响导电或使熔池产生氧化物,导致焊缝产生气孔和夹杂。

② 为便于引弧,焊条应裸露焊芯,以利于导通电流;引弧应在焊缝内进行以避免引弧时损伤焊件表面。

③ 引弧点应在距焊接点(或前一个收弧点)10~20 mm 处,电弧引燃后再将焊条移至前根焊的收弧处开始焊接,避免因新一根焊条的头几滴铁水温度低而产生气孔或外观成形不美

观,碱性焊条尤其应加以注意。

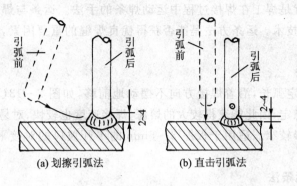

(a) 划擦引弧法　　(b) 直击引弧法

图 2-11　引弧方法

2. 运　条

(1) 焊条运动的基本动作

引燃电弧进行施焊时,焊条要有三个方向的基本动作,才能得到成形良好的焊缝和电弧的稳定燃烧。这三个方向的基本动作是焊条向熔池送进动作、焊条横向摆动动作和焊条前移动作,如图 2-12 所示。

1) 焊条送进动作

在焊接过程中,焊条在电弧热作用下,会逐渐熔化缩短。焊接电弧弧长被拉长。而为了使电弧稳定燃烧,保持一定弧长,就必须将焊条朝着熔池方向逐渐送进。为了达到这个目的,焊条送进动作的速度应该与焊条熔化的速度相等。如果焊条送进速度过快,则电弧长度迅速缩短,使焊条与焊件接触,造成短路;如果焊条送进速度过慢,则电弧长度增加,直至断弧。实践证明,均匀的焊条送进速度及电弧长度的恒定,是获得优良焊缝质量的重要条件。

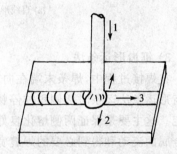

1—焊条向熔池送进动作;2—焊条横向
摆动动作;3—焊条前移动作

图 2-12　焊条运动的基本动作

2) 焊条横向摆动动作

在焊接过程中,为了获得一定宽度的焊缝,提高焊缝
内部的质量,焊条必须要有适当的横向摆动,其摆动的幅度与焊缝要求的宽度及焊条的直径有关,摆动越大则焊缝越宽。横向摆动必然会降低焊接速度,增加焊缝的线能量。正常焊缝宽度一般不超过焊条直径的 2~5 倍,对于某些要求低线能量的材料,如奥氏体不锈钢等,不提倡采用横向摆动的单道焊。

3) 焊条前移动作

在焊接过程中,焊条向前移动的速度要适当。焊条移动速度过快则电弧来不及熔化足够的焊条和母材金属,造成焊缝断面太小及未焊透等焊接缺陷。如果焊条移动太慢,则熔化金属堆积太多,造成溢流及成形不良,同时由于热量集中,薄焊件易烧穿,厚焊件则易产生过热,降低焊缝金属的综合性能。因此焊条前移的速度应根据电流大小、焊条直径、焊件厚度、装配间隙、焊接位置及焊件材质等不同因素来适当掌握运用。

（2）运条方法

所谓运条方法,就是焊工在焊接过程中运动焊条的手法。运条与焊条角度及焊条运动是电焊工最基本的操作技术。运条方法是能否获得优良焊缝的重要因素,下面介绍几种常用的运条方法及适用范围。

1）直线形运条法

在焊接时保持一定弧长,沿着焊接方向不摆动地前移,如图2-13(a)所示。由于焊条不做横向摆动,电弧较稳定,因此能获得较大的熔深,焊接速度也较快,对易过热的焊件及薄板的焊接有利,但焊缝成形较窄。适用于板厚3～5mm的不开坡口的对接平焊、多层焊的第一层封底和多层多道焊。

2）直线往返形运条法

在焊接过程中,焊条末端沿焊缝方向做来回的直线形摆动,如图2-13(b)所示。在实际操作中,电弧长度是变化的。焊接时应保持较短的电弧。焊接一小段后,电弧拉长。向前跳动,待熔池稍凝,焊条又回到熔池继续焊接。直线往返形运条法焊接速度快、焊缝窄、散热快,适用于薄板和对接间隙较大的底层焊接。

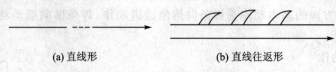

(a) 直线形　　　　　　(b) 直线往返形

图2-13　直线形运条法

3）锯齿形运条法

在焊接过程中,焊条末端在向前移动的同时,做锯齿形横向摆动,如图2-14所示。使用锯齿形运条法运条时两侧稍加停顿,停顿的时间视工件形状、电流大小、焊缝宽度及焊接位置而定。这主要是保证两侧熔化良好,且不产生咬边。焊条横向摆动的目的,主要是控制焊缝熔化金属的流动和得到必要的焊缝宽度,以获得良好的焊缝成形效果。由于这种方法容易操作,所以在生产中应用广泛,多用于较厚的钢板焊接。其具体应用范围包括平焊、立焊、仰焊的对接接头和立焊的角接接头。

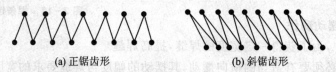

(a) 正锯齿形　　　　　　(b) 斜锯齿形

图2-14　锯齿形运条法

4）月牙形运条法

在焊接过程中,焊条末端沿着焊接方向前移的同时,做月牙形横向摆动(与锯齿形相似),如图2-15(a)所示。摆动的速度要根据焊缝的位置、接头形式、焊缝宽度和焊接电流的大小来决定。为了使焊缝两侧熔合良好,避免咬肉,要注意在月牙两端停留的时间。采用月牙法运条,对熔池加热时间相对较长,金属的熔化良好,容易使熔池中的气体逸出和熔渣浮出,能消除气孔和夹渣,焊缝质量较好。但由于熔化金属向中间集中,增加了焊缝的余高,所以不适用于宽度窄的立焊缝。当对接接头平焊时,为了避免焊缝金属过高,使两侧熔透,有时采用反月牙形运条法运条,如图2-15(b)所示。月牙形运条法适用于较厚钢板对接接头的平焊、立焊和仰焊,以及T形接头的立角焊。

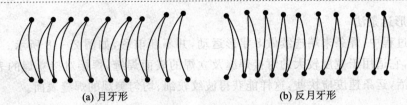

(a) 月牙形　　　　　　　　　　　(b) 反月牙形

图 2 - 15　月牙形运条法

5) 三角形运条法

在焊接过程中,焊条末端在前移的同时,做连续的三角形运动。三角形运条法根据使用场合不同,可分为正三角形和斜三角形两种,如图 2 - 16 所示。

如图 2 - 16(a)所示,正三角形运条法,只适用于开坡口的对接焊缝和 T 形接头的立焊。它的特点是一次能焊出较厚的焊缝断面。焊缝不容易产生气孔和夹渣,有利于提高焊接生产率。当内层受坡口两侧斜面限制,宽度较小时,在三角形折角处要稍加停留,以利于两侧熔化充分,避免产生夹渣。

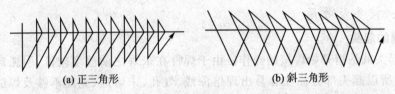

(a) 正三角形　　　　　　　　　　(b) 斜三角形

图 2 - 16　三角形运条法

如图 2 - 16(b)所示,斜三角形运条法适用于平焊、仰焊位置的 T 形接头焊缝和有坡口的横焊缝。它的特点是能够借助焊条的摆动来控制熔化金属的流动,促使焊缝成形良好,减少焊缝内部的气孔夹渣,对提高焊缝内在质量有好处。

上述两种三角形运条方法在实际应用时,应根据焊缝的具体情况而定。立焊时,在三角形折角处应做停留;斜三角形转角部分的运条的速度要慢些。如果对这些动作掌握得协调一致,就能取得良好的焊缝成形。

6) 圆圈形运条法

在焊接过程中,焊条末端连续做圆圈运动,并不断地向前移动,如图 2 - 17 所示。

(a) 正圆圈形　　　　　　　　　　(b) 斜圆圈形

图 2 - 17　圆圈形运条法

如图 2 - 17(a)所示,正圆圈形运条法只适用于较厚焊件的平焊缝。它的优点是焊缝熔池金属有足够的高温使焊缝熔池存在时间较长,促使溶池中的氧、氮等气体有时间析出。同时也便于熔渣上浮,对提高焊缝内在质量有利。

如图 2 - 17(b)所示,斜圆圈形运条法适用于平、仰位置的 T 形接头和对接接头的横焊缝。其特点是有利于控制熔化金属受重力影响而产生的下淌现象,有助于焊缝的成形。同时,能够减慢焊缝熔池冷却速度,使熔池的气体有时间向外逸出,熔渣有时间上浮,对提高焊缝内在质量有利。

7) 8字形运条法

在焊接过程中,焊条末端连续做8字形运动,并不断前移,如图2-18所示。这种运条法比较难掌握,它适用于宽度较大的对接焊缝及立焊的表面焊缝,焊接对接立焊的表面层时,运条手法须灵活,运条速度应快些,这样能获得波纹较细、均匀美观的焊缝表面。

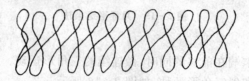

图2-18 8字形运条法

以上介绍的几种运条方法,仅是几种最基本的方法,在实际生产中,焊接同一焊接接头形式的焊缝,焊工们往往根据自己的习惯及经验,采用不同的运条方法,都能获得满意的焊接效果。

3. 起头、接头及收尾

(1)焊缝的起头

焊缝的起头就是指开始焊接的操作。由于焊件在未焊之前温度较低,引弧后电弧不能立即稳定下来,所以起头部分往往容易出现熔深浅、气孔、未熔透、宽度不够及焊缝堆过高等缺陷。为了避免和减少这些现象,应该在引弧后稍将电弧拉长,对焊缝端头进行适当预热,并且多次往复运条,达到熔深和所需要宽度后再调到合适的弧长进行正常焊接。

对环形焊缝的起头,因为焊缝末端要在这里收尾,所以不要求外形尺寸,而主要要求焊透、熔合良好,同时要求起头要薄一些,以便于收尾时过渡良好。

对于重要工件、重要焊缝,在条件允许的情况下尽量采用引弧板,将不合要求的焊缝部分引到焊件之外,焊后去除。

(2)焊缝的接头

在焊条电弧焊操作中,焊缝的接头是不可避免的。焊缝接头的好坏,不仅影响焊缝外观成形,也影响焊缝质量。后焊焊缝和先焊焊缝的连接情况和操作要点如下:

1)中间接头

如图2-19(a)在弧坑前约10 mm附近引弧,弧长略长于正常焊接弧长时,移回弧坑,压低电弧稍做摆动,再向前正常焊接。

2)相背接头

如图2-19(b)先焊焊缝的起头处要略低些,后焊的焊缝必须在前条焊缝始端稍前处起弧,然后稍拉长电弧,并逐渐引向前条焊缝的始端,并覆盖此始端,焊平后,再向焊接方向移动。

3)相向接头

如图2-19(c)后焊焊缝到先焊焊缝的收弧处时,焊速放慢,填满先焊焊缝的弧坑后,以较快的速度再略向前焊一

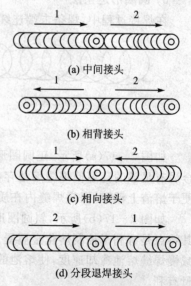

(a) 中间接头

(b) 相背接头

(c) 相向接头

(d) 分段退焊接头

图2-19 焊缝的接头

段后熄弧。

4）分段退焊接头

如图 2-19(d)后焊焊缝靠近前焊焊缝始端时，改变焊条角度，使焊条指向前焊焊缝的始端，拉长电弧，形成熔池后，压低电弧返回原熔池处收弧。

(3) 焊接的收尾

焊接的收尾又称为收弧，是指一条焊缝结束时采用的收尾方法。焊缝的收尾与每根焊条焊完时的熄弧不同，每根焊条焊完时的熄弧，一般都会留下弧坑，准备下一根焊条再焊时接头。焊缝的收尾操作时，应保持正常的熔池温度，做无直线移动的横摆点焊动作，逐渐填满熔池后再将电弧拉向一侧熄弧。每条焊缝结束时必须填满弧坑，过深的弧坑不仅会影响美观，还会使焊缝收尾处产生缩孔、应力集中而产生裂纹。焊条电弧焊的收尾一般采用三种操作方法。

1）划圈收尾法

当焊接电弧移至焊缝终点时，在焊条端部做圆圈运动，直到填满弧坑再拉断电弧，适用于厚板收尾。

2）反复断弧收尾法

当焊接进行到焊缝终点时，在弧坑处反复熄弧和引弧数次，直到填满弧坑为止。适用于薄板和大电流焊接，但不宜用碱性焊条。

3）回焊收尾法

焊接电弧移至焊缝收尾处稍加停顿，然后改变焊条角度回焊一小段后断弧，相当于收尾处变成一个起头，此法适用于碱性焊条的焊接。

(二) 各种焊接位置上的操作要点

焊接位置的变化，会造成焊件在不同位置上焊缝成形难度的变化，所以，在焊接操作中要仔细观察并控制焊缝熔池的形状和大小，及时调节焊条角度和运条动作，才能控制焊缝成形和确保焊缝质量。各种位置的焊接特点及操作要点如下。

1. 平焊位置的焊接

(1) 平焊位置的焊接特点

焊条熔滴金属主要依靠自重力向熔池过渡；焊接熔池形状和熔池金属容易保持；焊接同样板厚的焊件，平焊位置上的焊接电流要比其他位置大，生产效率高。

熔渣和熔池金属易出现搅混现象，熔渣超前形成夹渣；焊接参数和操作不正确时，可能产生未焊透、咬边或焊瘤等缺陷；平板对接焊接时，若焊接参数或焊接顺序选择不当，容易产生焊接变形；单面焊双面成形时，第一道焊缝容易产生熔透程度不匀，背面成形不良等现象。

(2) 平焊位置的焊条角度

平焊位置时的焊条角度如图 2-20 所示。

(3) 平焊位置的焊接要点

将焊件置于平焊位置，焊工手持焊钳，焊钳夹持焊条，采用前述引弧、运条及收尾等基本操作技术。

① 根据板厚可以选用直径较粗的焊条，用较大的焊接电流焊接。在同样板厚条件下，平焊位置的焊接电流，比立焊位置、横焊位置和仰焊位置的焊接电流大。

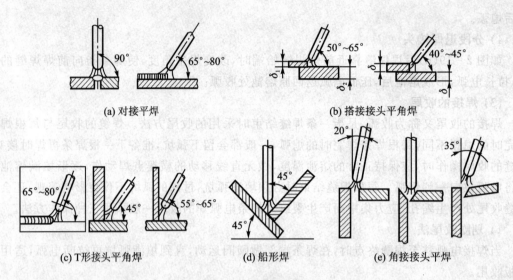

图 2-20　平焊位置时的焊条角度

② 一般焊时常采用短弧,短弧焊接可减少电弧高温热损失,提高熔池熔深;防止电弧周围有害气体侵入熔池,减少焊缝金属元素的氧化;减少焊缝产生气孔的可能性,但是,电弧也不宜过短,以防焊条与工件产生短路。

③ 焊接时焊条与焊件成 40°～90°夹角,控制好熔渣与液态金属分离。防止熔渣出现超前现象,焊条与焊件夹角大,焊接熔池深度也大;焊条与焊件夹角小,焊接熔池深度也浅。

④ 当板厚≤6mm 时,对接平焊一般开 I 形坡口,正面焊缝宜采用直径 $\Phi 3.2 \sim \Phi 4$ 的焊条短弧焊,熔深应达到焊件厚度的 2/3。背面封底焊前,可以不铲除焊根(重要构件除外),但要将熔渣清理干净,焊接电流可大一些。当板厚＞6mm 时,必须开单 V 形坡口或双 V 形坡口,采用多层焊或多层多道焊,如图 2-21、图 2-22 所示。多层焊时,第一层选用较小直径焊条,常用直径 3.2 mm,采用直线形运条或锯齿形运条。以后各层焊接时,先将前一层熔渣清除干净,选用直径较大的焊条和较大的焊接电流施焊,采用短弧焊接,锯齿形运条,在坡口两侧需做停留,相邻层焊接方向应相反,焊缝接头需错开。多层多道焊的焊接方法与多层焊相似,一般采用直线形运条,应注意选好焊道数及焊道顺序。

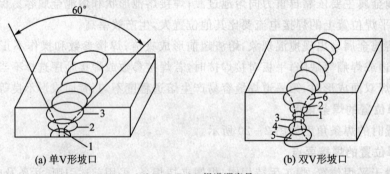

(a) 单V形坡口　　　　　　　　(b) 双V形坡口

1,2,3,4,5,6—焊道顺序号

图 2-21　多层焊

⑤ 对接平焊若有熔渣和熔池金属混合不清的现象时,可将电弧拉长,焊条前倾,并做向熔池后方推送熔渣的动作,以防止夹渣。焊接水平倾斜焊缝时,应采用上坡焊,防止熔渣向熔池

前方流动,避免焊缝产生夹渣缺陷。

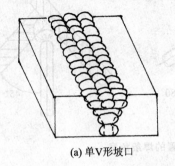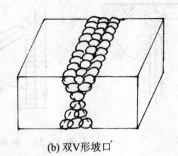

(a) 单V形坡口   (b) 双V形坡口

图2-22 多层多道焊

⑥ T形、角度,搭接的平角焊接头,若两板厚度不同,应调整焊条角度,将电弧偏向厚板一边,使两板受热均匀。

(4) 平焊位置的正确运条方法

① 板厚≤6 mm,I形坡口对接平焊,采用双面焊时,正面焊缝采用直线形运条,稍慢,背面焊缝也采用直线形运条,焊接电流应比焊正面焊缝时稍大些,运条要快;开其他形坡口对接平焊时,可采用多层焊或多层多道焊,第一层(打底焊)宜用小直径焊条、小焊接电流,直线形运条或锯齿形运条焊接,以后各层焊接时,可选用较大直径的焊条和较大的焊接电流的短弧焊。锯齿形运条在坡口两侧须停留,相邻层焊接方向应相反,焊接接头须错开。

② T形接头平焊的焊脚尺寸小于6 mm时,可选用单层焊,用直线形、斜环形或锯齿形运条方法;焊脚尺寸较大时,宜采用多层焊或多层多道焊,且打底焊都采用直形运条方法,其后各层的焊接可选用斜锯齿形、斜环形运条。多层多道焊宜选用直线形运条方法焊接。

③ 搭接、角接平角焊时,运条操作与T形接头平角焊运条相似。

④ 船形焊的运条操作与开坡口对接平焊相似。

2. 立焊位置的焊接

(1) 立焊位置的焊接特点

熔池金属与熔渣因自重下坠,容易分离。熔池温度过高时,熔化金属易向下流淌,形成焊瘤、咬边和夹渣等缺陷,焊接不易焊得平整。T形接头焊缝根部容易产生未焊透缺陷。焊接过程中,熔池熔透深度容易掌握。立焊比平焊位置多消耗焊条而焊接生产率却比平焊低。焊接过程中多用短弧焊接。在与对接立焊相同的条件下,焊接电流可稍大些,以保证两板熔合良好。

(2) 立焊位置的焊条角度

立焊位置的焊条角度如图2-23所示。

(3) 立焊位置的焊接要点

① 立焊时,焊钳夹持焊条后,焊钳与焊条应成一直线,如图2-24所示。焊工的身体不要正对着焊缝,要略偏向左侧或右侧(左撇子),以便于握焊钳的右手或左手操作。

② 焊接过程中,保持焊条角度,减少熔化金属下淌。

③ 生产中常用的是向上立焊,向下立焊要用专用焊条才能保证焊缝质量。向上立焊时焊条角度如图2-25所示。焊接电流应比平焊时小10%~15%,且应选用较小的焊条直径,一

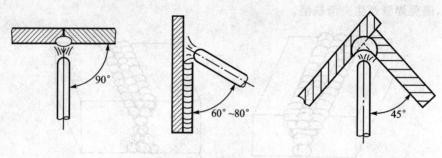

图 2 - 23　立焊位置的焊条角度

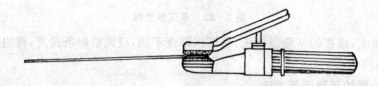

图 2 - 24　焊钳夹持焊条位置

般<4 mm。

④ 采用短弧施焊,缩短熔滴过渡到熔池的距离。

(4) 立焊位置的正确运条方法

① I 形坡口对接(常用于薄板)向上立焊时,最大弧长应≤6 mm,可选用直线形、锯齿形、月牙形运条或挑弧法施焊。

② V 形坡口向上立焊时,厚板采用小三角形运条法,中厚板或较薄板采用小月牙形或锯齿形跳弧运条法。运条速度必须均匀。

③ T 形接头立焊时,运条操作与其他形式坡口对接立焊相似。为防止焊缝两侧产生咬边、未焊透,电弧应在焊缝两侧及顶角有适当的停留时间。

④ 其他形式坡口对接立焊时,第一层焊缝常选用挑弧法或摆幅不大的月牙形、三角形运条焊接,其后可采用月牙形或锯齿形运条方法。

⑤ 焊接盖面层时,应根据对焊缝表面的要求选用运条方法,焊缝表面要求稍高的可采用月牙形运条;如果只要求焊缝表面平整的可采用锯齿形运条方法。

3.　横焊位置的焊接

(1) 横焊位置的焊接特点

熔化金属因自重易下坠至坡口上,造成坡口上侧产生咬边缺陷,下侧形成滴泪形焊瘤或未焊透。熔化金属与熔渣易分清,略似立焊。采用多层多道焊能防止熔化金属下坠、外观不整齐。焊接电流较平焊电流小些。

(2) 横焊位置的焊条角度

横焊位置时的焊条角度如图 2 - 25 所示。

(3) 横焊位置的焊接要点

① 对接横焊开坡口一般为 V 形或 K 形,其特点是下板不开坡口或坡口角度小于上板,焊接时一般采用多层焊。

② 板厚为 3～4 mm 的对接接头可用 I 形坡口双面焊,正面焊选用直径 3.2～5 mm 焊条。

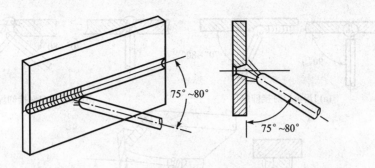

图 2-25 横焊位置时的焊条角度

③ 选用小直径焊条,焊接电流比平焊小,短弧操作,能较好地控制熔化金属下淌。

④ 厚板横焊时,打底层以外的焊缝,宜采用多层多道焊法施焊。要特别注意焊道与焊道间的重叠距离,每道叠焊,应在前一道焊缝的1/3处开始焊接,以防止焊缝凹凸不平。

⑤ 根据焊接过程中的实际情况,保持适当的焊条角度,焊接速度应稍快且要均匀。

(4) 横焊位置的正确运条方法

① 开I形坡口对接横焊,焊件较薄时,正面焊缝采用往复直线运条方法较好;稍厚件选用直线形或小斜圆环形运条,背面焊缝选用直线运条。焊接电流可以适当加大。

② 开其他形式坡口对接多层横焊,间隙较小时,可采用直线形运条;根部间隙较大时,打底层选用往复直线运条,其后各层焊道焊接时,可采用斜圆圈形运条。多层多道焊缝焊接时,宜采用直线形运条。

4. 仰焊位置的焊接

(1) 仰焊位置的焊接特点

熔化金属因重力作用易下坠,熔池形状和大小不易控制,易出现夹渣、未焊透、凹陷焊瘤及焊缝成形不好等缺陷。运条困难,焊件表面不易焊得平整。流淌的熔化金属易飞溅扩散,若防护不当,容易造成烫伤事故。仰焊比其他空间位置焊接效率低。

(2) 仰焊位置的焊条角度

焊工可根据具体情况变换焊条角度,仰焊位置时的焊条角度如图 2-26 所示。

(3) 仰焊位置的焊接要点

① 对接焊缝仰焊,当焊件厚度≤4 mm 时,采用I形坡口,选用直径3.2 mm 的焊条。焊条角度如图 2-26(a)所示,焊接电流要适当。

② 焊件厚度≥5 mm 时,采用V形坡口多层多道焊,如图 2-26(b)所示。

③ T形接头焊缝仰焊,当焊脚小于8 mm 时,宜采用单层焊,焊脚大于8 mm 时采用多层多道焊,如图 2-26(c)所示。

④ 为便于熔滴过渡,减少焊接时熔化金属下淌和飞溅,焊接过程中应采用最短的弧长施焊。

⑤ 打底层焊缝应采用小直径焊条和小焊接电流施焊,以免焊缝两侧产生凹陷和夹渣。

(4) 仰焊位置的正确运条方法

① 开I形坡口对接仰焊,间隙小时适用于直线形运条,间隙较大则用直线往返形运条。

② 开其他形式坡口对接多层仰焊时,打底层焊接的运条方法,应根据坡口间隙的大小,选定使用直线形运条或往复直线形运条方法,其后各层可选用锯齿形或月牙形运条方法。多层

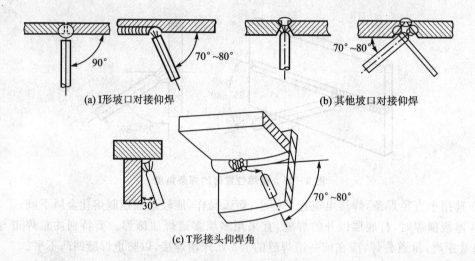

(a) I形坡口对接仰焊   (b) 其他坡口对接仰焊

(c) T形接头仰焊角

图 2 - 26　仰焊位置时的焊条角度

多道焊宜采用直线形运条方法,无论采用哪种运条方法,每一次向熔池过渡的熔化金属不宜过多。

③ T 形接头仰焊时,焊脚尺寸如果较小,可采用直线形或往复直线形运条方法,由单层焊接完成;焊脚尺寸如果较大,可采用多层或多层多道施焊,第一层打底焊宜采用直线形运条,其后各层选用斜三角形或斜圆圈形运条方法焊接。

(三) 焊接工件的组对和定位焊

1. 焊接工件的组对

(1) 组对的要求

一般来说,将结构总装后进行焊接,由于结构刚性增加。可以减少焊后变形,但对于一些大型复杂结构,可将结构适当地分布成部件,分别装配焊接,然后再拼焊成整体,使不对称的焊缝或收缩量较大的焊缝不影响整体结构。焊件装配时接口上下对齐,不应错口,间隙要适当均匀。装配定位焊时要考虑焊件自由伸缩及焊接的先后顺序,防止由于装配不当引起内应力及变形。

(2) 不开坡口的焊件组对

板-板平对接焊时,焊接厚度<2 mm,或更薄的焊件时,装配间隙应≤0.5 mm,剪切时留下的毛边在焊接时应锉修掉。装配时,接口处的上下错边不应超过板厚的 1/3,对于某些要求高的焊件,错边应≤0.2 mm,可采用夹具组装。

(3) 开坡口的焊件组对

板板开 V 形坡口焊件组对时,装配间隙始端为 3 mm,终端为 4 mm。预置反变形量 3°～4°,错边量≤1.4 mm。

板一管开坡口的骑座式焊件组对时,首先要保证管子应与孔板相垂直,装配间隙为3 mm,焊件装配错边量≤0.5 mm。管一管焊件组对时,装配间隙 2～3 mm,钝边 1 mm,错边量≤2 mm,保证在同一轴线上。

2. 焊接工件的定位焊

焊前固定焊件的相对位置,以保证整个结构件得到正确的几何形状和尺寸而进行的焊接操作叫做定位焊,俗称点固焊。定位焊形成的短小而断续的焊缝叫定位焊缝,通常定位焊缝都比较短小,焊接过程中都不去掉,而成为正式焊缝的一部分保留在焊缝中,因此定位焊缝的位置、长度和高度等是否合适,将直接影响正式焊缝的质量及焊件的变形。进行定位焊接时应注意以下几点:

① 必须按照焊接工艺规定的要求焊接定位焊缝,采用与正式焊缝工艺规定的同牌号、同规格的焊条,用相同的焊接工艺参数施焊,预热要求与正式焊接时相同。

② 定位焊缝必须保证熔合良好,焊道不能太高。起头和收弧端应圆滑,不应过陡。定位焊的焊接顺序、焊点尺寸和间距如表 2-10 所列。

表 2-10　定位焊的焊接顺序、焊点尺寸和间距

mm

焊件厚度	焊接顺序	定位焊点尺寸和间距
薄件≤2	6 4 2 1 3 5 7	焊点长度:≈5 间距:20
厚件	1 3 4 5 2	焊点长度:20~30 间距:200~300

注:焊接顺序也可视焊件的厚度、结构形状和刚性的情况而定。

③ 定位焊点应离开焊缝交叉处和焊缝方向急剧变化处 50 mm 左右,应尽量避免强制装配,必要时增加定位焊缝长度或减小定位焊缝的间距。定位焊用电流应比正式焊接时稍高 10%~15%。

④ 定位焊后必须尽快正式焊接,避免中途停顿或存放时间过长。定位焊缝的余高不宜过高,定位焊缝的两端应与母材平缓过渡,以防止正式焊接时产生未焊透等缺陷。

⑤ 在低温下定位焊接时,为了防止开裂,应尽量避免强行组装后进行定位焊,定位焊缝长度应适当加大,必要时采用碱性低氢型焊条。如定位焊缝开裂,必须将裂纹处的焊缝铲除后重新定位焊。在定位焊之后,如出现接口不平齐,应进行校正,然后才能正式焊接。

四、拓展与延伸——提高焊条电弧焊生产率的途径

提高焊接生产率从两方面着手,一方面应积极研究与推广优质高效的焊接方法;另一方面,就是设法提高焊条电弧焊接生产率。

目前提高焊条电弧焊生产率的途径主要是:研制高效率焊条和专用焊条;采用特殊工艺措施或使焊条电弧焊半机械化及减少辅助时间等。

（一）采用高效率焊条和专用焊条

1. 高效率铁粉焊条

高效率铁粉焊条在国外已普遍使用。我国目前这类焊条牌号有 T4323（结 422 铁）、T5018（结 506 铁）等。它们分别是在钛钙型和低氢型焊条药皮的基础上加入 25%～40%的铁粉。因药皮中含有较多的铁粉,焊接时铁粉向焊缝过渡,使焊条的熔敷速度（熔焊过程中,单位时间内熔敷在焊件上的金属量）和熔敷效率（熔敷金属量与熔化的填充金属量的百分比）都大大提高。同时铁粉的加入,使焊条具有较好的导电、导热性能,故可采用较大的焊接电流。

铁粉焊条的熔敷效率可达一般焊条熔敷效率的 130%～250%,T4323 的熔敷效率是 T4303 的 135%。用这种焊条焊角焊缝时,其焊脚比同直径的一般焊条大,直径为 5.8 mm 的铁粉焊条,单道焊缝焊脚可达 7～10 mm,这样可以减少焊接层次,大大提高了生产率。此外,这种焊条脱渣性好,飞溅小,焊缝成形好,可全位置焊接。

2. 立向下焊专用焊条

生产中立焊焊缝大都是自下而上进行焊接,为了防止熔化金属下淌,熔池尺寸必须加以限制,因此电流只能用得很小,生产率极低。E5018 就是一种立向下焊专用焊条,焊条为铁粉低氢型。这种电焊条最大的工艺特点是立焊位置由上向下施焊,熔渣较少,渣凝固快,熔渣和铁水无下淌现象,电弧燃烧稳定,熔渣容易去除,焊缝成形美观,熔深适中,焊接电流和平焊时电流相近,因而可显著提高立焊生产率。

（二）高效率重力焊接法

它是高效率铁粉焊条和重力焊装置相结合的一种半机械化焊接法。滑轨式重力焊方法如图 2-27 所示。它采用的焊条是重力焊专用焊条,比普通铁粉焊条粗而长,目前我国一般采用直径为 5～5.8 mm,长度为 700～800 mm,为了使焊接时通电后焊条能自行起弧,在焊条头上涂有专门供引弧用的涂料。

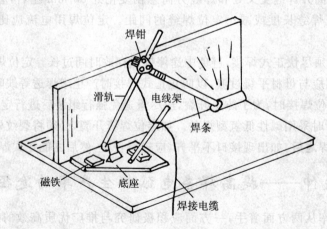

焊钳
滑轨　电线架
焊条
磁铁　底座
焊接电缆

图 2-27　滑轨式重力焊接法

滑轨式重力焊装置的作用是模仿手工焊的动作,即保证焊条随着其熔化自动下送,并能沿着焊接方向均匀移动。它主要由专用焊钳、滑轨、连接板、磁铁、底座以及焊接电缆支架等组成。

　　焊接时,将重力焊装置与立板靠紧,由于底座上磁铁的作用,装置能牢固地吸在预定位置上,随后将焊条插入焊钳内,并使焊条头抵住接缝处,接通电流后,能自动引弧。随着焊条的熔化,专用焊钳在重力作用下沿着滑轨以固定角度下滑,而逐渐形成焊缝。当焊条将熔化完时,焊钳也已滑到滑轨下端圆弧形弯头处,该弯头能使焊钳上挠,起自动熄灭电弧的作用。调节滑轨与水平板之间、焊条与滑轨之间的夹角,可以改变一根焊条所能焊得的焊缝长度和焊缝截面尺寸。这种重力焊,由于设备简单,采用长而粗的高效率焊条,一人可以同时管理几个焊接工作位置。所以生产率比手工焊高 3～5 倍,也大大减轻了焊工的劳动强度。目前它主要用于焊接直线形的平角焊缝。

(三) 单面焊双面成形

　　为了保证焊缝根部焊透和获得正反两面均好的焊缝成形,一般焊件都需进行双面焊,这样不但焊接工时较长,而且有的结构不能任意翻转,势必带来大量封底仰焊缝,有时由于焊接位置狭小,甚至无法进行封底焊,这给焊接生产带来了一定困难。

　　手工单面焊双面成形法如图 2-28 所示,是一种强制反面成形的焊接方法。它借助于在接缝处反面衬上一块紫铜板而达到反面成形的目的。

　　底层焊缝是反面成形的关键。选用的焊接电流不宜过大。如直径为 4 mm 的焊条,焊接电流约在 150～170 A 为宜,运条时摆动不宜过大,焊条向焊接方向倾斜 30°左右,采用短弧焊接。为了保证焊缝连接处的质量,更换焊条应迅速在焊缝热态下连接。

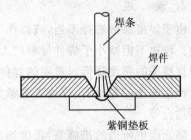

图 2-28　手工单面焊双面成形法示意图

　　这种焊接工艺可大大提高劳动生产率,减轻焊工的劳动强度。此外,合理组织焊接生产,采用装配焊接夹具等均能提高焊接生产率。

任务五　焊条电弧焊焊接缺陷分析

一、任务分析

　　焊接过程中在焊接接头中产生的不符合设计或工艺文件要求的缺陷,叫焊接缺陷。通过本任务,可以让读者掌握各种焊接缺陷的特点、产生原因及防止措施。

二、相关知识

(一) 焊接缺陷的危害

　　严重的焊接缺陷将直接影响到产品结构的安全使用。经验证明,焊接结构的失效,破坏以至于发生事故,绝大部分并不是由于结构强度不足,而是在焊接接头中产生的各种缺陷所致。

这些缺陷中尤以焊接裂纹的危害性最大。由于电弧焊接工艺的特点,要在焊接接头中消除一切缺陷,是不可能的。但尽可能将缺陷控制在允许的范围内,则是焊接工艺能够达到的目标。

(二) 外部缺陷

外部缺陷是指位于焊缝表面,用肉眼或低倍放大镜就能看到的缺陷,如焊缝尺寸不符合要求、咬边、焊瘤,弧坑、表面气孔、表面裂纹等。

1. 焊缝尺寸及形状不符合要求

焊缝外观尺寸及形状不符合要求,主要表现为焊缝表面形状高低不平,宽窄不一的现象。这不仅造成焊缝成形不美观,而且降低了焊缝与基本金属的结合强度,易造成应力集中,不利于焊件结构的安全使用。

在手工电弧焊中,产生这种缺陷的原因主要有:由于操作方法不当引起,焊接电流过大或过小,焊件装配间隙不均匀,或坡口角度不当,焊条质量差或焊接过程中电弧产生偏吹。

防止产生这种缺陷的措施是:要熟练地掌握电弧长度,保证电弧稳定,防止偏吹,正确选择坡口角度和装配间隙。

2. 咬 边

由于焊接参数选择不当,或操作工艺不正确,沿焊趾的焊件母材部位产生的沟槽或凹陷称为咬边。咬边不但减小了焊件母材的工作截面,并且产生很大的局部应力集中,容易引起裂纹,使焊接接头的强度降低。重要的焊件,是不允许咬边存在的,如压力容器、管道等。

产生咬边的原因有:焊接工艺参数选择不当焊接电流太大,电弧过长,运条速度和焊条角度不适合等。

防止产生咬边的措施是:正确选择焊接工艺参数,使电流适宜或略小,适当掌握电弧长度,正确应用运条方法和控制焊接速度,焊条角度要正确,在平焊、立焊、仰焊位置焊接时,焊条沿焊缝中心线保持均匀对称地摆动,横焊时焊条角度应保持熔滴平稳地向熔池过渡而无下淌现象。

3. 焊 瘤

在焊接过程中,熔化金属流淌到焊缝之外未熔化的母材上所形成的金属瘤,称为焊瘤。焊瘤不仅影响焊缝外表的美观,而且在焊瘤内往往还存在夹渣和未焊透,易造成应力集中。如果管道焊件内部存在焊瘤,还会影响管道内的有效面积,甚至造成堵塞现象。

焊瘤产生的主要原因是:由于接缝间隙太大,操作不当,运条方法不正确。有时焊接电流太大,电弧过长,焊条熔化太快,焊速太慢等也会造成焊瘤。

防止产生焊瘤的措施是:提高操作的技术水平,正确选择焊接工艺参数,灵活调整焊条角度,装配间隙不宜过大。立焊,仰焊时应严格控制熔池温度,不使其过高。运条速度要均匀,并需选用正确的焊接电流。

4. 凹 坑

焊后在焊缝表面或焊缝背面形成的低于母材表面的局部低洼部分称为凹坑,在焊缝收弧处产生的凹陷现象,也是凹坑的一种,称为弧坑。凹坑削弱了焊缝的有效截面,降低了焊缝的承载能力。对弧坑来说,由于杂质的集中,还会导致弧坑裂纹的产生。

产生凹坑的主要原因是,操作技能不熟练,不善于控制熔池形状,焊接电流过大,焊条未适当摆动,或者过早进行表面焊缝的焊接,熄弧时突然停止,未填满弧坑。

防止凹坑产生的措施是:熟练掌握操作技能,并注意在收弧处作短时间的停留或作划圈形收弧。重要的焊件要设置引弧板和引出板,在构件上不允许留有凹坑。

5. 烧　穿

焊接过程中,熔化金属自坡口背面流出,形成穿孔的缺陷称为烧穿。烧穿不仅影响焊缝外观,而且该处焊缝强度减弱,甚至使焊接接头失去了承载能力,所以烧穿是一种绝对不允许存在的缺陷。

产生烧穿的主要原因是:焊接电流过大,焊接速度过慢以及电弧在焊缝某处停留时间过长等引起焊件受热过甚,焊件间隙太大也容易产生烧穿。

防止烧穿的措施是:正确选择焊接电流和焊接速度,减少熔池在每一部位的停留时间,严格控制焊件的装配间隙,并保持均匀一致。

(三) 内部缺陷

内部缺陷位于焊缝的内部,如未熔合,未焊透、内部气孔,裂纹及夹渣等。

1. 未熔合

未熔合主要指焊道与母材之间或焊道与焊道之间来完全熔化结合的现象。未熔合直接降低了焊接接头的机械性能,严重的未熔合会使焊接结构根本无法承载。

产生未熔合的主要原因是:焊接电流太小,焊条偏心或运条方法不当,焊速太快,热量不够及焊件表面或前一道表面有氧化皮或熔渣存在也会造成未熔合。

防止产生未熔合的措施是:加强坡口清理和层间清理、正确选择焊接电流、焊接速度,注意运条角度和焊条摆动速度,焊接操作时应注意分清熔渣和铁水。焊条偏心应调整角度使电弧处于正确方向。

2. 未焊透

焊接时接头根部未完全熔透的现象叫未焊透。

未焊透不仅降低接头的机械性能,并且造成应力集中,承载后往往会引起裂纹。在对接焊缝中,是不允许未焊透缺陷存在的。

产生未焊透的主要原因是:焊接坡口钝边过大,坡口角度太小,封底间隙太小,操作时,无法将焊条伸入根部。运条角度不正确,熔池偏于一侧,焊接电流过小,速度过快。弧长太长,焊接时有偏吹现象等。

防止产生未焊透的措施是:正确选择坡口形式及装配间隙,熟练掌握操作技能,焊接时要防止电弧偏吹。

3. 夹　渣

焊后残留在焊缝中的熔渣称为夹渣。夹渣会降低焊缝的力学性能。因夹渣多数是不规则的多边形,其尖角会引起很大的应力集中,容易使焊接结构在承载时遭受破坏。

产生夹渣的主要原因是:焊接电流太小,焊接速度太快,使熔渣来不及浮出,焊接坡口边缘或焊层之间的熔渣未清理干净,运条不当,熔渣与铁水分离不清,阻碍熔渣上浮。

防止产生夹渣的措施是：正确选择焊接工艺参数，做好焊前及焊层间的清理工作，熟练掌握操作技能，尽量采用具有良好工艺性能的焊条。在焊缝的内部缺陷中，除了上述这些缺陷外，焊接接头还可能出现气孔和裂纹。

4. 气　孔

焊接时，熔池中的气泡在凝固时未能超出而残存下来所形成的空穴，叫气孔。气孔可分为密集气孔、条虫状气孔和针状气孔等。

气孔是焊接生产中常见的一种缺陷，它不仅削弱了焊缝的有效工作截面，同时也会带来应力集中，降低焊缝金属的强度和塑性。对于受动载荷的焊件，气孔还会显著地降低焊缝的疲劳强度。

在正常操作情况下，形成气孔的气体是氢和一氧化碳。氩弧焊时，由于气体保护不严，空气中的氮进入熔池，也会形成气孔。

（1）影响因素

1）铁锈和水分

铁锈的化学成分为 $mFe_2O_3 \cdot nH_2O$，含有多量 Fe_2O_3 和结晶水，对熔池一方面有氧化作用，另一方面又带来大量的氢，水分的作用也相同，两者是在焊缝中形成气孔的重要因素。

2）焊接方法

埋弧自动焊由于焊速大，焊缝厚度深，以及不能像手弧焊那样可以随意操纵电弧，使气体从熔池中充分逸出，故生成气孔的倾向比手弧焊大得多。

3）焊条种类

碱性焊条比酸性焊条对铁锈和水分的敏感性大得多，即在同样的铁锈和水分含量下，碱性焊条十分容易产生气孔。

4）电流种类和极性

当采用未经很好烘干的焊条进行焊接时，使用交流电源，焊缝最易出现气孔，直流正接，气孔倾向较小；直流反接，气孔倾向最小。采用碱性焊条时，一定要用直流反接，如果用直流正接，则生成气孔的倾向显著加大。

5）焊接工艺参数

焊接速度增加时，熔池存在的时间变短，气孔倾向增大，焊接电流增大时。焊缝厚度增加，气体不易逸出，气孔倾向增大，电弧电压升高时（弧长增加），空气易侵入，气孔倾向增加。

（2）防止措施

① 仔细清除焊件表面上的铁锈等污物，清除范围：手弧焊为焊缝两侧各 10 mm，埋弧自动焊为 20 mm。

② 焊条、焊剂在焊前应按规定严格烘干，焊条应存放于保温桶中，做到随用随取。

③ 采用合适的焊接工艺参数，使用碱性焊条时，一定要用短弧焊。

5. 热裂纹

焊接过程中，焊缝和热影响区金属冷却到固相线附近高温区产生的裂纹称为热裂纹。

（1）热裂纹的特点

1）产生的时间

热裂纹一般产生在焊缝的结晶过程中，故又称结晶裂纹或凝固裂纹。

在焊缝金属凝固后的冷却过程中,还可能继续发展。所以,它的发生和发展都处在高温下。从时间上来说,是处于焊接过程中。

2）产生的部位和方向

热裂纹绝大多数产生在焊缝金属中,有的是纵向,有的是横向。发生在弧坑中的热裂纹往往呈星状。有时热裂纹也会发展到母材中去。

3）外观特征

热裂纹或者处在焊缝中心或者处在焊缝两侧,其方向与焊缝的波纹线相垂直,露在焊缝表面的有明显的锯齿形状;也常有不明显的锯齿形状。凡是露出焊缝表面的热裂纹,由于氧在高温下进入裂纹内部,所以裂纹断面上都可以发现明显的氧化色彩。

4）金相特征

当我们将产生裂纹处的金相断面作宏观分析时,发现热裂纹都发生在晶界上,因此不难理解,热裂纹的外形之所以是锯齿形,是因为晶界就是交错生长的晶粒的轮廓线,故不可能平滑。

(2) 热裂纹的产生原因

不管是那一种裂纹,要产生裂纹,必然要有力的作用,而且只有拉应力作用,才会形成裂纹。

焊接过程中焊缝会受到拉应力的作用,这是由于焊接是一个局部的不均匀的加热和冷却过程,熔池结晶过程中,体积要收缩,而焊缝周围的金属,阻碍这一收缩,因而在焊缝中产生了拉应力。拉应力仅仅是产生裂纹的条件之一。焊接熔池开始冷却结晶时,只有少量的晶核产生,而后晶核逐渐成长,并出现新的晶核,但此时有较多的液体金属,液体金属在晶粒间可以自由流动,因而由拉应力所造成的缝隙都能被液体金属所填满。

当温度继续下降时,晶粒不断增多和长大,晶粒彼此发生接触,这时液体金属的流动发生困难,如果焊缝中杂质较多,会存在较多的低熔点共晶体,这些低熔点共晶体由于熔点低,尚处在液体状态,被排挤在晶界而最后结晶,在晶界形成了"液体夹层"。此时拉应力已逐渐增大,而液体金属本身没有什么强度,在拉应力作用下,使柱状晶体的缝隙增大,而低熔点液体金属已不足以填充增大了的缝隙,因而就形成了裂纹。

如果不存在低熔点共晶体或其数量很少,则晶粒间的连接比较牢固,即使存在拉应力,也不会产生裂纹。

(3) 防止热裂纹的措施

1）冶金方面

① 控制焊缝中有害杂质的含量

最有害的元素是硫、磷、碳。因此,对低碳钢和低合金钢来说,焊条中硫、磷含量一般应小于0.03%～0.04%。焊丝中的含碳量一般不得超过0.12%。

② 改善熔池金属的一次结晶

向熔池金属中加入能细化晶粒的合金元素(即变质剂),如钛、钼、钒、铌、铝和稀土等,以细化晶粒,提高焊缝金属的抗裂能力。

2）工艺方面

① 选择合理的焊接顺序。同样的焊接材料和焊接方法,由于焊接顺序不当,也会产生较

大的裂纹倾向。选择合理的焊接顺序的原则是,尽量使大多数焊缝能在较小刚度的条件下焊接,使各条焊缝都有收缩的可能,以减小焊接应力。

② 采用碱性焊条和焊剂。由于碱性焊条和焊剂的熔渣具有较强的脱硫能力,所以有较高的抗热裂能力。

③ 采用收弧板。焊接收弧时,由于弧坑冷却较快,易形成弧坑裂纹。所以,采用收弧板可将弧坑移至焊件外。

④ 控制焊缝形状。窄而深的焊缝,偏析将集中在焊缝的中心,使焊缝的抗裂性变差。焊缝的宽度和深度比适当时,低熔点杂质被挤向表面,焊缝的抗裂能力大大提高。

6. 冷裂纹

焊接接头冷却到较低温度时(对钢来说在 Ms 温度以下)产生的焊接裂纹称为冷裂纹。

(1) 冷裂纹的一般特征

1) 产生的温度和时间

冷裂纹是在焊后较低的温度下产生的。对易淬硬的高强,冷裂纹一般是在焊后冷却过程中马氏体转变温度以下,或 200~300℃ 以下的温度区间发生的。

冷裂纹有时在焊后立即出现,有时要经过一段时间(几小时、几天、甚至更长的时间)才出现。这种不是在焊后立即出现的冷裂纹,称为延迟裂纹。延迟裂纹是冷裂纹中较普遍的一种形式,由于它不是立即出现,所以其危害性就更严重。

2) 产生的都部位方向

冷裂纹大都产生在热影响区或热影响区与焊缝交界的熔合线上,但也有可能产生在焊缝上。有纵向裂纹,也有横向裂纹。

根据冷裂纹产生的部位,可分为:焊道下裂纹、焊趾裂纹和根部裂纹三种。

3) 金相特征

冷裂缝多数是穿晶扩展,这和热裂纹不同,但冷裂纹有时也沿晶界开裂。

4) 外观特征

冷裂纹由于在低温下产生,所以裂纹的断面没有明显的氧化色彩。

(2) 冷裂纹的产生原因

冷裂纹主要发生在高碳钢、中碳钢、低合金或中合金高强度钢中。产生冷裂纹的主要原因有:淬硬倾向、氢和焊接应力三方面因素。

1) 淬硬倾向

焊接接头的淬硬倾向主要取决于钢的化学成分,焊接工艺,结构的板厚和冷却条件。

钢的淬硬倾向越大,则越易产生冷裂纹,因为淬硬倾向越大,就会得到更多的马氏体,而马氏体是一种既硬又脆的组织,由于变形能力低,易发生脆性破裂,而形成裂纹。

2) 氢的作用

氢是引起高强度钢焊接时产生冷裂纹的重要因素之一,并会产生延迟裂纹,延迟裂纹往往出现在热影响区域。焊接接头的含氢量越高,则裂纹的倾向越大,含氢量足够多时,便开始出现裂纹。那么,氢是如何引起裂纹的呢?下面做简要的分析。

焊接时,由于电弧的高温作用,氢分解成原子或离子状态,并大量溶解于熔池中。在随后的冷却凝固过程中,由于溶解度急剧下降,氢极力向外逸出。当冷却较快时来不及逸出而残存在焊缝金属的内部,使焊缝中的氢处于过饱和状态。

焊缝金属在随后的冷却相变时,氢的溶解度也发生急剧的变化。实践证明,氢在奥氏体中的溶解度大,而在铁素体中的溶解度小,氢在奥氏体中的扩散速度小,而在铁素体中的扩散速度大。因而由奥氏体向铁索体转变时,氢的溶解度突然降低。相反,氢的扩散速度突然增加。

焊缝金属的含碳量通常较母材低,所以焊缝在较高的温度下发生相变,即由奥氏体分解为铁素体、珠光体组织,氢的溶解度突然降低,焊缝金属中的过饱和氢就很快地由焊缝穿过熔合区向尚未发生分解的奥氏体的热影响区扩散,而氢在奥氏体中的扩散速度较小,因此在熔合区附近形成了一个富氢带,在后的冷却过程中。热影响区的奥氏体将转变为马氏体,氢便以过饱和状态残存在马氏体中。当热影响区存在显微缺陷时,氢便会在这些缺陷处聚集,并由原子状态转变为分子状态,造成很大的局部应力,再加上焊接应力和组织应力的共同作用,促使显微缺陷扩大,从而形成裂纹。氢的扩散、聚集,产生应力和裂纹需要一定的时间,因此裂纹具有延迟的特点。

3) 焊接应力

焊接过程中焊件内部存在的应力:包括温度应力,组织应力和外部应力。温度应力是由于焊接时焊缝和热影响区的不均匀加热和冷却而产生的。组织应力是由于焊缝和热影响区在相变时,体积变化而引起的应力。外部应力是焊件在焊接过程中,由于刚性约束,结构的自重等引起的应力。焊接应力超过材料料的抗拉强度时,即产生裂纹。

综上所述,淬硬倾向、氢和焊接应力是造成冷裂纹的三个因素。这三个因素是互有影响,在不同的场合。三者作用也不同。

(3) 防止冷裂纹的措施

1) 焊前预热和焊后缓冷

焊前预热的作用,一则是在焊接时减少由于温差过大而产生的焊接应力;另一则是可减缓冷却速度,以改善接头的显微组织。预热可对焊件总体加热,也可以是焊缝附近区域的局部加热,或者边焊接边不断补充加热。

采用适当缓冷的方法,如在焊后包扎绝热材料石棉布、玻璃纤维等,以达到焊后缓冷的目的,可降低焊接热影响区的硬度和脆性,提高塑性;并使接头中的氢加速向外扩散。

2) 合理选用焊接材料

选用碱性低氢型焊条,可减少带入焊缝中的氢。采用不锈钢或奥氏体镍基合金材料做焊丝和焊条芯,在焊接高强度钢时,不仅由于这些合金的塑性较好,可抵消马氏体转变时造成的一部分应力,而且由于这类合金均为奥氏体,氢在其中的溶解度高,扩散速度慢,使氢不易向热影响区扩散和聚集。

3) 采用减少氢的工艺措施

焊前将焊条、焊剂按烘干规范严格烘干,并且随用随取。仔细清理坡口,去油除锈,防止将环境中的水分带入焊缝中。正确选择电源与极性,注意操作方法。

4) 采用适当的工艺参数

适当减慢焊接速度,可使焊接接头的冷却速度慢一些。过高或过低的焊接速度,前者易产生淬火组织,后者使热影响区严重过热,晶粒粗大,热影响区的淬火区也加宽,都将促使冷裂纹的产生。因此工艺参数应选得合适。

5) 选用合理的装焊顺序

合理的装焊顺序、焊接方向等,均可以改善焊件的应力状态。

6) 进行焊后热处理

焊件在焊后及时进行热处理,如进行高温回火,可使氢扩散排出,也可改善接头的组织和性能,减少焊接应力。

7. 再热裂纹

焊后焊件在一定温度范围再次加热(消除应力热处理或其他加热过程)而产生的裂纹,叫再热裂纹。

再热裂纹一般发生在熔合线附近被加热至 1 200~1 350℃ 的区域中,产生的加热温度对于低合高强度钢大致为 580~650℃。当钢中含铬、钼、钒等合元素较多时,再热裂纹的倾向增加。

防止再热裂纹的措施是:第一,控制母材中铬、铝、钒等合金元素的含金元素的含量,如从西德进口的 BHW-38 钢,含钒量为 0.1%~0.22%,再热裂纹倾向很敏感,后改用不含钒的 BHW-35 钢,再热裂纹就不再发生;第二,减少结构刚性焊接残余应力,如容器上的大口径接管,从内伸式改成插入式(与内壁平齐),由于降低了刚性,减少了焊接残余应力,就消除了原来产生的再热裂纹,最后在焊接过程中采取减少焊接应力的工艺措施,如使用小直径焊条、小参数焊接,焊接时不要摆动焊条等。

任务六　典型焊接接头的焊接

一、任务分析

通过典型焊接接头的焊条电弧焊焊接,更加深入地掌握焊条电弧焊的操作要点。

二、相关知识

(一) 低碳钢平板对接焊条电弧焊横焊技能训练实例

1. 焊接参数

低碳钢平板对接焊条电弧焊横焊时的焊接参数见如表 2-11 所列。

表 2-11　推荐对接横焊的焊接参数

焊缝横断面形式	焊件厚度/mm	第一层焊缝		其他各层焊缝		封底焊缝	
		焊条直径/mm	焊接电流/A	焊条直径/mm	焊接电流/A	焊条直径/mm	焊接电流/A
I形	2	2	45~55	—	—	2	50~55
	2.5	3.2	75~110	—	—	3.2	80~110
	3~4	3.2	80~120	—	—	3.2	90~120
		4	120~160	—	—	4	120~160
单面V形	5~8	3.2	80~120	3.2	90~120	3.2	90~120
				4	120~160	4	120~160
	>9	3.2	90~120	4	140~160	4	120~160
		4	140~160			3.2	90~120
K形	14~18	3.2	90~120	4	140~160	4	120~160
		4	140~160			—	—
	>9	4	140~160	4	140~160	—	—

2. 操作要点

横焊时,熔池金属也有下淌倾向,易使焊缝上边出现咬边,下边出现焊瘤和未熔合等缺陷。因此对不开坡口和开坡口的横焊都要注意用合适的焊接参数。掌握正确的操作方法,如选用较小的焊条直径、较小的焊接电流、较短的焊接电弧等。

(1) 不开坡口的横焊操作

当焊件厚度<5 mm 时,一般不开坡口,可采取双面焊接。操作时左手或左臂可以有依托,右手或右臂的动作与平对接焊操作相似。焊接时宜用直径 3.2 mm 的焊条,并向下倾斜与水平面成15°左右夹角,如图 2-29(a)所示,使电弧吹力托住熔化金属。防止下淌;同时焊条向焊接方向倾斜,与焊缝成 70°左右夹角,如图 2-29(b)所示,选择焊接电流时可比平对接焊小10％~15％,否则会使熔化温度增高,金属处在液体状态时间长,容易下淌而形成焊瘤。操作时也要特别注意,如焊渣超前时要用焊条的前沿轻轻地拔掉,否则熔滴金属也会随之下淌。当焊件较薄时,可做往复直线形运条,这样可借焊条向前移的机会,使熔池得到冷却,防止烧穿和下淌。当焊件较厚时,可采用短圆弧直线形或小斜圆圈形运条。斜圆圈的斜度与焊缝中心约成 45°,如图 2-30 所示,以得到合适的熔深,但运条速度应稍快,并且要均匀,避免焊条的熔滴

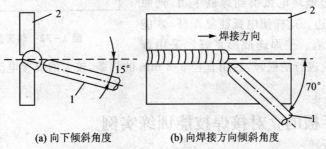

(a) 向下倾斜角度　　　(b) 向焊接方向倾斜角度

1—焊条;2—焊件

图 2-29　焊条角度

金属过多地集中在某一点上,而形成焊瘤和咬边。

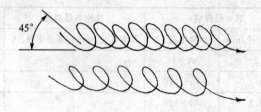

图 2-30　较厚件运条法

(2) 开坡口的横焊操作

当焊件较厚时,一般可开 V 形、U 形、单面 V 形或 K 形坡口。横焊时的坡口特点是下面焊件不开坡口或坡口角度小于上面的焊件,避免熔池金属下淌,有利于焊缝成形。对于开坡口的焊件,可采用多层焊或多层多道焊,其焊道顺序排列和焊条角度如图 2-31 所示。焊接第一层焊道时,应选用直径 3.2 mm 的焊条,运条方法可根据接头的间隙大小来选择。间隙较大时,宜采用直线往复形运条;间隙较小时,可采用直线形运条。焊接第二道时,用直径 3.2 mm 或 4 mm 的焊条,采用斜圆圈形运条法,如图 2-32 所示。

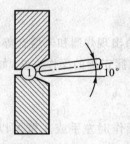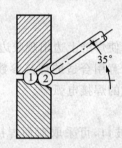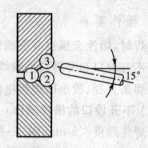

①,②,③为焊道顺序

图 2-31　焊道顺序和焊条角度

在施焊过程中,应保持较短的电弧和均匀的焊接速度。为了更好地防止焊缝出现咬边和产生熔池金属下淌现象,每个斜圆圈形与焊缝中心的斜度不得大于45°,当焊条末端运动到斜圆圈上面时,电弧应更短,并稍停片刻,使较多的熔化金属过渡到焊道中去,然后缓慢地将电弧引到焊道下边,到原先电弧停留点的旁边。这样使电弧往复循环,才能有效地避免各种缺陷。使焊缝成形良好。采用背

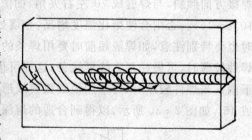

图 2-32　斜圆圈形运条法

面封底焊时,首先应进行清根,然后用直径 3.2 mm 的焊条,较大的焊接电流,直线形运条法进行焊接。

(二) 低碳钢平板的立对接焊技能训练实例

立对接焊简称立焊,是指焊缝纵向轴线垂直于水平面的焊缝,如图 2-33 所示。焊接时由于熔滴过渡困难,因此,焊缝成形困难。

1. 操作准备

① 电焊机：Bx3－330 型或 Ax－320 型。

② 焊条：E4303(J422)，Φ3.2 mm 和 Φ4 mm。

③ 焊件：低碳钢板，厚 3 mm 和 12 mm，长 180 mm，宽 140 mm 每组两块。

2. 操作要点

(1) 不开坡口的立对接焊

薄板向上立焊时可不开坡口，应采用直径 4 mm 的焊条，使用较小的焊接电流（比平对接焊小 10%～11%），采用短弧焊接与合适的焊条角度，如图 2-33 所示。同时要掌握正确的操作姿势与手握焊钳的方法，如图 2-34 所示。除采取上述立对接焊措施外，还可以采取跳弧法和灭弧法。以防止烧穿。

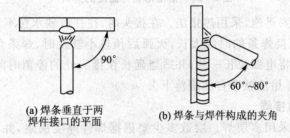

(a) 焊条垂直于两焊件接口的平面　　(b) 焊条与焊件构成的夹角

图 2-33　立对接焊焊条角度

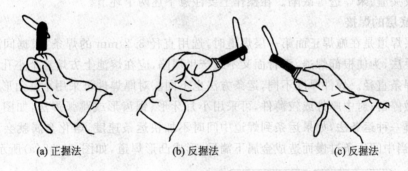

(a) 正握法　　(b) 反握法　　(c) 反握法

图 2-34　立对接焊握焊钳方法

1) 跳弧法

当熔滴脱离焊条末端过渡到熔池后，立即将电弧向焊接方向提起，为不使空气侵入，其长度应≤6 mm，如图 2-35 所示。目的是让熔化金属迅速冷却凝固，形成一个台阶，当熔池缩小到焊条直径 1～1.5 倍时，再将电弧（或重新引弧）移到台阶上面，在台阶上形成一个新熔池。如此不断地重复熔化冷却凝固再熔化的过程，就能由下向上形成一条焊缝。

2) 灭弧法

当熔滴从焊条末端过渡到熔池后，立即将电弧熄灭，使熔化金属有瞬时凝固的机会，随后重新在弧坑引燃电弧。灭弧时间在开始时可以短些，因为焊件此时还是冷的，随着焊接时间的延长，灭弧时

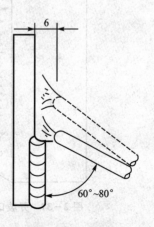

图 2-35　跳弧法

间也要增加,才能避免烧穿和产生焊瘤。

无论用哪种方法焊接,起头时,当电弧引燃后,应将电弧稍微拉长,对焊缝端头稍有预热,随后再压低电弧进行正常焊接。在焊接过程中,要注意熔池形状,如发现椭圆形熔池下部边缘由比较平直的轮廓逐渐凸起变圆形,表示温度稍高或过高,如图 2-36 所示,应立即灭弧,让熔池降温,避免产生焊瘤,待熔池瞬时冷却后,在熔池外引弧继续焊接。

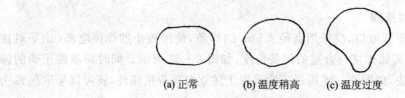

(a) 正常　　　(b) 温度稍高　　　(c) 温度过度

图 2-36　熔池形状与温度的关系

作业时,更换焊条要迅速,采用热接法。在接头时,往往有铁水拉不开或熔渣、铁水混在一起的现象,这主要是更换焊条的时间太长,灭弧后预热不够及时,焊条角度不正确等引起的。产生这种现象时,必须将电弧拉长一些,并适当延长在接头处的停留时间,同时将焊条角度增大(与焊缝成 90°),这样熔渣就会自然滚落下去。

(2) 开坡口的立对接焊

由于焊件较厚,多采用多层焊。层数多少要根据焊件厚度决定,并注意每一层焊道的成形。如果焊道不平整,中间高两侧很低,甚至形成尖角,则不仅给清渣带来困难,而且会因成形不良而造成夹渣、未焊透等缺陷。在操作上要注意下述两个环节。

1) 打底层的焊接

打底层焊道是在施焊正面第一层焊道时,选用直径 3.2 mm 的焊条,根据间隙大小,灵活运用操作手法,为使根部焊透,而背面又不致产生塌陷,应在熔池上方熔穿个小孔,其直径等于或稍大于焊条直径。焊件厚度不同,运条方法也不同。对厚焊件可采用小三角形运条,在每个转角趾应做停留;对中厚件或较薄件,可采用小月牙形、锯齿形或跳弧焊法,如图 2-37 所示。不论采用哪一种运条法,如果运条到焊道中间时不加快运条速度,熔化金属就会下淌,使焊道外观不良,当中间运条过慢而造成金属下淌后,形成凸形焊道,如图 2-38(a) 所示,将导致施

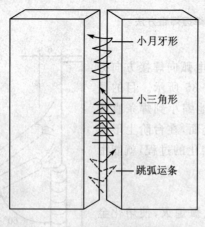

图 2-37　开坡口立对接焊运条方法

小月牙形

小三角形

跳弧运条

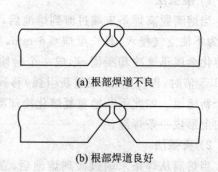

(a) 根部焊道不良

(b) 根部焊道良好

图 2-38　根部焊道外观质量

焊下一层焊道时,产生未焊透和夹渣。

2) 表层焊缝的焊接

首先注意靠近表层的前一层的焊道的焊接质量,一方面要使各层焊道凸凹不平的成形在这一层得到调整,为焊好表层打好基础;另一方面,这层焊道一般应低于焊件表面 1 mm 左右,而且中间略有些凹,以保证表层焊缝成形美观。

表层焊缝即多层焊的最外层焊缝,应满足焊缝外形尺寸的要求。运条方法可根据对焊缝余高的不同要求加以选择,如果要求余高稍大时,焊条可做月牙形摆动;如要求稍平时,焊条可做锯齿形摆动。运条速度要均匀,摆动要有规律,如图 2-39 所示。运条到 a、b 两点时,应将电弧进一步缩短并稍作停留,有利于熔滴的过渡和减少咬边;从 a 点摆到 b 点时应稍快些,以防止产生焊瘤。有时候焊缝也可采用较大电流,在运条时采用短弧,使焊条末端紧靠熔池快速摆动,并在坡口边缘稍作停留,这样表层焊缝不仅较薄,而且焊波较细,平整美观。

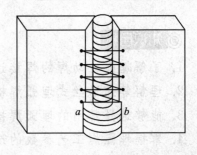

图 2-39 开坡口对接焊的表层运条

(3) 操作注意事项

① 焊缝表面应均匀,接头处不应接偏或脱节,焊波不应有脱节。焊缝的余高和熔宽应基本均匀,不应有过高、过低或过宽、过窄的现象。

②无明显咬边,焊缝表面无夹渣、气孔、未焊透等缺陷。焊缝反面应无烧穿和塌陷。

练习与思考

1. 什么是焊接接头?焊接接头包括哪几部分?

2. 坡口形式有几种?它们适用范围如何?

3. 开坡口的目的是什么?选择坡口形式时,应考虑哪些因素?

4. 焊缝按分类方法不同可分为哪几种形式?

5. 什么叫焊接工艺参数?焊条电弧焊焊接工艺参数包括哪些?

6. 焊条电弧焊时怎样选择焊条直径?

7. 焊条电弧焊时怎样选择焊接电流?

8. 什么叫气孔?气孔对焊缝金属的影响如何?

9. 热裂纹有哪些特点?其产生原因是什么?防止热裂纹的措施有哪些?

10. 冷裂纹有哪些特点?其产生原因是什么?防止冷裂纹的措施有哪些?

11. 焊条运动的基本动作有哪些?运条方法有哪些?

12. 各种焊接位置上的焊接操作要点是什么?

学习情境三

埋弧自动焊

任务一　埋弧自动焊概述

一、任务分析

此任务介绍埋弧自动焊的焊接过程、特点、分类和应用，要求对埋弧焊有一个初步的了解，为更深入地学习埋弧自动焊的有关知识打下基础。

二、相关知识

(一) 埋弧自动焊的焊接过程

埋弧焊是利用焊丝与工件之间在焊剂层下燃烧的电弧产生热量，熔化焊丝、焊剂和母材金属而形成焊缝的熔化极电弧焊方法。由于焊接时电弧掩埋在焊剂层下燃烧，电弧光不外露，因此被称为埋弧焊。如图 3-1 所示，焊丝 1 由送丝机构送入焊剂 2 下，与母材 3 之间产生电弧 4，使焊丝与母材同时熔化，形成熔池 5，冷却结晶后形成焊缝 6，另外，焊剂受熔化后，部分被蒸发，焊剂蒸气在电弧区周围形成封闭空间，使电弧区与外界空气隔绝，有利于熔池冶金反应的进行。比重较轻的熔渣 7 浮在熔池表面，冷却凝固后形成覆盖在焊缝上的渣壳 8。电弧随着焊车沿焊接方向移动，焊剂不断撒在电弧区周围，焊丝连续给送，熔池金属熔化及结晶，由此获得成形的焊缝。

(二) 埋弧自动焊的特点

1. 埋弧焊的优点

(1) 焊接生产率高

由于埋弧自动焊采用较大的焊接电流，同时，焊剂和熔渣具有隔热作用，电弧的熔透能力

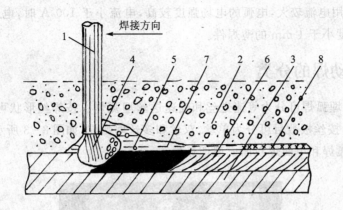

1—焊丝;2—焊剂;3—母材;4—电弧;5—熔池;6—焊缝;7—熔渣;8—渣壳
图3-1　埋弧自动焊原理示意图

和焊丝的熔敷速度都大大提高。以板厚8～10 mm的钢板对接为例,单丝埋弧焊焊接速度可达30～50 m/h,若是双丝埋弧焊和多丝埋弧焊,速度还可以提高1倍以上,而焊条电弧焊焊接速度则不超过6～8 m/h。埋弧焊电流大,熔池也大,一般焊件厚度在14 mm以下可以不开坡口。另外,连续施焊的时间较长,所以提高了生产率。

(2) 焊缝质量好

埋弧焊是熔渣保护焊缝金属,熔化金属不与空气接触,所以焊缝金属中含氮量低,而且熔池金属凝固较慢,液态金属和熔化焊剂可以充分地进行冶金,减少了焊缝中产生气孔、裂纹的可能性。焊剂还可以向焊缝过渡合金元素,调整化学成分,提高力学性能。另外,自动焊时,焊接工艺参数通过自动调节保持平稳,对焊工操作技术要求不高,焊缝成形好,成分稳定,力学性能好,焊缝质量高。

(3) 焊接成本较低

由于埋弧自动焊的熔深较大,所以焊件可不开或减少开坡口,减少焊缝中焊丝的填充量,也节省因加工坡口而消耗掉的母材。由于焊接时飞溅极少,又没有焊条头的损失,所以节约焊接材料。另外,埋弧焊的热量集中,而且利用率高,故在单位长度的焊缝上,所消耗的电能也大为降低。

(4) 劳动条件好

由于实现了焊接过程的机械化,操作简便,从而减轻焊工的劳动强度,而且电弧在焊剂下燃烧,没有弧光的有害影响,放出的烟尘也较少,改善了劳动条件。

埋弧自动焊主要用于焊接碳钢、低合金高强度钢,也可以用于焊接不锈钢等,因此埋弧自动焊方法是大型焊接结构生产时常用的焊接工艺方法。

2. 埋弧焊的缺点

① 埋弧焊一般只适用于平焊和角焊位置的焊接,因埋弧焊采用颗粒状焊剂进行保护,其他位置的焊接,则需要采用特殊装置来保证焊剂覆盖在焊缝区。

② 焊接时不能直接观察电弧与坡口的相对位置,所以埋弧焊对焊件边缘的加工和装配质量要求较高。

③ 埋弧焊使用电流较大,电弧的电场强度较高,电流小于 100 A 时,电弧稳定性较差,因此不适宜焊接厚度小于 1 mm 的薄焊件。

(三) 埋弧自动焊的分类

按送丝方式,埋弧焊可分为等速送丝和变速送丝埋弧焊。按焊丝形状可分为丝极和带极(见图 3-2)两种;按丝极数目可分为单丝、双丝和多丝埋弧焊,如图 3-3 所示。按焊缝成型条件可分为双面埋弧焊和单面焊双面成型埋弧焊。

图 3-2 带极埋弧焊

图 3-3 单丝、双丝和多丝埋弧焊

(四) 埋弧自动焊的应用

由于埋弧焊熔深大,生产率高,机械化操作的程度高,因而适于焊接中厚板结构的长焊缝。在造船、锅炉与压力容器、桥梁、起重机械、铁路车辆、工程机械、重型机械和冶金机械、核电站结构、海洋结构等制造部门有着广泛的应用,是当今焊接生产中最普遍使用的焊接方法之一。埋弧焊除了用于金属结构中构件的连接外,还可在基体金属表面堆焊耐磨或耐腐蚀的合金层。随着焊接冶金技术与焊接材料生产技术的发展,埋弧焊能焊的材料已从碳素结构钢发展到低合金结构钢、不锈钢、耐热钢以及某些有色金属,如镍基合金、钛合金、铜合金等。

任务二　埋弧自动焊电弧的调节原理

一、任务分析

本任务旨在熟悉埋弧焊几个常用功能和埋弧焊机的调试方法及使用要求,掌握埋弧焊的自动调节原理,以具备埋弧焊机操作技术的基础知识和能力。

二、相关知识

(一)等速送丝式埋弧自动焊机的工作原理

等速送丝式埋弧自动焊机的特点是:选定的焊丝给送速度,在焊接过程中维持恒定不变。当电弧长度变化时,依靠电弧的自身调节作用来改变焊丝的熔化速度,以保持焊接工艺参数的稳定。这样在电弧伸长时,焊丝的熔化速度会减慢;反之电弧缩短时,焊丝的熔化速度就加快,其结果即保持电弧长度的不变。

1. 熔化速度曲线

等速送丝式焊机的焊接电流及电弧电压自动调节,关键在于焊丝的熔化速度与哪些因素有关。

在焊接过程中,焊丝熔化是受到电弧热量和电阻热量的加热结果,应该说电弧的热量是主要的。由于焊丝的直径是固定的,其伸出长度一般也变化不大,所以,焊丝的熔化速度与焊接电流和电弧电压直接有关,其中焊接电流的影响关系更大些。当焊接电流增大时,焊丝的熔化速度有较大的增快。当电弧电压升高时,焊丝的熔化速度却略有降低。这是因为电弧电压升高,电弧长度拉长,将会使较多的电弧热量被用于熔化焊剂,因此造成焊丝熔化速度降低。

如果选定一个焊丝给送速度,在确定的焊接工艺条件下(焊丝直径和伸出长度不变,焊剂牌号不变等),调节几个适当的焊接电源外特性曲线位置,焊接时分别测出电弧稳定燃烧点(此时焊丝熔化速度已等于给送速度)的焊接电流和电弧电压值,以及有相应的电弧长度,连接这几个电弧稳定燃烧点,就可以得到一条曲线 C,如图 3-4 所示。它表明电弧燃烧点在这条曲线上(曲线上每一点都对应着一定的焊接电流和电弧电压),虽然其焊接电流和电弧电压各不相同,可是焊丝的熔化速度都是相等的,而且就等于选定的焊丝给送速度,电弧在一定的长度下稳定燃烧。所以,这条曲线称为"等熔化速度曲线",也叫电弧自身调节静特性曲线。

等熔化速度曲线,可以近似地看做一条直线,并略微向右倾斜。如果在其他条件相同时,焊丝给送速度增快,到 C 曲线向右平移,反之向左平移,而斜率不变,如图 3-5 所示。这说明焊丝给送速度的变化,必须利用焊接电流的变化来改变焊丝的熔化速度,以达到互相平衡。而 C 曲线向右倾斜,则说明随着电弧电压的升高,焊接电流也相应增大。因为电压升高会使焊丝熔化速度降低,需要增大电流来补偿,以达到焊丝熔化速度和给送速度之间的平衡,才能保持电弧长度,稳定焊接工艺参数。

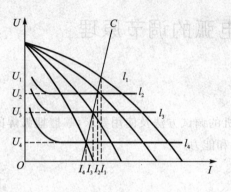

图 3-4   等熔化曲线

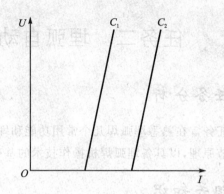

图 3-5   等速送丝式焊机的电弧稳定燃烧点

2. 自身调节作用

根据等熔化速度曲线的含义,等速送丝式焊机的电弧稳定燃烧点,应是电源外特性曲线和等熔化速度曲线以及电弧静特性曲线的三线相交点,如图 3-6 所示。

当电弧长度发生变化时,电弧是怎样进行自身调节呢?如图 3-7 所示,假定电弧先在 O_1 点所对应的焊接电流和电压(I_1,U_1)下稳定燃烧。由于某种外界的干扰,使电弧长度突然从 l_1 伸长到 l_2,这时电弧燃烧点,将从 O_1 点移到左上方的 O_2 点,焊接电流从 I_1 减小到 I_2,电弧电压由 U_1 增大到 U_2。然而在 O_2 上燃烧是不稳定的,因为焊接电流的减小和电弧电压长度逐渐缩短。电弧的燃烧点会沿着电源外特性曲线,从 O_2 点回到原来的 O_1 点。这样又恢复到平衡状态,保持了原来的电弧长度和焊接参数。

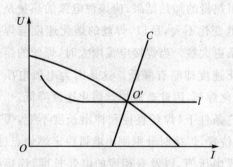

图 3-6   等熔化速度曲线的移动

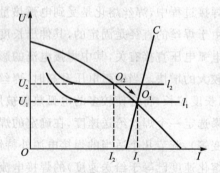

图 3-7   弧长变化时电弧自身调节过程

反之,如果电弧长度突然缩短时,由于焊接电流随之增大,就会加快焊丝的熔化速度,同样也会恢复到原来的电弧长度和焊接工艺参数。

在受到外界的干扰,使电弧长度变化(增长或缩短),会引起焊接电流和电弧电压发生变化,尤其焊接电流的显著变化,从而引起焊丝熔化速度的自动改变(加快或减慢),可使电弧恢复到原来的长度而稳定燃烧,这称为电弧自身调节作用。

影响电弧自身调节性能的因素有:

(1) 焊接电流

电弧自身调节作用主要是依靠焊接电流的增减,来改变焊丝熔化速度的。当然,在电弧长度变化后,焊接电流的变化显著,则电弧长度恢复得越快。从图 3-8 中可以看出,如果电弧长度变化相同时,选用大电流焊接的电流变化值(ΔI_1)。要大于选用小电流焊接的电流的变化值(ΔI_2),因此,采用大电流焊接时,电弧的自身调节作用就强烈,调节性能良好,即电弧自动恢复到原来长度的时间就短。

(2) 电源的外特性

从图3-8中可以看到,当电弧长度变化相同时,下降较为平坦的电源外特性曲线1的焊接电流变化值(ΔI_1),要比陡降的电源外特性曲线2的焊接电流变化值(ΔI_2)大些。这说明了电源下降外特性曲线越平坦,焊接电流变化值越大,电弧的自身调节性能就越好。所以,等速送丝式埋弧焊机,都要求焊接电源具有缓降的外特性曲线。

(3) 电压波动的影响

当焊接电源所接的网路电压发生波动时,电源的外特性曲线也会相应的变化,如图3-9所示,从而影响焊接电流和电弧电压。

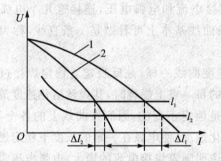

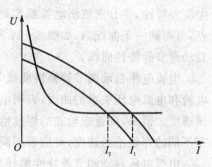

图3-8　焊接电流和电源外特性对自身调节作用的影响　　图3-9　网路电压波动的影响

3. 等速送丝式焊机的焊接工艺参数调节

等速送丝式焊机的电弧稳定燃烧点是在电源外特性曲线和等熔化速度曲线的交点上。因此,焊接工艺参数的调节可以通过改变电源外特性和焊丝给送速度来实现。

电源外特性不变时,改变焊丝给送速度,使等熔化速度曲线平行移动,于是焊接电流变化值较大,电弧电压变化值较小;反之,焊丝给送速度固定,调节电源外特性,因等熔化速度曲线近似垂直,所以电弧电压变化值较大。为此,等速送丝式焊机,要调节电流就改变焊丝给送速度,要调节电弧电压就调节电源外特性。而在焊接生产中,要求工艺参数相互配合,如焊接电流增大时,电弧电压也要相应的升高,所以往往要同时改变焊丝给送速度和电源外特性。

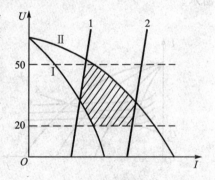

图3-10　等速送丝式焊机的调节范围

图3-10中曲线1代表焊丝最小给送速度,曲线2代表焊丝最大给送速度,曲线Ⅰ代表焊机的最小外特性,曲线Ⅱ代表焊机的最大外特性。焊接电流及电压调节范围是由这四条曲线所围的区域决定的,但因电弧电压低于20 V和高于50 V时,电弧燃烧是不稳定的,所以真正可以调节的范围是图3-10中的阴影部分。

（二）变速送丝式埋弧焊机的工作原理

变速送丝式埋弧焊机的特点是：通过改变焊丝给送速度来消除对弧长的干扰，焊接过程中电弧长度变化时，依靠电弧电压自动调节作用，来相应改变焊丝给送速度，以保持电弧长度的不变。

1. 电弧电压自动调节静特性曲线

变速送丝式埋弧焊机的自动调节原理，主要是引入电弧电压的反馈，用电弧电压来控制焊丝给送速度，而原来选定的焊丝给送速度，是由决定送丝的给定电压来进行调节。由于焊接过程中的电弧电压直接与焊丝给送速度有关，当电弧电压升高时，焊丝给送速度就增快。反之，电弧电压降低时，则焊丝给送速度减慢，因此保持了电弧长度的不变。

通过实验的方法，在确定的焊接工艺条件下，所选定的送丝给定电压不变，然后调节焊接电源外特性，并分别测出电弧稳定燃烧点的焊接电流和电弧电压，连接这几个电弧稳定燃烧点，可得到一条曲线 A，如图 3-11 所示。这条曲线基本上可看做是一条直线，称为电弧电压自动调节静特性曲线。

电弧电压自动调节静特性曲线与等熔化速度曲线一样，是反映建立稳定焊接过程的焊接电流和电弧电压关系的曲线，表明电弧在曲线的每一点上燃烧时，其焊丝熔化速度等于焊丝给送速度。但是，变速送丝式的焊丝给送速度不是恒定不变的，因而在曲线上的各个不同点，都有不同的焊丝给送速度，对应着不同的焊丝熔化速度，使电弧在一定的长度下稳定燃烧。

电弧电压自动调节静特性曲线稍微上升，说明随着焊接电流的增大，电弧电压需要相应升高。因为焊接电流增大时，使焊丝熔化速度增快，这需要加快焊丝给送速度来配合，以达到焊丝给送速度与熔化速度之间的平衡。电弧电压自动调节静特性曲线的平行上移或下移是通过电位器的调节来改变给定电压的大小而达到的。当其他条件相同时，如给定电压通过电位器调节而增大，则电弧电压自动调节静特性曲线 A 上移，反之则下移，但斜率不变，如图 3-12 所示。

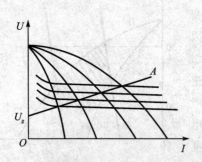

图 3-11 电弧电压自动调节静特性曲线　　图 3-12 电弧电压自动调节静特性曲线的平行移动

2. 电弧电压自动调节作用

按照电弧电压自动调节静特性曲线的含义，变速送丝式焊机的电弧稳定燃烧点，必定是电源外特性曲线，电弧静特性曲线和电弧电压自动调节静特性曲线的三线相交点，如图3-13所示。

当电弧长度发生变化时,通过自动调节而恢复到原来弧长的过程,如图 3-14 所示。当受到某种外界干扰,使电弧长度突然从 l_1 拉长至 l_2 时,电弧燃烧点从 O_1 点移到 O_2 点,电弧电压从 U_1 增大到 U_2。因电弧电压的反馈作用,使焊丝给送速度加快,而焊接电流由 I_1 减小到 I_2,引起焊丝熔化速度减慢。由于焊丝给送速度的加快,同时焊丝熔化速度又减慢。因此,电弧长度迅速缩短,电弧从不稳定燃烧的 O_2 点,回到原来的 O_1 点,于是又恢复至平衡状态,保持了原来的电弧长度。反之,如果电弧长度突然缩短时,由于电弧电压随之减小,使焊丝给送速度减慢。同时焊接电流的增大,引起焊丝熔化速度加快,结果也是恢复到原来的电弧长度。

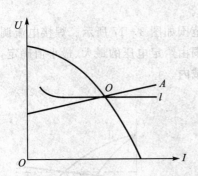

图 3-13　变速送丝式的电弧稳定燃烧点

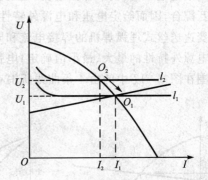

图 3-14　弧长变化时电弧电压自动调节过程

从上述的自动调节过程中,存在着电弧自身调节作用。不过,电弧长度的自动恢复,主要是由电弧电压的变化,依靠焊丝给送速度的变化,也就是电弧电压自动调节作用所决定的。

在受到外界的干扰,造成电弧长度改变时,电弧电压引起变化,使焊丝给送速度随着电弧电压的变化而相应改变,以达到恢复原来的电弧长度而稳定燃烧的目的,这称为电弧电压自动调节作用。

3. 影响电弧电压自动调节性能的因素

主要的影响因素是网路电压波动。当网路电压升高时,电源外特性曲线亦相应上移,如图 3-15 所示。

因为电源外特性曲线的改变,电弧从原来的稳定燃烧点 O_1,移到新的稳定燃烧点 O_2,致使焊接电流和电弧电压发生变化,焊接电流由 I_1 增大到 I_2,电弧电压由 U_1 升高到 U_2。由于 O_2 点在电弧电压自动调节静特性曲线上,因此不能恢复至原值。所以,网路电压波动严重影响电弧电压自动调节性能,同时影响焊接电流和电弧电压的稳定。

由于电弧电压自动调节静特性曲线近似于水平,因此对电弧电压影响较小,而对焊接电流影响

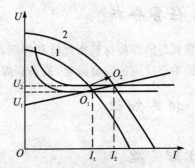

图 3-15　网路电压波动对电弧电压自动调节性能影响

较大。为避免网路电压波动时对焊接电流产生较大的影响,变速送丝式焊机适宜采用陡降外特性的焊接电源。

4. 焊接电流和电弧电压调节方法

变速送丝式埋弧焊机的焊接电流和电弧电压调节方法，可以通过改变给定电压和电源外特性来实现，如图3-16所示。

电源外特性不变时，改变给定电压，使电弧电压静特性曲线平行移动，这时，电弧电压变化值较大，焊接电流变化值较小，如图3-16(a)所示。反之，当给定电压一定时，改变电源外特性，焊接电流变化值较大，电弧电压变化值较小，如图3-16(b)所示。据此，要调节电弧电压，就改变给定电压；要调节焊接电流，就改变电源外特性。由于焊接过程中焊接电流和电弧电压要相互配合，因而给定电压和电源外特性需要同时改变。

变速送丝式埋弧焊机的焊接电流和电弧电压调节范围如图3-17所示。焊接电流调节范围由电源外特性的最大、最小值确定；电弧电压调节范围由给定电压的最大、最小值确定，可调节范围在图3-17中的由4条曲线所围有阴影线的区域内。

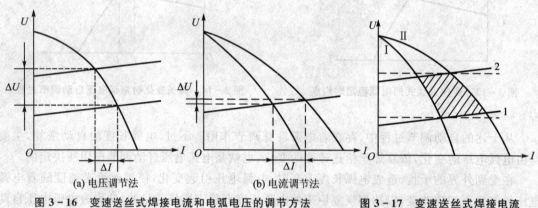

(a) 电压调节法　　　　　　　(b) 电流调节法

图3-16　变速送丝式焊接电流和电弧电压的调节方法

图3-17　变速送丝式焊接电流和电弧电压调节范围

任务三　埋弧焊的焊接材料

一、任务分析

埋弧焊的焊接材料指焊丝和焊剂。在焊接过程中焊丝和焊剂与手工电弧焊的焊条相同，是焊接冶金反应的重要因素，关系到焊缝金属的成分、组织和性能。

二、相关知识

(一) 焊　丝

焊丝在埋弧自动焊中作为填充金属，是焊缝的组成部分，所以对焊缝的质量有直接的影响。目前，埋弧自动焊的焊丝与手工电弧焊焊条的钢芯，同属一个国家标准。即 GB1300—77 焊接用钢丝。根据焊丝的成分和用途，可分为碳素结构钢、合金结构钢和不锈钢三大类。

焊丝的化学成分对焊接工艺的、过程和焊缝质量影响很大。从焊接冶金的角度来看，增加锰、硅等的含量,能使焊缝金属脱氧充分,并可减小气孔的倾向,而且还提高强度。但是,焊缝金属的硬度也因此提高,增加了出现焊接裂纹的可能性,所以其含量都被限制在一定的范围之内。例如碳素结构钢焊丝,其硅含量均不大于0.03%,硫、磷的杂质含量应小于0.04%。

埋弧自动焊常用的焊丝直径为2、3、4、5和6 mm。使用时,要求焊丝的表面清洁情况良好,在表面不应有氧化皮、铁锈及油污等。

(二) 焊　剂

1. 焊剂的作用和要求

焊剂相当于手工电弧焊焊条的药皮,在埋弧焊焊接过程中能保护熔池,有效地防止空气的侵入,还起到稳弧、造渣、脱氧、渗合金、脱硫和脱磷等作用。同时,覆盖在焊缝上的熔渣,能延缓焊缝的冷却速度,有利于气体的逸出,改善了焊缝金属的组织和性能。

为了提高焊缝的质量及良好的成形,焊剂必须满足下列的要求:第一,保证电弧稳定地的燃烧;第二,保证焊缝金属得到所需的成分和性能;第三,减少焊缝产生气孔和裂纹的可能性;第四,熔渣在高温时有合适的黏度以利焊缝成形,凝固后有良好的脱渣性;第五,不易吸潮和有一定的颗粒度及强度;第六,焊接时无有害气体析出。

2. 焊剂的分类

对焊剂的分类主要是根据制造方法和化学成分,下面分别加以讨论。

(1) 按制造方法分为熔炼焊剂和烧结焊剂

熔炼焊剂是由各种矿物原料混合后,在电炉部经过熔炼,再倒入水中粒化而成。熔炼焊剂呈玻璃状,颗粒强度高,化学成分均匀。但需要经过高温熔炼,所以不能在焊剂中加入用于脱氧和渗合金的铁合金粉。

烧结焊剂是用矿石、铁合金粉和黏结剂(水玻璃)等,按一定比例制成颗粒状的混合物,经过一定温度烘干固结而成。烧结焊剂可以加入铁合金粉,有补充或添加合金的作用,但颗粒强度较低,容易吸潮。目前,埋弧焊接生产中,广泛采用熔炼焊剂。

(2) 按化学成分分为高锰焊剂、中锰焊剂等

这是以焊剂中的氧化锰,二氧化硅和氟化钙的含量来分的,有高锰焊剂、中锰焊剂、无锰焊剂等,我国目前的焊剂牌号主要是按化学成分而编制的。

3. 焊剂牌号的编制

焊剂以"焊剂×××"牌号的方法来编制,具体的含义说明如下:

① 牌号前面的"焊剂"二字,即表示是埋弧自动焊用的焊剂。

② 牌号第一位数字表示焊剂中氧化锰的平均含量,按表3-1的规定编排。

表3-1　焊剂牌号与氧化锰的平均含量

牌　号	焊剂类型	氧化锰平均含量
焊剂1××	无锰	MnO<2%
焊剂2××	低锰	MnO≈2%～5%
焊剂3××	中锰	MnO≈15%～30%

③ 牌号第二位数字表示焊剂中二氧化硅和氟化钙的平均含量，按表 3-2 的规定编排。

④ 牌号第三位数字表示同一类型焊剂的不同牌号，按照 0,1,2,…,9 的顺序排列。

⑤ 对同一种牌号焊剂生产两种颗粒度，在细颗粒产品的后面加一"细"字。

表 3-2　焊剂牌号与二氧化硅和氟化钙的平均含量

牌　号	焊剂类型	二氧化硅和氟化钙的平均含量	
焊剂×1×	低硅低氟	$SiO_2 < 10\%$	$CaF_2 < 10\%$
焊剂×2×	中硅低氟	$SiO_2 \approx 10\% \sim 30\%$	$CaF_2 < 10\%$
焊剂×3×	高硅低氟	$SiO_2 > 30\%$	$CaF_2 < 10\%$
焊剂×4×	低硅中氟	$SiO_2 < 10\%$	$CaF_2 \approx 10\% \sim 30\%$
焊剂×5×	中硅中氟	$SiO_2 \approx 10\% \sim 30\%$	$CaF_2 \approx 10\% \sim 30\%$
焊剂×6×	高硅中氟	$SiO_2 > 30\%$	$CaF_2 \approx 10\% \sim 30\%$
焊剂×7×	低硅高氟	$SiO_2 < 10\%$	$CaF_2 > 30\%$
焊剂×8×	中硅高氟	$SiO_2 \approx 10\% \sim 30\%$	$CaF_2 > 30\%$

为了保证焊接质量，焊剂在保存时应注意防潮，使用前必须按规定的温度烘干并保温，一般焊剂应在 250℃烘干，并保温 1～2 h。埋弧自动焊常用的焊剂及成分如表 3-3 所列。

表 3-3　常用埋弧焊剂及其成分

牌号	焊剂类型	化学成分									
		SiO_2	CaF_2	CaO	MgO	Al_2O_3	TiO_2	MnO	FeO	S	P
焊剂 130	无锰高硅低氟	35～40	5～7	10～18	14～19	12～16	7～11		1～2	≤0.05	≤0.05
焊剂 230	低锰高硅低氟	40～46	7～11	8～14	10～14	10～17		5～10	≤1.5	≤0.05	≤0.05
焊剂 431	高锰高硅低氟	40～44	3～6.5	≤5.5	5～7.5	≤4		34.5～38	≤1.5	≤0.10	≤0.10
焊剂 250	低锰中硅中氟	18～22	23～30	4～8	12～16	18～23			≤1.5	≤0.05	≤0.05
焊剂 350	中锰中硅中氟	30～35	14～20	10～18		13～18		14～19	≤1.0	≤0.06	≤0.07

（三）焊丝与焊剂的选配

焊丝和焊剂的正确选用以及两者之间合适的配合，是焊缝金属能否获得较为理想的化学成分和机械性能，能否防止裂纹、气孔等缺陷的关键。所以必须按焊件的成分、性能和要求，正确合理地选配焊丝与焊剂。

在焊接低碳钢和强度等级较低的低合金高强度钢时，为了保证焊缝的综合性能良好，并不要求其化学成分必须与基体金属完全相同，通常要求焊缝金属的含碳量较低些，并含有适量的锰、硅等元素，以达到焊件所需的性能。

根据生产实践的结果表明，较为理想的焊缝金属化学成分，其含碳量为 $0.1\% \sim 0.13\%$；含锰时为 $0.6\% \sim 0.9\%$；含硅量为 $0.15\% \sim 0.30\%$，这就需要利用焊丝与焊剂的选配来达到。

用熔炼焊剂焊接低碳钢或强度等级较低的合金高强度钢时，有两种不同的焊丝与焊剂配合方式：一是用高锰高硅焊剂（如焊剂 431、焊剂 430），配合低锰焊丝（H08A）或含锰焊丝（H08MnA）；二是采用无锰高硅或低锰中硅焊剂（如焊剂 130，焊剂 230），配合高锰焊丝（如

H10Mn2)。

第一种配合方式,焊缝所需的锰、硅,主要通过焊剂来过渡合金。当然,这种过渡是比较小的,通常渗入的锰在0.1%～0.4%,硅在0.1%～0.3%之间。由于焊剂中有适量的氧化锰和二氧化硅,因此焊缝质量是可以保证的。高锰高硅焊剂的熔渣氧化性强,致使抗氢气孔能力并且熔池中碳的烧损较多,可降低焊缝的含碳量,同时熔渣中的氧化锰又能去硫,提高焊缝抗热裂纹的性能。但制造焊剂所消耗的大量高品质锰矿,在焊接过程中被有效利用的比例极小,资源利用不合理。

第二种配合方式,主要由焊丝来过渡合金,以满足焊缝中的含锰量。这适应我国矿产资源的情况,而且焊缝金属含磷量较低,溶渣的氧化性较弱,脱渣性也较好。可是其抗氢气孔和抗裂性能不如第一种配合,尤其是目前生产低碳高锰焊丝有些困难,成本较高。所以,目前焊接生产中,仍多采用第一种的配合方式。

任务四 埋弧自动焊焊接工艺

一、任务分析

本次任务将介绍制订埋弧焊工艺时要注意的事项,如:影响埋弧焊焊接质量的因素、埋弧焊焊接工艺参数选择的原则及埋弧焊常见的缺陷。为快速提高焊接操作技能,之后又以实例的方式介绍了一些约定俗成的原则和必要的操作要领。

二、相关知识

(一) 焊缝形状和尺寸

埋弧自动焊时,焊丝与基本金属在电弧热的作用下,形成了一个熔池,随着电弧热源向前移动,熔池中的液体金属逐渐冷却凝固形成焊缝。因此,熔池的形状就决定了焊缝形状,并对焊缝金属的结晶具有重要影响。

焊缝形状如图3-18所示,可用焊缝熔化宽度(c)、焊缝熔化深度(s)和焊缝余高(h)的尺寸来表示。

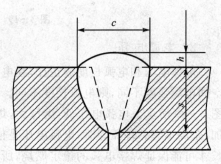

图3-18 焊缝形状

合理的焊缝形状,要求各尺寸之间有恰当的比例关系。焊缝成形系数(φ)表示焊缝形状的特征,即焊缝熔宽与熔深之比。

$$\varphi = c/s$$

(二) 焊接工艺参数对焊缝质量的影响

在手工电弧焊时,焊接工艺参数主要指焊接电流的选择,而电弧电压(电弧长度)、焊接速度等,则由电焊工操作时按具体情况掌握的。但是埋弧自动焊接时,这些焊接工艺参数都要事先选择好,尽管电弧长度在一定范围可以自动调节,其调节范围却是有限度的。另外,电弧在一定厚度的焊剂层下燃烧,焊工是无法观察溶池情况而随时调整的。所以,正确合理地选择焊接工艺参数,不仅能保证焊缝的成形和质量,而且能提高焊接生产率。

埋弧焊最主要的工艺参数是焊接电流、电弧电压和焊接速度,其次是焊丝直径、焊丝的伸出长度、焊剂和焊丝类型、焊剂粒度和焊剂层厚度等。

1. 焊接电流

焊接电流是埋弧焊最重要的工艺参数,直接决定焊丝的熔化速度、焊缝熔深和母材熔化量的大小。

增大焊接电流使电弧的热功率和电弧力都增加。当其他条件不变时,无论是I形坡口还是Y形坡口,在正常焊接条件下,熔深与焊接电流变化成正比,即电流过小,熔深浅,余高和宽度不足;电流过大,熔深大,余高过大,易产生高温裂纹。

焊缝熔深增大,焊丝熔化量增加,有利于提高焊接生产率。焊接电流减小时焊缝熔深减小,生产率降低。如果电流太小,就可能造成未焊透,电弧不稳定。焊接电流对焊缝形状的影响如图3-19所示。

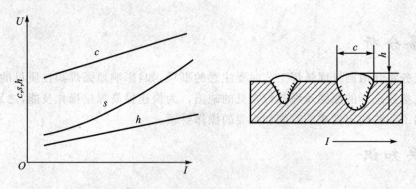

图3-19　焊接电流对焊缝形状的影响

2. 电弧电压

电弧电压和电弧长度成正比,在电弧电压和焊接电流相同时,如果选用的焊剂不同,电弧空间电场强度不同,则电弧长度不同。如果其他条件不变,改变电弧电压对焊缝形状的影响如图3-20所示。电弧电压低,熔深大,焊缝宽度窄,易产生热裂纹;电弧电压高时,焊缝宽度增加,余高不够。埋弧焊时,电弧电压是依据焊接电流调整的,即一定焊接电流要保持一定的弧长才可能保证焊接电弧的稳定燃烧,所以电弧电压的变化范围是有限的。

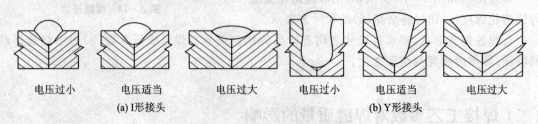

电压过小　　电压适当　　电压过大　　　电压过小　　电压适当　　电压过大

(a)I形接头　　　　　　　　　　　(b)Y形接头

图3-20　电弧电压对焊缝断面形状的影响

3. 焊接速度

焊接速度对熔深、熔宽有明显影响,是决定焊接生产率和焊缝内在质量的重要工艺参数。

不管焊接电流和电弧电压如何匹配,焊接速度对焊缝成形的影响都有着一定的规律。在其他参数不变的条件下,焊接速度增大时,电弧对母材和焊丝的加热时间减少,熔宽、余高明显减少;与此同时,电弧向后方推进金属的作用加强,电弧直接加热熔池底部的母材,使熔深有所增加。当焊接速度增大到 40 m/h 以上时,由于焊缝的线能量明显减少,则熔深随焊接速度增大而减少。焊接速度对焊缝形状的影响如图 3 - 21 所示。

焊接速度的快慢是衡量焊接生产率高低的重要指标。从提高生产率的角度考虑,总是希望焊接速度越快越好;但焊接速度过快,电弧对焊件的加热不足,使熔合比减少,还会造成咬边、未焊透及气孔等缺陷。减少焊接速度,使气体易从正在凝固的熔化金属中逸出,能降低形成气孔的可能性;但焊接速度过低,则将导致熔化金属流动不畅,容易造成焊缝波纹粗糙和夹渣,甚至烧穿焊件。

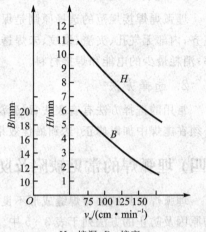

H—熔深;B—熔宽

图 3 - 21　焊接速度对焊缝形成的影响

4. 焊丝直径

焊接电流、电弧电压、焊接速度一定时,焊丝直径不同,焊缝形状会发生变化。表 3 - 4 所列为电流密度对焊缝形状尺寸的影响,从表中可见,其他条件不变,熔深与焊丝直径成反比关系,但这种关系随电流密度的增加而减弱。这是由于随着电流密度的增加,熔池熔化金属量不断增加,熔融金属后排困难,熔深增加较慢,并随着熔化金属量的增加,余高增加焊缝成形变差。所以埋弧焊时增加焊接电流的同时要增加电弧电压,以保证焊缝成形质量。

表 3 - 4　电流密度对焊缝形状尺寸的影响　($U = 30 \sim 32$ V,$v_w = 33$ cm/min)

项　目	焊接电流/A							
	700~750			1 000~1 100			1 300~1 400	
焊丝直径/mm	6	5	4	6	5	4	6	5
平均电流密度/(A·mm^{-2})	26	36	58	38	52	84	48	68
熔深 H/mm	7	8.5	11.5	10.5	12	16.5	17.5	19
熔宽 B/mm	22	21	19	26	24	22	27	24
形状系数 B/H	3.1	2.5	1.7	2.5	2	1.3	1.5	1.3

5. 焊丝伸出长度

当焊丝伸出长度增加时,电阻增加,增加了电阻热,使焊丝的熔化速度加快,结果使熔深稍有减小,熔合比也有所减小。这对小于 3 mm 的细直径焊丝影响非常显著,故对其伸出长度的波动范围应加以控制,一般为 5~10 mm。

6. 焊剂成分和性能

焊剂成分影响电弧极区压降和弧柱电场强度的大小。稳弧性好的焊剂含有容易电离的元素,所以电弧的电场强度较低,弧柱膨胀,电弧燃烧的空间增大,使熔宽增大,熔深略有减少,有利于改善焊缝成形。但焊剂颗粒度过大或焊剂层厚度过小时,不利于焊接区域的保护,使焊缝成形变差,并可能产生气孔。

(三)埋弧焊焊接规范的选择原则及选择方法

1. 选择原则

埋弧焊焊接规范的选择原则是保证电弧稳定燃烧,焊缝形状尺寸符合要求,表面成形光洁整齐,内部无气孔、夹渣、裂纹、未焊透、焊瘤等缺陷。在保证质量的前提下,还要有最高的生产率;消耗最少的电能和焊接材料。

2. 选择方法

常用的选择方法有查表法、试验法、经验法、计算法。不管采用哪种方法所确定的参数,都必须在施焊中加以修正,达到最佳效果时方可连续焊接。

(四)埋弧焊的常见缺陷及防止方法

埋弧焊常见缺陷有焊缝成形不良、咬边、未焊透、气孔、裂纹、夹渣、焊穿等。现将它们产生的原因及防止的方法列于表3-5中。

表3-5　埋弧焊常见缺陷的产生原因及防止方法

缺陷名称		产生原因	防止方法
焊缝表面成形不良	宽度不均匀	(1)焊接速度不均匀 (2)焊丝给送速度不均匀 (3)焊丝导电不良	(1)找出原因排除故障 (2)找出原因排除故障 (3)更换导电嘴衬套(导电块)
	堆积高度过大	(1)电流太大而电压过低 (2)上坡焊时倾角过大 (3)环缝焊接位置不当(相对于焊件的直径和焊接速度)	(1)调节焊接参数 (2)调整上坡焊倾角 (3)相对于一定的焊件直径和焊接速度,确定适当的焊接位置
	焊缝金属满溢	(1)焊接速度过慢 (2)电压过大 (3)下坡焊时倾角过大 (4)环缝焊接位置不当 (5)焊接时前部焊剂过少 (6)焊丝向前弯曲	(1)调节焊速 (2)调节电压 (3)调整下坡焊倾角 (4)相对一定的焊件直径和焊接速度,确定适当的焊接位置 (5)调整焊剂覆盖状况 (6)调节焊丝矫直部分
	中间凸起而两边凹陷	焊剂圈过低并有粘渣,焊接时熔渣被粘渣托压	提高焊剂圈,使焊剂覆盖高度达30～40 mm
气　孔		(1)接头未清理干净 (2)焊剂潮湿 (3)焊剂中混有垃圾 (4)焊剂覆盖层厚度不当或焊剂斗阻塞 (5)焊丝表面清理不够 (6)电压过高	(1)接头必须清理干净 (2)焊剂按规定烘干 (3)焊剂必须过筛、吹灰、烘干 (4)调节焊剂覆盖层高度,疏通焊剂斗 (5)焊丝必须清理,清理后应尽快使用 (6)调整焊接电压

缺陷名称	产生原因	防止方法
裂纹	(1) 焊件、焊丝、焊剂等材料配合不当 (2) 焊丝中含碳、硫量较高 (3) 焊接区冷却速度过快而致热影响区硬化 (4) 多层焊的第一道焊缝截面过小 (5) 焊缝成形系数太小 (6) 角焊缝熔深太大 (7) 焊接顺序不合理 (8) 焊件刚度大	(1) 合理选配焊接材料 (2) 选用合格焊丝 (3) 适当降低焊速、焊前预热和焊后缓冷 (4) 焊前适当预热或减小电流,降低焊速(双面焊适用) (5) 调整焊接参数和改进坡口 (6) 调整焊接参数和改变极性(直流) (7) 合理安排焊接顺序 (8) 焊前预热及焊后缓冷
焊穿	焊接参数及其它工艺因素配合不当	选择适当焊接参数
咬边	(1) 焊丝位置或角度不正确 (2) 焊接参数不当	(1) 调整焊丝 (2) 调节焊接参数
未熔合	(1) 焊丝未对准 (2) 焊缝局部弯曲过甚	(1) 调整焊丝 (2) 精心操作
未焊透	(1) 焊接参数不当(如电流过小,电弧电压过高) (2) 坡口不合适 (3) 焊丝未对准	(1) 调整焊接参数 (2) 修正坡口 (3) 调节焊丝
内部夹渣	(1) 多层焊时,层间清渣不干净 (2) 多层分道焊时,焊丝位置不当	(1) 层间清渣彻底 (2) 每层焊后发现咬边夹渣必须清除修复

三、工作过程——埋弧焊操作技术

(一) 焊前检查及准备

焊前要检查焊机控制电缆线接头是否松动,焊接电缆是否连接妥当。导电嘴是易损件,应检查它的磨损、导电情况和是否夹持可靠。对于焊机要做空车调试,检查各个按钮、旋钮开关、电流表和电压表等是否工作正常。实测焊接速度,检查离合器能否可靠接合与脱离。

严格除去焊丝表面的油、锈,并要按顺序盘绕在焊丝盘内。由于埋弧自动焊对焊件表面的清理比手工电弧焊要求高,其中对接口根部表面的污染特别敏感,因此,对接口根部的清理要彻底,并且应在装配定位焊之前进行,否则无法清理干净。对附着在坡口或接口表面附近的气割熔渣,也应彻底清除干净。对于重要的接头,如果清理后又生了锈,则必须在定位焊之前再用砂轮及其他方法将坡口两侧表面 20～30 mm 宽度内的锈迹清除干净,以确保焊接质量。另外,焊剂中的水分在使用之前必须保持最低含量,因此焊前要进行烘干。烘干温度为 250℃±10℃,保温 1～2 h,然后随取随用。

（二）埋弧焊操作技术

1. 埋弧焊的安全操作注意事项

① 埋弧自动焊机的小车轮子要有良好绝缘性，导线外皮也应绝缘良好，工作过程中应理顺导线，防止扭转及被熔渣烧坏。

② 控制箱和焊机外壳应可靠接地（零）和防止漏电。接线板罩壳必须盖好。

③ 焊接过程中应注意防止焊剂突然停止供给而发生强烈弧光裸露灼伤眼睛。所以，焊工作业时应戴普通防护眼镜。

④ 半自动埋弧焊的焊把应有固定放置处，以防短路。

⑤ 埋弧自动焊熔剂的成分里含有氧化锰等对人体有害的物质。焊接时虽不像手弧焊那样产生可见烟雾，但将产生一定量的有害气体和蒸气。所以，在工作地点最好有局部的抽气通风设备

2. 对接直焊缝焊接技术

对接直焊缝的焊接方法有两种基本类型，即单面焊和双面焊。根据钢板厚度又可分为单层焊、多层焊，又有各种衬垫法和无衬垫法。

（1）焊剂垫法埋弧自动焊

在焊接对接焊缝时，为了防止熔渣和熔池金属的泄漏，采用焊剂垫作为衬垫进行焊接。焊剂垫的焊剂与焊接用的焊剂相同。焊剂要与焊件背面贴紧，能够承受一定的均匀的托力。要选用较大的焊接规范，使工件熔透，以达到双面成形。

用这种方法焊接时，焊缝成形的质量主要取决于焊剂垫托力的大小均匀与否，以及装配间隙的均匀与否。图 3 - 22 说明了焊剂垫托力与焊缝成形的关系。板厚 2～8 mm 的对接接头在具有焊剂垫的电磁平台上焊接所用的参数如表 3 - 6 所列。电磁平台在焊接中起固定板料的作用。

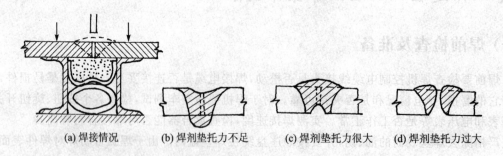

(a) 焊接情况　　(b) 焊剂垫托力不足　　(c) 焊剂垫托力很大　　(d) 焊剂垫托力过大

图 3 - 22　在焊剂垫上对焊接

板厚 10～20 mm 的 I 形坡口对接接头预留装配间隙并在焊剂垫上进行单面焊的焊接参数如表 3 - 7 所列。所用的焊剂垫应尽可能选用细颗粒焊剂。

（2）手工焊封底埋弧自动焊

对无法使用衬垫的焊缝，可先行用手工焊进行封底，然后再采用埋弧焊。

表 3-6 对接接头在电磁平台—焊剂垫上单面焊的焊接条件

板厚/mm	装配间隙/mm	焊丝直径/mm	焊接电流/A	电弧电压/V	焊接速度/(cm·min⁻¹)	电流种类	焊剂垫中焊剂颗粒	焊接垫软管中的空气压力/kPa
2	0～1.0	1.6	120	24～28	73	直流反接	细小	81
3	0～1.5	1.6	275～300	28～30	56.7	交流	细小	81
		2	275～300	28～30	56.7			
		3	400～425	25～28	117			
4	0～1.5	2	375～400	28～30	66.7	交流	细小	101～152
		4	525～550	28～30	83.3			101
5	0～2.5	2	425～450	32～34	58.3	交流	细小	101～152
		4	575～625	28～30	76.7			
6	0～3.0	2	475	32～34	50	交流	正常	101～152
		4	600～650	28～32	67.5			
7	0～3.0	4	650～700	30～34	61.7	交流	正常	101～152
8	0～3.5	4	725～775	30～36	56.7	交流	正常	101～152

表 3-7 对接接头在焊剂垫上单面焊的焊接条件（焊丝直径 5 mm）

板厚/mm	装配间隙/mm	焊接电流/A	电弧电压/V		焊接速度/(cm·min⁻¹)
			交流	直流	
10	3～4	700～750	34～36	32～34	50
12	4～5	750～800	36～40	34～36	45
14	4～5	850～900	36～40	34～36	42
16	5～6	900～950	38～42	36～38	33
18	5～6	950～1000	40～44	36～40	28
20	5～6	950～1000	40～44	36～40	25

（3）悬空焊

悬空焊一般用于无破口、无间隙的对接焊，它不用任何衬垫，装配间隙要求非常严格。为了保证焊透，正面焊时要焊透工件厚度的 40%～50%，背面焊时必须保证焊透 60%～70%。在实际操作中一般很难测出熔深，经常是靠焊接时观察熔池背面颜色来判断估计，所以要有一定的经验。不开坡口的对接接头悬空焊的焊接参数，如表 3-8 所列。

表 3-8 不开口对接接头悬空双面焊的焊接条件

工件厚度/mm	焊丝直径/mm	焊接顺序	焊接电流/A	电弧电压/V	焊接速度/(cm·min⁻¹)
6	4	正	380～420	30	58
		反	430～470	30	55

工件厚度/mm	焊丝直径/mm	焊接顺序	焊接电流/A	电弧电压/V	焊接速度/(cm·min⁻¹)
8	4	正	440～480	30	50
		反	480～530	31	50
10	4	正	530～570	31	46
		反	590～640	33	46
12	4	正	620～660	35	42
		反	680～720	35	41
14	4	正	680～720	37	41
		反	730～770	40	38
16	5	正	800～850	34～6	63
		反	850～900	36～8	43
17	5	正	850～900	35～37	60
		反	900～950	37～39	48
18	5	正	850～900	36～38	60
		反	900～950	38～40	40
20	5	正	850～900	36～38	42
		反	900～1000	38～40	40
22	5	正	900～950	37～39	453
		反	1 000～1 050	38～40	40

(4) 对接接头双面焊

一般工件厚度从 10～40 mm 的对接接头,通常采用双面焊。接头形式根据钢种、接头性能要求的不同,可采用图 3-23 所示的 I 形、Y 形、X 形坡口。这种方法对焊接工艺参数的波动和工件装配质量都不敏感,其焊接技术关键是保证第一面焊的熔深和熔池的不流溢和不烧穿。焊接第一面的实施方法有悬空法、加焊剂垫法以及利用薄钢带、石棉绳、石棉板等做成临时工艺垫板法进行焊接。

(5) 多层埋弧焊

对于较厚钢板,一次不能焊完的,可采用多层焊。第一层焊时,焊接参数不要太大,既要保证焊透,又要避免裂纹等缺陷。每层焊缝的接头要错开,不可重叠。

当板厚超过 40～50 mm 时,往往需要采用多层焊。多层焊时坡口形状一般采用 V 形和 X 形,而且坡口角度比较窄。图 3-24(b)所示的焊道宽度比焊缝深度小得多,此时在焊缝中心容易产生梨形焊道裂纹。另外在多层焊结束时,在焊道端部需加衬板,由于背面初始焊道不能全部铲除造成坡口角度变窄,如图 3-25 所示,此时形成的梨形焊道更增加裂纹产生倾向,因而需要特别引起注意。

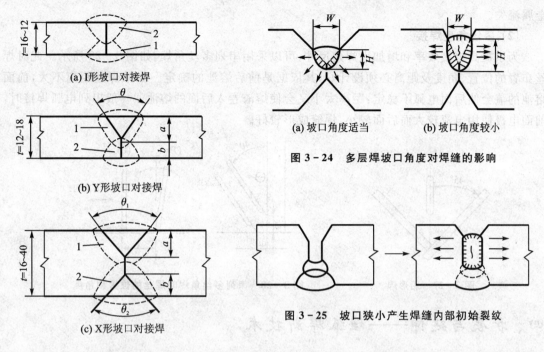

(a) I形坡口对接焊

(b) Y形坡口对接焊

(c) X形坡口对接焊

图 3-23　不同板厚的接头形式

(a) 坡口角度适当　　(b) 坡口角度较小

图 3-24　多层焊坡口角度对焊缝的影响

图 3-25　坡口狭小产生焊缝内部初始裂纹

3. 对接环焊缝焊接技术

圆形筒体的对接环缝的埋弧焊要采用带有调速装置的滚胎。如果需要双面焊,第一遍需将焊剂垫放在下面筒体外壁焊缝处。将焊接小车固定在悬臂架上,伸到筒体内焊下平焊。焊丝应偏移中心线下坡焊位置上。第二遍正面焊接时,在筒体外,上平焊处进行施焊。如图 3-26 为埋弧焊对接环焊缝焊接示意图。

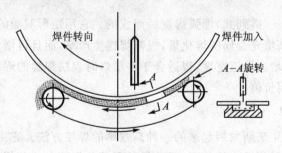

图 3-26　对接环焊缝焊接示意图

4. 角接焊缝焊接技术

埋弧自动焊的角接焊缝主要出现在 T 形接头和搭接接头中。一般可采取船形焊和斜角焊两种形式。

(1) 船形焊

将工件角焊缝的两边置于与垂直线各成 45°的位置(见图 3-27),可为焊缝成形提供最有利的条件。这种焊接法接头的装配间隙不超过 1~1.5 mm,否则,必须采取措施,以防止液态金属流失。

（2）多丝角度焊接

为了提高焊接效率和增加大焊角尺寸，可以采用串列多丝角焊，如图3-28所示。此时焊丝布置的位置、角度及距离必须设计好，其依据是前后熔池的确定。如果焊丝距离不大，前面熔池的渣会使后面电弧不稳定；距离太小又会使熔渣卷入后面的熔池。一般串列电弧焊接时，前面电极使用电流较大而后面较小，焊缝成形较好。

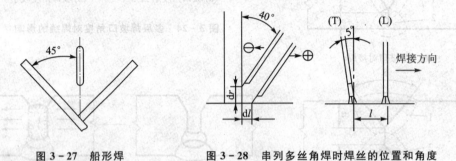

图3-27　船形焊　　　　　图3-28　串列多丝角焊时焊丝的位置和角度

四、扩展与延伸——埋弧焊新技术

埋弧焊是一种传统的焊接方法，在长期的应用中，为适应工业生产发展的需要，在不断改进常规埋弧焊的基础上，又研究和发展了一些新的、高效率的埋弧焊方法。

1. 多丝埋弧焊

多丝埋弧焊是一种既能保证合理的焊缝成形和良好的焊接质量，又可以提高焊接生产率的有效方法。采用多丝单道埋弧焊焊接厚板时可实现一次焊透，其总的热输入量要比单丝多层焊时少。因此，多丝埋弧焊与常规埋弧焊相比具有焊接速度快、耗能省、填充金属少等优点。

2. 带极埋弧焊

带极埋弧焊是由多丝（横列式）埋弧焊发展而成的。它用矩形截面的钢带取代圆形截面的焊丝作电极，不仅可提高填充金属的熔化量，提高焊接生产率，而且可增大焊缝成形系数，即在熔深较小的条件下大大增加焊道宽度，很适合于多层焊时表层焊缝的焊接，尤其适合于埋弧堆焊，因而具有很大的实用价值。

3. 窄间隙埋弧焊

窄间隙埋弧焊是近年来新发展起来的一种高效率的焊接方法。它主要适用于一些厚板结构，如厚壁压力容器、原子能反应堆外壳、涡轮机转子等的焊接。这些焊件壁厚很大，若采用常规埋弧焊方法，需开U形或双U形坡口，这种坡口的加工量及焊接量都很大，生产效率低且不易保证焊接质量。采用窄间隙埋弧焊时，坡口形状为简单的I形，不仅可大大减小坡口加工量，而且由于坡口截面积小，焊接时可减小焊缝的热输入和熔敷金属量，节省焊接材料和电能，并且易实现自动控制。

◆ 练习与思考

1. 埋弧自动焊的工作原理及特点是什么？

2. 埋弧自动焊主要应用在哪些场合？

3. 埋弧自动焊的工艺参数有哪些？
4. 怎样调节等速送丝埋弧焊机的焊接电流和电弧电压？
5. 怎样调节变速送丝埋弧焊机的焊接电流和电弧电压？
6. 埋弧自动焊的焊剂的作用是什么？对其有哪些要求？
7. 埋弧自动焊的常见焊接缺陷有哪些？其产生原因是什么？
8. 怎样焊接开双面坡口的厚板对接直缝焊？

学习情境四

钨极氩弧焊

知识目标

1. 掌握钨极氩弧焊的工艺特点；
2. 熟悉钨极氩弧焊的电流种类和极性选择；
3. 了解钨极氩弧焊焊接材料的选择；
4. 掌握钨极氩弧焊焊接参数及其选择；
5. 掌握钨极氩弧焊的基本操作方法及技能。

钨极氩弧焊即钨极惰性气体保护焊，其英文缩写名为"GTAW"，也称 TIG 焊。它是使用纯钨或活化钨(钍钨、铈钨等)电极的惰性气体保护焊。

本章在介绍钨极氩弧焊的原理、特点，以及焊接材料、设备及其选用的基础上，着重介绍钨极氩弧焊焊接参数的选择与操作技术。

任务一　氩弧焊的原理、分类、及特点

一、任务分析

本任务介绍钨极氩弧焊的原理、特点等知识，以便于掌握钨极氩弧焊的焊接材料及设备的选用。

二、相关知识

(一)钨极氩弧焊的原理

钨极氩弧焊(TIG 焊)的原理如图 4-1 所示，属于非熔化极气体保护焊。

用作电极的钨熔点很高，纯钨熔点 3 380～3 600 ℃，沸点 5 900 ℃，与其他金属比，可长时间处于高温而难以熔化。TIG 焊利用金属钨的这种特性，将钨制成电极并以其与母材间产生的电弧作为热源进行焊接；同时在钨极的周围通过喷嘴向焊接区送进惰性保护气体 Ar，保护钨极、电弧及熔池，避免空气侵入造成损害。

焊接时，若需向熔池加入填充金属，填充金属(焊丝)从电弧焊接方向的前端，用手动或自动的方式向熔池送进，如图 4-1 所示。

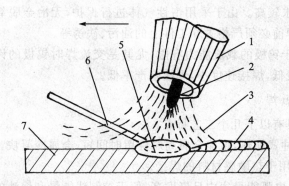

1—喷嘴;2—钨极;3—氩气;4—焊缝;5—熔池;6—填充金属(焊丝);7—焊件

图4－1　钨极氩弧焊原理示意图

(二)钨极氩弧焊的分类

TIG 焊可有几种分类方法:

① 按操作方法分为:手工 TIG 焊、自动 TIG 焊。

② 按填充焊丝根数分为:单丝 TIG 焊、双丝 TIG 焊。

③ 按焊丝是否预热分为:冷丝 TIG 焊、热丝 TIG 焊。

④ 按焊接电流性质分为:直流 TIG 焊、交流 TIG 焊、脉冲 TIG 焊。交流 TIG 焊,又可分为正弦波 TIG 焊和方波 TIG 焊。脉冲 TIG 焊,又可分为低频脉冲 TIG 焊、中频脉冲 TIG 焊、高频脉冲 TIG 焊。

(三)钨极氩弧焊的工艺特点

1. 普通钨极氩弧焊

① 焊接过程稳定、电弧能量参数可精确控制。氩气是单原子分子,稳定性好,在高温下不分解、不吸热、热导率很小。因此,电弧的热量损失少,电弧一旦引燃,就能够稳定燃烧。另外,钨棒本身不会产生熔滴过渡,弧长变化干扰因素相对较少,也有助于电弧的稳定燃烧。

② 焊接质量好。氩气是一种惰性气体,高温稳定性好。在高温下它既不溶于液态金属,又不与金属起任何化学反应,被焊金属材料中的合金元素很少烧损。而且氩的相对原子质量较大,有利于形成良好的气流隔离层,有效地阻止氧、氮等侵入焊缝金属,不易引起气孔。

③ 适于薄板焊接、全位置焊接以及不加衬垫的单面焊双面成形工艺。即使只用几安培的小电流,钨极氩弧仍能稳定燃烧,而且热量相对较集中,因此可以焊接厚度 0.3 mm 的薄板。采用脉冲钨极氩弧焊电源,还可进行全位置焊接及不加衬垫的单面焊双面成形焊接。

④ 焊接过程易于实现自动化。钨极氩弧焊的电弧是明弧,焊接过程参数稳定,易于检测及控制,是理想的自动化焊接和机器人焊接的方法。

⑤ 焊缝区无熔渣,焊工可清楚地看到熔池和焊缝成形过程。

钨极氩弧焊(TIG)具有以下缺点。

① 抗风能力差。钨极氩弧焊利用气体进行保护,抗侧向风的能力较差。侧向风较小时,可降低喷嘴至工件的距离,同时增大保护气体的流量;侧向风较大时,必须采取防风措施。

② 对工件清理要求较高。由于采用惰性气体进行保护,无冶金脱氧或去氢作用,为了避免气孔、裂纹等缺陷,焊前必须严格去除工件上的油污、铁锈等。

③ 生产率低。由于钨极的载流能力有限,尤其是交流焊时钨极的许用电流更低,致使钨极氩弧焊的熔透能力较低,焊接速度小,焊接生产率低。

2. 脉冲钨极氩弧焊

脉冲钨极氩弧焊具有以下几个工艺特点。

① 焊接过程是脉冲式加热,熔池金属高温停留时间短,金属冷凝快,可减少热敏感材料焊接时的热裂纹倾向,适用于热敏感材料的焊接。

② 焊件热输入小,电弧能量集中且挺度高,便于控制线能量和熔池的大小,易于实现全位置焊接和单面焊双面成形,对于薄板、超薄板焊接尤为适宜。接头热影响区和变形小,可以焊接厚度 0.1 mm 以下的不锈钢薄片。我国已采用脉冲钨极氩弧焊工艺实现了厚度 0.05 mm 的不锈钢波纹管的焊接。

③ 每个焊点加热时间短,冷却迅速,适合于厚度差别较大和导热性能差别较大的焊件的焊接。

④ 高频电弧振荡作用有利于消除气孔,获得细晶粒的显微组织,提高焊接接头的力学性能。

⑤ 脉冲高频电弧挺度大、指向性强,适合高速焊,焊接速度最高可达到 3 m/min,大大提高焊接生产率。

各种电流钨极氩弧焊的工艺特点如表 4-1 所列。

表 4-1 各种电流钨极氩弧焊的工艺特点

项 目	直 流		交 流	
	正 接	反 接	正弦波	矩形波
示意图				
电流波形				
两极热量的近似比例	焊件 70% 钨极 30%	焊件 30% 钨极 70%	焊件 50% 钨极 50%	通过占空比可调
熔深特点	深、窄	浅、宽	中等	较深
钨极许用电流	最大 例如 φ3.2 mm,400 A	小 例如 φ6.4 mm,400 A	较大 例如 φ3.2 mm,225 A	大 例如 φ3.2 mm,325 A
阴极破碎清理作用	无	有	有 (工件为负半周时)	有
电弧稳定性	很稳定	不稳定	很不稳定	稳定

续表 4 - 1

项　目	直　流		交　流	
	正　接	反　接	正弦液	矩形波
消除直流分量装置	不需要	不需要	需要 （方波电源不需要）	不需要
适用材料	氩弧焊：除铝、镁及其合金、铝青铜外的其余金属氩弧焊；几乎所有金属	一般不采用	铝、镁及其合金、铝青铜等	铝、镁及其合金、铝青铜等

从表 4 - 1 可看出,使用直流电源焊接时,对于绝大多数金属应采取正接法。但是,正接法没有阴极破碎清理作用,无法焊接那些容易被氧化的铝、镁及其合金。虽然直流反接法具有阴极破碎清理作用,能够焊接铝、镁及其合金,但是直流反接的焊缝熔深浅、缝宽大,若增加焊接电流又受到钨极易烧损的限制,故这类金属多采用交流钨极氩弧焊。利用交流钨极氩弧焊方法焊接铝、镁等轻金属,主要是因为它具有阴极破碎清理作用,但是在焊接电路中又出现直流分量问题和电弧不稳定问题。前者削弱了阴极清理作用,恶化了焊接变压器的工作条件,因此需要有消除直流分量的装置;后者需要使用当电流过零点时,能使电弧再引燃的稳弧装置。

(四) 钨极氩弧焊的电流种类和极性

这在钨极氩弧焊中显得更加突出。下面分别对采用不同的电源和极性进行焊接的情况进行讨论。

1. 直流钨极氩弧焊

直流 TIG 焊时,电流没有极性的变化,因而电弧非稳定,是一种常用的方法。按其电源极性接法的不同又可将直流 TIG 焊分为直流正极性法和直流反极性法两种。

(1) 直流正极性法

工件接正极,钨棒接负极。由于钨电极熔点很高,所以此时属于热阴极型导电机构,电弧中带电质点的绝大多数都是从电极上以热发射方式产生的电子。这些电子通过电弧空间进入处于正极的工件,释放出动能和位能(逸出功),从而加热工件,并得到深而窄的金属熔池,如图 4 - 2(a) 所示。该法生产率高,工件收缩应力和变形小。另一方面,由于钨极上只接受占总导电质点数约 0.1% 的正离子撞击时释放的能量,而钨极在发射电子时却又必须提供大量的能量,所以钨电极实际上净得的能量并不多,因而不易过热,烧损少。此外钨极端部的阴极斑点也较为稳定,从而使电弧更加稳定。由此可见,采用直流正极性法优点很多,除了铝、镁及其合金外,其他金属材料的 TIG 焊,一般都采用这种方法。

(2) 直流反极性法

工件接负极,钨棒接正极。这时工件和钨电极的导电和产热情况与正极性时相反。由于工件一般熔点较低,属冷阴极型导电机构,工件表面温度受沸点的限制不能升得很高,电子发射比较困难,往往只在工件表面温度较高的少数斑点处才能发射电子。这些斑点就称为阴极斑点。而且这些斑点又往往出现在电子逸出功较低的氧化膜处。当阴极斑点处受到弧柱中来

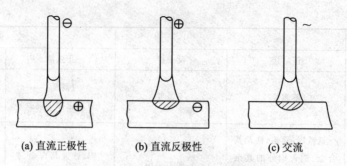

(a) 直流正极性　　　　(b) 直流反极性　　　　(c) 交流

图 4-2　钨极氩弧极性对焊缝形状影响的示意图

的正离子流的强烈撞击时,其氧化膜很快被破碎,显露出纯净的工件金属表面,电子发射条件也由此变差。这时阴极斑点就会自动转移到邻近有氧化膜存在的地方,如此下去就会自动地把工件表面上的氧化膜清除掉。这种现象也称为阴极破碎或阴极雾化现象,它对于焊接工件表面存在难熔氧化膜的金属具有特别重要的意义。如铝的熔点为 657 ℃,它的氧化膜 Al_2O_3 的熔点高达 2 050 ℃,而且是一层致密的附着层,用一般的焊接方法很难去除,且去除后随即又会产生。若用直流反极性钨极氩弧焊施焊,则可获得弧到膜除的显著效果,使焊缝表面光亮美观,成形好。但是直流反极性时钨电极处于正极,由于大量电子流所带的能量进入钨电极(约占电弧的 2/3),它使钨电极急剧加热以致熔化烧损。与直流正极性时相比,为了减少钨电极的烧损,使用同样直径的电极时,就必须减少许用电流值,或者为满足焊接电流的要求,就必须相应增大钨棒的直径。

由于直流反极性时工件上产热少(约占电弧能量的 1/3,形成的焊缝浅而宽,如图 4-2(b)所示,而且钨极烧损严重,所以除焊接铝、镁及其合金的薄件外,实际上很少应用这种方法。

表 4-2 为几种材料钨极氩弧焊时与电流种类和极性的选择关系。

表 4-2　材料与电源类别和极性的选择

材　料	直流		交流	材　料	直流		交流
	正接性	反接性			正接性	反接性	
铝(厚度 2.4mm 以下)	×	○	△	堆焊	○	×	△
铝(厚度 2.4mm 以上)	×	×	△	高碳钢,低碳钢,低合金钢	△	×	○
铝青铜、铍青铜	×	○	△	镁(3 mm 以下)	×	○	△
铸铝	×	×	△	镁(3 mm 以上)	×	×	○
黄铜、铜基合金	△	×	○	镁铸件	×	○	△
铸铁	△	×	○	高合金、镍与镍基合金不锈钢	△	×	○
无氧铜、硅青铜	△	×	×	钛	△	×	○
异种金属	△	×	○	银	△	×	○

注:△—最佳;○—良好;×—最差。

2. 交流钨极氩弧焊

交流 TIG 焊兼备了直流正极性焊接法和直流反极性焊接法两者的优点。也就是说,在交流负极性的半波里,工件金属表面氧化膜因"阴极破碎"作用而可被清除,在交流正极性的半波里,钨极又可以得到一定程度的冷却,烧损减轻,且此时发射电子容易,有利于电弧稳定。在交流电弧的热作用下,焊缝形状也介于前两者之间,如图 3-2(c)所示。实践证明,用交流电源焊接铝、镁及其合金完全可以获得满意的焊接质量。但是这时由于电弧在正、负半周里导电情况的差别,又出现了交流电弧过零复燃和焊接回路中产生直流分量的问题。

(1) 交流钨极氩弧的特点

交流钨极氩弧焊时,利用示波器观察到的电压和电流波形,如图 4-3 所示。从图 4-3(a)中可以看出,电弧电压的波形与电源电压波形相差很大。虽然对电弧供电的电源电压是正弦波,但电弧电压的波形是随着电弧空间和电极表面的温度而发生变化的。由于交流电的电源电压是 50 Hz 的正弦波,所以焊接电流每秒钟有 100 次经过零点。当电流经过零点时,电弧空间没有电场,电子发射和气体电离被大大削弱,因而弧柱温度下降,使交流电每次通过零点之后,总有一个电弧重新引燃的过程。电弧重新引燃要求有一定的引燃电压,引燃电压一般都比正常的电弧电压高,所以,只有电弧电压增大到大于引燃电压时,电弧才能引燃。然后过渡到正常的电弧电压。

引燃电压的大小取决于气体介质的电离电位高低和阴极发射电子能力的大小。交流钨极氩弧焊时,焊件和钨极的极性是不断变化的。当正半波时,钨极为负极,因为钨极的熔点高(3 370℃),钨极的端部能加热到很高的温度,同时钨极的导热系数小,钨极断面的尺寸又小,因传导而损失的热量小,此时钨极的阴极斑点容易维持高温,热电子发射能力强。因此,电弧的导电性能很好,电弧电流很大。而电弧电压较低反之,当负半波焊件的导热性较好,断面尺寸又大,散热能力较强,致使焊件金属熔池表面上阴极斑点的加热温度很低,热电子发射能力很弱。所以电弧导电困难,电弧电流很小,电弧电压较高。这样,交流电两个半波上的电弧电压和电弧电流都不相等,相当于电弧在两个半波里具有不同的导电性。也就是说负半波时电弧的引燃很困难,焊接过程中电弧的稳定性很差。在开始焊接时,电弧空间和焊件都是冷的,引弧就更为困难。

由图 4-3(b)可知,两个半波的电弧电流不对称,钨极为负的半波电流大于焊件为负的半波电流。这样,在焊接回路中,相当于除了交流电源之外,还串入一个正极性的直流电源。在焊接交流电路里,所产生的这部分直流叫做直流分量。

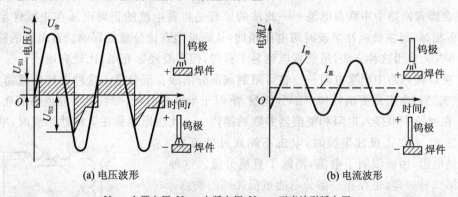

(a) 电压波形   (b) 电流波形

$U_源$—电源电压;$U_弧$—电弧电压;$U_{引1}$—正半波引弧电压;
$U_{引2}$—负半波引弧电压;$I_焊$—焊接电流;$I_直$—直流分量

图 4-3 交流钨极氩弧焊的电压和电流波形

直流分量的极性是:钨极为负,焊件为正。直流分量将显著降低阴极破碎作用,阻碍去除被焊金属熔池表面的氧化膜,并使电弧不稳定,焊缝容易出现未焊透、成形差等缺陷。同时由于直流分量的存在,好像在交流焊接回路中通过直流电,使焊接变压器铁芯产生相应的直流磁通,容易使铁芯达到饱和,这对焊接变压器是很不利的。因此,在采用交流电源时,应设法消除这种直流分量。

（2）焊接回路中的直流分量

1）产生原因

直流分量在焊接铝、镁及其合金时,显得非常突出,其原因一般认为是:

① 作为电弧两极的钨棒和工件金属在形状和尺寸上是不对称的;

② 钨极和工件金属的热电子发射能力相差悬殊。

当钨极为负时,因钨棒尺寸小、熔点高、散热困难,易被加热至高温,则有利于热电子发射,使得阴极压降小,所以钨棒为负极时,再引燃电压和电弧电压都较低,通电时间相对较长,电流值也较大。而当工件金属为负时,则情况相反,此时工件金属尺寸大,熔点低,散热容易,不易被加热至较高温度,则热电子发射能力弱,使得阴极压降大,从而使再引燃电压和电弧电压都较高,通电时间相对较短且电流值也较小。于是在用交流钨极氩弧焊接铝、镁及其合金等金属材料时,就会形成正、负半波中电弧电压、电弧电流、通电时间不对称的现象。而且工件金属与电极的电、热物理性质相差越大,则不对称的现象越严重。

由于两半周的电流不对称,因而交流电弧的电流可看成由两部分组成:一是交流电流,另一是叠加在交流部分上的直流电流,后者则称为直流分量,其方向是由焊件流向钨极,相当于在焊接回路中存在着一个正极性直流电源,参见图 4-3（b）。这种在交流电弧中产生直流分量的现象,称为交流钨极氩弧的整流作用。

2）直流分量的危害及其消除办法

直流分量的出现,首先会使阴极破碎作用减弱,直流分量愈大,则这种作用愈明显;同时因为直流分量会使变压器铁芯饱和增大激磁电流,致使铁芯发热,从而使焊接变压器工作条件恶化。因此当直流分量过大时,就有烧坏设备的可能。

在交流钨极氩弧焊时,为了减小上述不利影响和危害,应当设法消除直流分量。常用的方法有:

① 在焊接回路中串联蓄电池——此法的原理是将蓄电池的正向电压在正极性半波时与焊接电压相减,而在负极性半波时两电压相加,从而抵消直流分量的影响。蓄电池的输出电压一般为 6 V。采用这种方法,虽然蓄电池易于获得,但需要经常充电,比较麻烦。

② 在焊接回路中串联电阻——它可限制或部分消除直流分量。这种方法装置简单、体积小,但电流经过电阻是要消耗掉一部分能量,不但正半波要消耗,而且负半波也要消耗。

③ 在回路中串接入电阻和整流器并联的器件——此法原理是在负极性半波时,电流通过整流器流过,而在正极性半波时,电流不能通过整流器,而需流经电阻,因而限制了电流,消除了直流分量。这种方法与第二种一样,也存在一部分电能被损耗掉的缺点。

④ 在回路中串联电容——此法原理是利用电容器"隔直传交"的特性,只允许交流通过而不允许直流通过,从而达到消除直流分量的目的,如图 4-4 所示。这个电容也称为隔直电容。利用这种方法消除直流分量效果好,使用和维护方便,得到了普遍应用。其缺点是:因为要通过较大的焊接电流,则需要大容量的电容,所以成本高。电容器的电容量

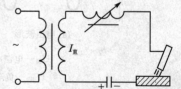

图 4-4 消除直流分量的常用方法

是根据最大焊接电流来计算的,一般按每安培电流需 $300~\mu\mathrm{F}$ 左右。通常采用体积小、电容量大的无极性电解电容器。

(五) 钨极氩弧焊的应用范围

1. 适用的材料

氩气的保护效果好,不溶于液态金属,也不与金属发生任何反应。这种焊接方法最早用于飞机制造和火箭制造方面,焊接铝合金和镁合金等有色轻金属。目前,钨极氩弧焊已发展到可用于几乎所有金属和合金的焊接。但由于其成本较高,生产中通常用于焊接易氧化的有色金属及其合金(Al、Mg、Ti 等),以及不锈钢、高温合金、难熔的活性金属(如 Mo、Nb、$\mathrm{Z_r}$)等。对于低熔点和易蒸发的金属(如 Pd、Sn、Zn),焊接较困难,一般不用氩弧焊。对于已经镀有锡、锌、铝等低熔点金属层的碳钢,焊前必须去除镀层,否则熔入焊缝金属中生成中间合金会降低接头性能。钨极氩弧焊所焊接的板材厚度范围,从生产率考虑以厚度 3 mm 以下为宜。钨极氩弧焊可焊接材料的厚度和应用范围见表 4-3。

表 4-3 钨极氩弧焊可焊接材料的厚度和应用范围

被焊材料	厚度/mm	保护气体纯度要求/%	电流种类	操作方式
钛及钛合金	0.5 以上 2 以上	99.98	直流正接(DCR)	手工 自动
镁及镁合金	0.5~1.5 0.5 以上	99.9	交流(CA)或直流反接(DCRP)	手工 自动
铝及铝合金	0.5~2 0.5 以上	99.9	交流(CA)或直流反接(DCRP)	手工 自动
铜及铜合金	0.5 以上 3 以上	99.7	直流正接(DCSP)或交流(CA)	手工 自动
不锈钢、耐热钢	0.1 以上 0.5 以上	99.7	直流正接(DCSP)或交流(CA)	手工 自动

2. 适用的接头位置与产品结构

常规的对接、搭接、T形接头和角接等接头无论处在任何位置(即全位置),只要结构上具有可达性就能焊接。薄板(≤2 mm)的卷边接头、搭接的点焊接头均可以焊接,而且无需填充金属。表 4-4 列出钨极氩弧焊适用的焊件厚度范围,从生产率考虑以 3 mm 以下的薄板焊接最为适宜。薄壁产品包括:箱盒、箱格、隔膜、壳体、蒙皮、喷气发动机叶片、散热片、管接头、电子器件的封装等,均可采用钨极氩弧焊生产。

钨极氩弧焊特别适用于对焊接接头质量要求较高的场合。对于某些厚壁重要构件,如压力容器、管道、汽轮机转子等,在对接焊缝的根部熔透焊道、全位置焊道或其他结构窄隙焊缝的打底焊道,为了保证底层焊接质量,往往采用氩弧焊打底。

表 4 - 4　钨极氩弧焊适用的焊件厚度范围

厚度/mm	0.13	0.4	1.6	3	4	6	10	15	20	25	50	100
不开坡口单道焊	√√	√√	√√	√√								
开坡口单道焊			√√	√√	√√							
开坡口多道焊					√√	√√	√√	√√	√	√	√	√

注:√√—适合;√—也可用。

手工钨极氩弧焊适于焊接结构形状复杂的焊件和难以接近的部位或间断的短焊缝,自动钨极氩弧焊适于焊接长焊缝,包括纵缝、环缝和曲线焊缝。钨极氩弧焊由于具有一系列的优点,获得了越来越广泛的应用,成为在航空航天、原子能、石油化工、电力、机械制造、船舶制造、交通运输、轻工和纺织机械等工业部门的一种重要的焊接方法。

任务二　钨极氩弧焊设备及焊接材料

一、任务分析

本任务介绍焊接材料、设备及其选用,以便后续学习钨极氩弧焊焊接参数的选择与操作技术。

二、相关知识

(一)钨极氩弧焊设备的分类及型号

1. 钨极氩弧焊设备的分类

钨极氩弧焊(TIG)焊机的分类方法有多种。按操作方式分类,可分为手工钨极氩弧焊焊机和自动钨极氩弧焊焊机两种。

按所用电源类型分类,可分为直流钨极氩弧焊焊机、交流钨极氩弧焊焊机及脉冲钨极氩弧焊焊机三种,此外还有交、直流两用钨极氩弧焊焊机;按引弧方式分类,可分为接触引弧式和非接触引弧式钨极氩弧焊焊机。钨极氩弧焊焊机型号代码的表示方法如表4-5所列。

表 4 - 5　钨极氩弧焊焊机型号代码

第一字位		第二字位		第三字位		第四字位		第五字位	
大类名称	代表字母	小类名称	代表字母	附注特征	代表字母	系列序号	数字序号	基本规格	单　位
钨极氩弧焊机	W	自动焊	Z	直流	省略	焊车式	省略	额定焊接电流	A
						全位置焊车式	1		
		手工焊	S	交流	J	横臂式	2		
						机床式	3		

续表 4 – 5

第一字位		第二字位		第三字位		第四字位		第五字位	
大类名称	代表字母	小类名称	代表字母	附注特征	代表字母	系列序号	数字序号	基本规格	单　位
钨极氩弧焊机	W	点焊	D	交直流	E	旋转焊头式	4	额定焊接电流	A
						台式	5		
		其他	Q	脉冲	M	机械手式	6		
						变位式	7		
						真空充气式	8		

2. 钨极氩弧焊设备

手工钨极氩弧焊设备包括主电路系统、焊枪、供气系统、冷却系统和控制系统等部分,如图 4 – 5 所示。自动钨极氩弧焊设备,除上述几部分外,还有等速送丝装置及焊接小车行走机构。

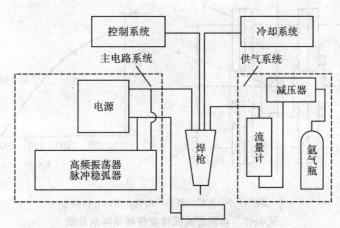

图 4 – 5　手工钨极氩弧焊设备系统图

主电路系统主要是焊接电源、高频振荡器、脉冲稳弧器和消除直流分量装置,交流与直流的主电路系统部分不相同。

钨极氩弧焊的电弧静特性曲线是水平的。与焊接电源外特性曲线的关系如图 4 – 6 所示。当电弧长度受到干扰变化时,陡降外特性曲线的焊接电流变化值小,则对焊接过程电弧稳定的影响也小,所以具有陡降外特性的一般手工电弧焊焊接电源,可供钨极氩弧焊使用。

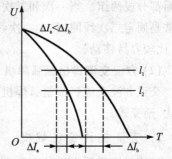

图 4 – 6　焊接电源外特性与电弧静特性曲线的关系

交流钨极氩弧焊的主电路系统,由焊接变压器、高频振荡器、脉冲稳弧器和电解电容器等部分组成。而直流钨极氩弧焊的主电路系统较为简单,直流焊接电源附加高频振荡器即可使用。

（二）钨极氩弧焊焊机简介

1. 交流钨极氩弧焊机

（1）普通交流钨极氩弧焊机

普通交流钨极氩弧焊机是最简单的焊接电源，采用焊接变压器（即弧焊变压器）。弧焊变压器的伏安特性通常为恒流特性。这种交流焊接变压器，可分为动铁芯式和动圈式两大类。

①动铁芯式弧焊变压器的结构如图 4-7 所示。弧焊变压器为口字形静铁芯，上下铁芯形成梯形窗口，初次级线圈分左右套装在上下铁芯柱上。采用盘式绕组，由于其特殊结构及套装形式从而获得了比其他焊机更为陡降的外特性。初、次级线圈间安放一个由上到下滑道夹持并可前后移动的铁芯，称为动铁芯。摇动前面板的手轮盘，动铁芯向静铁芯里（外）移动，动铁芯的相含截面增大（减小），气隙减少（变大），漏抗增大（减小），因而焊接电流减少（增大），达到调节焊接电流的目的。

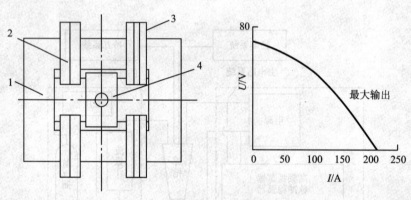

1—静铁芯；2—次级线圈；3—初级线圈；4—动铁芯

图 4-7　动铁芯式弧焊变压器结构示意图

② 动圈式焊接变压器。动圈式焊接变压器的结构如图 4-8 所示。变压器的一次和二次线圈都分成两组。当一次和二次线圈之间的距离变化时，变压器的漏感改变。动圈式结构中，通常是固定二次线圈，移动一次线圈，这是因为一次线圈的电流较小，电缆的截面积也相应小些，比较容易移动。

（2）方波交流钨极氩弧焊机

交流方波交流钨极氩弧焊机主要有以下几种方式：磁放大器式、二极管整流式、晶闸管整流式、逆变式。

2. 直流钨极氩弧焊机

直流钨极氩弧焊机的电源大多由整流器供给。整流器的种类繁多，其外观和内部结构差异甚大，但总体上的基本结构是由输入电路、降压电路、整流电路、输出电路和外特性控制电路等部分组成。

（1）硅整流式直流氩弧焊机

硅整流式直流氩弧焊机的整流元件是硅整流二极管，它的作用是将变压器降压后的交流低压电转换成直流，根据焊接电流调节和外特性，获得不同形式的直流焊接电源。它的交流电

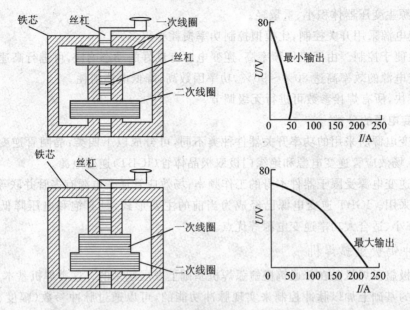

图 4-8　动圈式焊接变压器结构示意图

源是前节所述的焊接变压器(动铁芯式和动圈式),其中,动圈式比动铁芯式焊接规范稳定,振动和噪声小。它的缺点是不太经济。

(2) 磁放大器式硅整流钨极氩弧焊机

磁放大器是利用铁磁材料的磁导率,随直流磁场强度变化而改变特性来放大直流信号的。磁放大器也称饱和电抗器,通过调节铁芯的磁饱和程度,改变其电感值的大小,达到调节电流和下降特性的目的。

(3) 晶闸管式直流钨极氩弧焊机

晶闸管式直流钨极氩弧焊机主回路采用晶闸管整流,利用晶闸管的可控整流性能,使焊接电源外特性变化且焊接规范参数的调节比较容易。所以是目前国内外应用较广泛的一种整流方式。

(4) 晶体管式直流钨极氩弧焊机

晶体管式直流钨极氩弧焊机的特点是:利用功率晶体管或场效应管与辅助电路配合,来获得所需的外特性及焊接电流调节。

3. 逆变式直流氩弧焊机

在电路中,将直流转换成交流的过程称为逆变,用以实现这种转换的电路,称为逆变电路,其原理如图 4-9 所示。

图 4-9　逆变式直流氩弧焊机原理方框图

(1) 逆变焊接电源的优点

① 高效节能、体积小、重量轻。逆变技术的根本在于频率的提高,一般为 20 kHz 左右。

所以逆变电源主变压器体积小、重量轻。

② 逆变电源采用开关控制,比模拟控制功率损耗小得多。

③ 特性便于控制。由于工作频率高,逆变电源有良好的动态响应,可进行高速控制。

④ 逆变电源的效率高达 80%~90%,功率因数高,降低电能消耗。

⑤ 调节快,所有焊接参数可进行无级调节。

(2)逆变电源的分类

根据逆变电源所采用的功率开关器件种类不同,可分成以下四类:晶闸管逆变电源、晶体管逆变电源、场效应管逆变电源和绝缘门极双极晶体管(IGBT)逆变电源。

晶闸管逆变电源受限于器件本身的工作频率;场效应管逆变电源有多管并联等技术问题,目前已经不采用。IGBT 逆变电源已经成为当前的主要形式,具有饱和电压降低、输出容量大、驱动功率小、适合大功率逆变电源等优点。

4. 脉冲钨极氩弧焊机

脉冲钨极氩弧焊机是在普通钨极氩弧焊机基础上发展起来的。这类焊机基本上都是在直流氩弧焊机的基础上加以脉冲控制来实现脉冲功能的,可以通过脉冲参数(幅度、宽度、占空比)的调节,有效地控制焊接时消耗的能量、熔池形状、熔深、池凝固速度等,同时减小了热影响区。在薄板焊接、全位置焊接、异种金属材料焊接、窄间隙焊接、单面焊双面成形等焊接工艺中有明显的优势。

(三)钨极手工氩弧焊枪

钨极氩弧焊的焊接系统中,除了焊接电源外,另一重要的组成部分就是焊枪。它不仅传导电流,产生焊接电弧,还起着输送保护气体,保护焊丝、熔池、焊缝和热影响区,使之与空气隔绝,以获得良好的焊接接头的作用。

钨极氩弧焊焊枪的作用是夹持电极、导电和输送氩气流。手工焊焊枪手把上装有启动和停止按钮。焊枪一般分为大、中、小型三种,小型的最大焊接电流为 100 A,大型的可达 400~600 A,采用水冷却。焊枪本体用尼龙压制,具有重量轻、体积小、绝缘和耐热性能好等特点。

(四)供气系统

供气系统包括氩气瓶、减压器、气体流量计及电磁气阀等。

1. 氩气瓶

氩气瓶的构造与氧气瓶相同,外表涂灰色,并用绿色漆标以"氩气"字样,防止与其他气瓶混用。氩气在 20℃时,瓶装最大压力为 15 MPa,容积一般为 40 L。使用瓶装氩气焊接完毕时,要把瓶嘴关闭严密,防止漏气。瓶内氩气将要用完时,要留有少量底气,不能全部用完,以免空气进入。

2. 减压器

减压器是用调节使用压力的部分,市售有专用产品,通常可用氧气减压器替代。减压器是由细螺纹拧到气瓶头上,单级减压器需要定期调节,以维持工作压力;双级减压器具有更精确的调节作用,当气瓶压力降低时一般不用重新调节。

3. 气体流量计

气体流量计是标定气体流量大小的装置,常用的流量计有 LZB 型转子式流量计、LF 型浮子式流量计和 301-1 型浮标式减压、流量组合式流量计等。

电磁气阀是开闭气路的装置,由焊机内的延时继电器控制,可起到提前供气和滞后停气的作用。

(五) 水冷系统及送丝机构

1. 水冷系统

钨极氩弧焊在采用大电流或连续焊接时,需要有一套水冷却系统,用来冷却焊炬和导线电缆。水冷系统一般可采用城市自来水管或是独立的循环冷却装置。在水路中,装有水压开关,以保证在冷却水接通后才能启动焊机。

2. 送丝机构

在自动或半自动钨极氩弧焊焊机中,送丝装置是重要的组成部分。送丝系统的稳定性和可靠性,直接影响着焊接质量。

通常,细丝(焊丝直径小于 3 mm)采用等速送丝方式;粗丝(焊丝直径大于 3 mm)采用弧压反馈的变速送丝方式。为了保证良好的焊接质量,稳定的送丝是十分必要的。同时,还要求送丝速度在一定范围内可无级调节,以满足合适的焊接工艺规范需要。为了适应不同焊丝直径和不同的施工环境,送丝装置主要有以下三种形式。

(1) 推丝式

适用于直径为 0.8~2.0 mm 焊丝,焊枪独立于送丝装置之外,结构简单,操作灵活,应用较为广泛。

(2) 拉丝式

适用于焊丝直径为 0.4~0.8 mm 的焊丝,焊枪与送丝机构合为一体,焊枪较重,结构也较复杂,所以操作性较差。

(3) 推拉丝式

大型工件的焊接,往往需要加长的送丝软管。这时,推式和拉式的送丝装置,都感到不足,可采用推拉丝式。

(六) 钨极氩弧焊设备的技术参数

典型的通用钨极氩弧焊焊机的技术参数如表 4-6 所列。

表 4-6 通用钨极氩弧焊焊机的技术参数

类 别	手工交流钨极氩弧焊机	手工交、直流钨极氩弧焊机	手工直流钨极氩弧焊机	自动交、直流钨极氩弧焊机	手工脉冲钨极氩弧焊机
型号	WSJ-400-1	WSE5-315	WS-300	W2E-500	WSM-250
电网电压/V	380(单相)	380(单相)	380(单相)	380(单相)	380(单相)

类　别	手工交流钨极氩弧焊机	手工交、直流钨极氩弧焊机	手工直流钨极氩弧焊机	自动交、直流钨极氩弧焊机	手工脉冲钨极氩弧焊机
空载电压/V	70～75	80	72	68(直流) 80(交流)	55
额定焊接电流/A	400	315	300	500	脉冲峰值电流 50～250
电流调节范围/A	50～400	30～315	20～300	50～500	基值电流 25～60
引弧方式	脉冲	高频高压	高频高压	脉冲	高频高压
稳弧方式	脉冲	脉冲(交流)	—	脉冲	—
消除直流分量方法	电容	—	—	电容(交流)	—
钨极直径/mm	1～7	1～6	1～5	2～7	1.6～4
额定负载持续率/%	60	35	60	60	60
焊接速度/(mm·min^{-1})	—	—	—	8～130	—
送丝速度/(mm·min^{-1})	—	—	—	33～1 700	—
焊接电流衰减时间/s	—	0～10	0～5	5～15	0～15
气体滞后时间/s	—	0～15	0～15	0～15	0～15
氩气流量/(L·min^{-1})	25	25	15	50	15
冷却水流量/(L·min^{-1})	1	1	1	1	1
配用焊枪	PQ1－150 PQ1－350 PQ1－500	PQ1－150 PQ1－350	QQ－0－90/75 QS－65/300		QS85/250
用途	焊接铝、铝合金	焊接铝、铝合金、不锈钢、高合金钢、纯钢等	焊接不锈钢、耐热钢、钢等	焊接不锈钢、耐热钢及各种有色金属	焊接不锈钢、耐热钢合金、钛合金等
备注	配用 BX3－400 弧焊变压器	交流为矩形波电流，SP% 调节范围为 30%～70%	—	配用 ZX5－500 弧焊整流器及 BX3－500 交流电源各一台	脉冲峰值时间 0.02～3s 基值电流时间 0.025～3s

（七）钨极氩弧焊的焊接材料

TIG 焊的焊接材料是指电极材料、保护气体及填充金属。

1. 电极材料

（1）纯钨、钍钨及铈钨的电极

TIG 焊电极有纯钨（W）、钍钨（Th－W）、铈钨（Ce－W）等通称钨极。钨极对焊接电弧的稳定性和焊接质量有很大的影响，故要求钨极具有电流容量大、施焊时烧损少，引弧及稳弧（电弧产生在电极前端，不出现阴极斑点上移现象）性能好等特性。而主要就决定于钨极发射电子能力的大小。

1) 纯钨极

纯钨除有高的熔点与沸点外，强度也较高，较适宜用作非熔化电极。不过纯钨发射电子所需的逸出功是比较高的，这对电子发射是不利的。当然，在高温的状态下，纯钨的电子发射能力还是很强的，但是为提高电子发射能力而增大焊接电压，增高工作温度，会带来额外损耗。尤其是纯钨容易烧损，会改变钨极端部形状，影响电弧的集中与稳定，因此还需要经常研磨电极钨棒。因此，从高的要求来看，纯钨电极还是不够理想的。现已用得不多，一般仅用在交流 TIG 焊中。

2) 钍钨极

钍钨极是曾被普遍采用的，在纯钨中加入了质量分数为 1‰～2‰的氧化钍（ThO_2）。实践表明在纯钨的基础上加一些电子发射能力很强的稀土元素，如 Th、Sr（锶）、Ce、Zr 等对钨极发射电子是极为有效的。由于加入了 ThO_2，钨极的逸出功大大降低，电子发射能力显著增强，因此钍钨极与纯钨极比较，其特点是提高了许用电流值，易引弧、稳弧，且延长了使用寿命。表 4－7 为纯钨、钍钨极许用电流的比较。

至于在钍钨极中不是直接加入钍而加入氧化钍，那是由于氧化钍的熔点要高出纯钍超过 1 000℃，接近钍钨极的熔点。但是用钍钨棒做电极还是存在着缺点，即钍是一种具有放射性的元素，虽然在钍钨极中钍的含量很低，焊接时影响不大，但在磨削钍钨电极时，其粉尘带有微量放射性，故在磨削时要注意防护。

3) 铈钨极

为了既要满足钨极作为电极的种种要求，又要消除钍的放射性问题，我国科学家首先发明了用微放射性物质铈来代替钍，采用含有质量分数为 2‰氧化铈（CeO）的铈钨极，并获国际有关专业组织的认可，在国际上推广应用。实践证明，铈钨极除了几乎无放射性危害之外，其电子发射能力、工艺性能、电极烧损、加工性能诸方面均比钍钨极好，因而铈钨是一种较为理想的电极材料。铈钨极在氩气保护条件下，最大许用电流密度比钍钨极增加 5‰～8‰；电弧束较细长，光亮带较窄，温度更集中；电极烧损率下降了，延长了使用寿命。

表 4-7　纯钨极与钍钨极许用电流值的比较(氩气保护)

电极直径/mm	许用电流/A			
	直流正接	直流反接	交　流	
	纯钨、钍钨	纯钨、钍钨	纯　钨	钍　钨
1.0	15～80		10～60	15～80
1.6	10～20	15～30	50～100	70～150
2.4	70～150	25～40	100～160	140～235
3.2	150～250	40～55	150～210	225～325
4.0	250～400	55～80	200～275	300～425
5.0	400～600	55～80	250～350	400～550
6.4	800～1 100	80～125	325～475	500～700

注:直流正接为工件接正极而电极接负极,直流反接为工件接负极而电极接正极;在直流的许用电流值中,下限为纯钨的下限,上限为钍钨的上限。

(2) 钨极的直径及形状

1) 钨极的直径

钨极的直径是根据焊件(板材)的厚度及所使用的电流大小来确定的。如焊件较厚,则可选用较大的直径,以适应电流的增大。但选用的钨极直径必须与其所需用的电流相当,直径过大则大材小用,直径过小则易因钨极烧损造成夹钨缺陷。因此,钨极直径的选用应依据焊接电流,尽可能选用直径较小,其许用电流值大于所需用电流的电极。

2) 钨极的形状

钨极的形状是指钨极端部的形状。钨极端部的形状对于焊接电弧的稳定及焊缝的成形有一定的影响,不同性质的电流或不同电源极性的接法,其电极端部的形状不尽相同,但只要适当,其既可使电弧斑点稳定,又可使弧柱扩散小,热量集中,焊缝成形良好。通常采用的钨极端部形状如图 4-10 所示。

图 4-10(a)所示的电极形状为锥形平端,即显示为倒圆台形,其端面呈一小圆形平台,这种形状的钨极适用于较大电流(一般大于 250 A)直流正接时的焊接,可减少因电极端部熔化而造成不良的影响,电弧稳定性好,焊缝成形良好。图 4-10(b)为圆球状的电极形状,适用于直流反接或交流电源时的焊接,因此时钨极处于或经常处于(采用交流电源时)阳极,其所接受的热量大于直流正接时所处的状态,端面呈球状不仅因电流进入阳极并非集中于某一区域,而且,即使各种不同形状的电极端面,因过热而熔化也会形成半球状。但圆球状电极端面不适用于直流正接电源,否则电弧就会不稳定。图 4-10(c)为锥形尖端的电极端部,呈倒圆锥形,适用于直流正接电源的焊接,此时电弧稳定,电弧吹力强,熔化深度大。但焊接电流不宜过大,以免端部熔化变形,一般适用电流在 200 A 以下,更适宜于小电流的焊接。

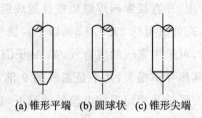

(a) 锥形平端　(b) 圆球状　(c) 锥形尖端

图 4 – 10　钨极端部的形状

2. 保护气体

TIG 焊采用的保护气体主要是氩气,也可以是氩气与氦气的混合气体。作为惰性气体的 Ar 是单原子分子,具有不与金属发生化学反应,也不溶解于液体金属的特性,故既能起到防止有害气体侵入焊接区的机械保护作用,又能不致使焊缝金属中的合金元素遭到损耗和在焊缝中出现气孔。

另外,尽管 Ar 的电离势(使电子与原子核分离的能,称为电离功,以伏特来表示的功称作电离电位,即电离势)除 He 以外是高于其他保护气体的,故较难电离,即难以引弧的,但是由于 Ar 是单原子分子,在高温时无须分解吸热,加上其热导率(或称导热系数)较小,故电弧一旦形成,电弧的热量损失也就越少。所以,在氩气中电弧燃烧的稳定性是在各种保护气体中最好的。而且在 TIG 焊时,焊接电弧即使在低电压时也十分稳定,一般电弧电压仅为 8~15 V。图 4 – 11 所示为 He 或 Ar 作保护气体时的焊接电弧静特性曲线。

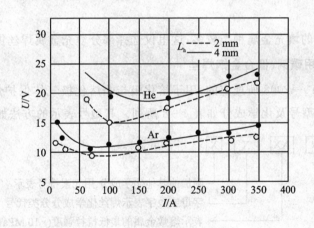

L_h—弧长

图 4 – 11　保护气体为 He 及 Ar 的电弧静特性曲线(TIG 焊,焊件为 Al)

氩气在空气中的含量极少,其在空气中的体积分数为 4(Ar)仅占 0.93%,质量分数(Ar)占 1.3%,但它比空气的平均重量重。Ar 的沸点为 -185.7℃,氩气是在从液态空气中分馏制氧时获得的,但由于它的沸点介于氧与氮之间(氧的沸点为 -183℃,氮的沸点为 -195.8℃),因此在提取的氩气中会含有一定量的氧、氮,以及二氧化碳及水分。如果上述杂质含量过多,就会削弱其在焊接时的保护作用,并直接影响焊缝质量且造成钨极烧损。在实际使用时,氩气的纯度≥99.99%(体积分数),高纯氩可达99.999 3%以上。氩气制取成本较高,为降低成本,在焊接某些碳钢或低合金钢时,可采用氩气的混合气,如 Ar+CO$_2$ 等。

氦气除了电离势高以外,其热导率很大,几乎是氩气的9倍,故其在电弧燃烧时热量的失散要比氩气多。所以,在同样的弧长及相同焊接电流的情况下,它的电弧电压要比氩弧的弧压高(参考图 4-11),但同时也使得它带给焊件的热量也增多,加上氦气在弧柱周围的冷却状态比氩气好,会使弧柱变细而集中,因而氦弧焊时焊件的熔化深度较大。可是,氦气的提取成本远高于氩气,故除了重要构件之外,一般很少单独使用。

利用氩气与氦气各自的特性,若按比例配成混合气体,即 Ar+He[He 50%~70%(体积分数)]时,可发现电弧的温度较高,焊件的熔化深度增大,电弧非常稳定,其焊接速度比纯氩弧焊可有成倍的提高。

氢气作为保护气体,可利用其有较大的热导率,提高对焊件的热输入,增加熔化深度;在采用 Ar+H$_2$ 混合气体,其中 H$_2$ 5%(体积分数)左右焊接镍及其合金时,因氢是还原性气体,可有效地避免焊缝中出现 CO 气孔。

3. 填充金属

TIG 焊时,填充金属起着连接焊件、填满坡口、保证焊缝质量的作用,其既要考虑母材的化学成分,又要保证焊接接头的力学性能,故其主要按国家或部颁标准选用。

此外,由于 TIG 焊的保护效果较好,故也可采用与母材金属成分相同的材料作为填充金属。

TIG 焊与之相关的填充金属种类较多,这里仅选择部分填充金属焊丝供应用参考。

(1) 气体保护焊用碳钢、低合金钢焊丝

这是由 GB/T8110—2008 所规定的,用于熔化极与非熔化极气体保护焊的填充金属材料标准。其部分焊丝的型号及化学成分如表 4-8 所列。其型号表示的方法如下:

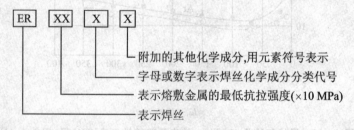

(2) 不锈钢焊丝

表 4-9 所列的是部分焊接用不锈钢钢丝。

(3) 铝及铝合金焊丝

表 4-10 所列为铝及其合金的类别、型号、化学成分及其质量分数(摘自 GB/T 10858—2008)。

表4-8 部分碳钢、低合金钢焊丝型号和化学成分及其质量分数

%

焊丝型号	C	Mn	Si	P	S	Ni	Cr	Mo	V	Ti	Zr	Al	Cu①	其他元素总量
碳钢焊丝														
ER 49-1	≤0.11	1.80~2.10	0.65~0.95	≤0.03	≤0.03	≤0.30	≤0.20							≤0.50
ER 50-2	≤0.07	0.90~1.40	0.40~0.70	≤0.03	≤0.03					0.05~0.15	0.02~0.12	0.05~0.15		
ER 50-4	0.07~0.15	1.00~1.50	0.65~0.85	≤0.025	≤0.025								≤0.50	
ER 50-5	0.07~0.19	0.90~1.40	0.30~0.60									0.50~0.90		
ER 50-7	0.07~0.15	1.50~2.00	0.50~0.80											
铬钼钢焊丝														
ER 55-B2L②	≤0.05	0.40~0.70	0.40~0.70	≤0.025	≤0.025	≤0.20	1.20~1.50	0.40~0.65					≤0.35	≤0.50
ER 55-B2-MnV	0.06~0.10	1.20~1.60	0.60~0.90	≤0.03	≤0.03	≤0.25	1.00~1.30	0.50~0.70	0.20~0.40					
ER 63-B3	0.07~0.12	0.40~0.70	0.40~0.70	≤0.025	≤0.025	≤0.20	2.30~2.70	0.90~1.20						
镍钢焊丝														
ER 55-C1	≤0.12	≤1.25	0.40~0.80	≤0.025	≤0.025	0.80~1.10	≤0.15	≤0.35	≤0.05				≤0.35	≤0.50
ER 55-C2						2.00~2.75								
ER 55-C3						3.00~3.75								
锰钼钢焊丝														
ER 55-D2-Ti	≤0.12	1.20~1.90	0.40~0.80	≤0.025	≤0.025	≤0.15		0.20~0.50		≤0.20			≤0.50	≤0.50
ER 55-D2	0.07~0.12	1.60~2.10	0.50~0.80					0.40~0.60						
其他低合金钢焊丝														
ER 69-1	≤0.08	1.40~1.80	0.20~0.50	≤0.025	≤0.025	1.40~2.10		0.25~0.55	≤0.05				≤0.25	≤0.50
ER 69-2	≤0.12	1.25~1.80	0.20~0.60			0.80~1.25	≤0.30	0.20~0.55	≤0.05				0.35~0.65	
ER 76-1	≤0.09	1.40~1.80	0.25~0.55	≤0.01	≤0.01	1.90~2.60	≤0.50	0.25~0.55	≤0.04	≤0.10	≤0.10	≤0.10	≤0.25	
ER 83-1	≤0.10	1.40~1.80	0.25~0.60			2.00~2.80	≤0.60	0.30~0.65	≤0.03					

注：①焊丝中铜含量包括镀铜层。②型号中字母"L"表示含碳量低的焊丝。

表4-9 部分焊接用不锈钢钢丝牌号、化学成分及其质量分数

%

牌号	C	Mn	Si	Cr	Ni	Mo	S	P	其他
H0Cr14	≤0.06	≤0.60	≤0.70	13.0~15.0	≤0.60		≤0.03	≤0.03	
H1Cr13	≤0.12		≤0.50	11.5~13.5					
H2Cr13	0.13~0.21		≤0.60	12.0~14.0					
H1Cr17	≤0.10		≤0.50	15.5~17.0					
H1Cr19Ni9	≤0.14	1.0~20	≤0.60	18.0~20.0	8.0~10.0		≤0.02		
H0Cr21Ni10	≤0.08			19.5~22.0	9.0~11.0				
H00Cr21Ni10	≤0.03								
H1Cr24Ni13	≤0.12	1.0~2.5	≤0.60	23.0~25.2	12.0~14.0		≤0.03		
H1Cr24Ni13Mo2	≤0.08					2.0~3.0			
H0Cr26Ni21	≤0.15			25.0~28.0	20.0~22.5				
H1Cr26Ni21	≤0.08								
H0Cr19Ni12Mo2	≤0.03			18.0~20.0	11.0~14.0	2.0~3.0	≤0.02		
H0oCr25Ni22Mn4Mo2N	≤0.03	3.50~5.50	≤0.50	24.0~26.0	21.5~23.0	2.0~2.8			N 0.10~0.15
H0Cr17Ni4Cu4Nb	≤0.05	0.25~0.75	≤0.75	15.5~17.5	4.0~5.0	≤0.75	≤0.03		Cu 3.0~4.0, Nb 0.15~0.45
H00Cr19Ni12Mo2	≤0.03	1.0~2.50	≤0.60	18.0~20.0	11.0~14.0	2.0~3.0	≤0.02		
H00Cr19Ni12Mo2Cu2									Cu 1.0~2.5
HoCr20Ni10Ti	≤0.08			18.5~20.5	9.0~10.5		≤0.03		Ti 9×ω(C)~1.0
H0Cr20Ni10Nb				19.0~21.5					Nb 10×ω(C)~1.0
H1Cr21Ni10Mn6	≤0.10	5.0~7.0		20.0~22.0	9.0~11.0		≤0.02		

表4-10　铝及铝合金焊丝的类别、型号、化学成分及其质量分数

%

类别	型号	Si	Fe	Cu	Mn	Mg	Cr	Zn	Ti	V	Zr	Al	其他元素总量
纯铝	S Al-1	Fe+Si 1.0		0.05	0.05			0.10	0.05			≥99.0	
	S Al-2	0.20	0.25	0.40	0.03	0.03		0.04	0.03			≥99.7	
	S Al-3	0.30	0.30									≥99.5	
铝镁	S AlMg-1	0.25	0.40	0.10	0.50~1.0	2.40~3.0	0.05~0.20		0.05~0.20				
	S AlMg-2	Fe+Si 0.45		0.05	0.01	3.10~3.90	0.15~0.35	0.20	0.05~0.15				0.15
	S AlMg-3	0.40	0.40	0.10	0.50~1.0	4.30~5.20	0.05~0.25	0.25	0.15			余量	
	S AlMg-5				0.20~0.60	4.70~5.70			0.05~0.20				
铝铜	S AlCu	0.20	0.30	5.8~6.8	0.20~0.40	0.02		0.10	0.10~0.205	0.05~0.15	0.10~0.25		
铝锰	S AlMn	0.60	0.70		1.0~1.6			0.10	0.20				
铝硅	S AlSi-1	4.5~6.0	0.80	0.30	0.05	0.05		0.10					
	S AlSi-2	11.0~13.0			0.15	0.10		0.20					

任务三　钨极氩弧焊焊接工艺

一、任务分析

本次任务将介绍钨极氩弧焊焊接工艺参数的选择及钨极氩弧焊基本操作方法。通过各种位置手工钨极氩弧焊的详细讲解，更加深入地掌握手工钨极氩弧焊的操作要点。

二、相关知识

（一）钨极氩弧焊焊接过程的一般程序

为了获得优质焊缝，无论是手工钨极氩弧焊还是自动钨极氩弧焊，焊接过程的一般程序如下。

① 弧前必须用焊枪提前 1.5～4 s 向始焊点输送保护气，以驱赶管内和焊接区的空气。

② 灭弧后应滞后一定时间（5～15 s）停气，以保护尚未冷却的钨极与熔池。焊枪须待停气后才离开终焊处，从而保证焊缝始末端的质量。

③ 在接通焊接电源的同时，即启动引弧装置。电弧引燃后即进入焊接，焊枪的移动和焊丝的送进也同时协调地进行。

④ 自动接通、切断引弧和稳弧电路，控制电源的通断。

⑤ 焊接即将结束时，焊接电流应能自动地衰减，直至电弧熄灭，以消除和防止弧坑裂纹。这对于环缝焊接及热裂纹敏感材料尤其重要。

⑥ 用水冷式焊枪时，送水与送气应同步进行。

（二）焊前准备

1. 焊接接头坡口的准备

TIG 焊焊接接头坡口的形式要视焊件的厚度及焊接接头的形式而定。

TIG 焊常用的接头形式是对接接头、搭接接头、T 形接头及角接接头四种，其中最常见的是对接接头。

（1）对接接头的坡口形式

对于薄板的对接接头来说，当板厚＜6 mm 时，一般采用 I 形坡口。其中，板厚在 1～2 mm 的，也可采用卷边坡口的形式，常用于不添加填充材料的焊接，如图 4-12 所示。

当板厚＞6 mm 时，可采用 Y 形坡口，随板厚增加可采用双 Y 形坡口或 x 形坡口。

（2）搭接接头的坡口形式

一般采用 I 形坡口。

（3）T 形接头的坡口形式

T 形接头的坡口可采用单边 V 形坡口（也称 K 形坡口）。

（4）角接接头的坡口形式

角接接头坡口的形式可采用 I 形、Y 形坡口或单边 Y 形坡口。

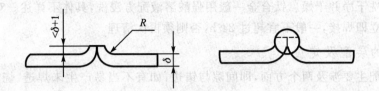

图 4-12　对接接头的卷边坡口

各种接头坡口的选用,均应以保证焊缝质量为重,具体坡口形式以 GB/T985.1—2008《气焊、焊条电弧焊、气体保护焊和高能束焊的推荐坡口》为准。

2. 焊件坡口及焊丝表面的清理

TIG 焊是利用惰性气体以机械保护的方式,隔绝空气及其他有害物质对焊接区的侵入,但惰性气体不可能以化学冶金的方法去除在焊前残留在焊接区域内的有害杂质(如氧、氢及其他有害元素)。为保证焊接接头的质量,必须对焊件坡口及焊丝表面可能带入的油污(包括油漆、油脂)、水分及其他污垢,以及氧化膜等进行有效的清理。清理的范围,对焊件来说一般是在坡口两侧 20～30 mm 区域以内。

(1) 机械清理方法

机械清理的方法是利用钢丝刷、刮刀以及砂布等工具,对焊件表面进行打磨、刮削的方法。如对不锈钢焊件,一般用砂布打磨即可,而对碳钢类焊件,为去除铁锈,可用钢丝刷或喷砂(适用大型厚板钢结构件)的方法。

对表面易生成氧化膜的铝、镁等金属,清理更显重要,如铝及铝合金等可用钢丝刷,但应用较细的钢丝,其直径<0.15 m,以利于表面磨削细节,避免留有残存;对于坡口及两侧的氧化膜也可用刮刀刮。对这类金属最适宜用化学清理的方法。

另外,一般按国标生产的焊丝表面基本上均有保护镀层,只要保存完好无需清理焊丝。

(2) 物理清理方法

对于油污类杂物,可以用物理溶解的方法加以清除。如一般可采用丙酮或汽油等有机溶剂擦洗或浸泡。也可配制专用的溶剂,如用磷酸钠或碳酸钠俗称"苏打"等盐类 50 g 左右,加上 1 L 水制成的溶剂,此时就可用温度为 60～65℃的此类溶剂,清洗被油污弄脏的焊件 5～8 min,油污即可被悉数溶解清除,然后先用 30℃清水冲洗干净,再用冷(室温)清水冲净,干燥即可。此类配方各异,但效果是一样的。

(3) 化学清理方法

化学清理方法一般用于清洗活泼金属表面的氧化膜,对于不同的材料所用的化学制剂的配方及清洗规范、方法众多,但原理是同一个,即用化学反应的方式去除氧化膜。

如铝及铝合金,在清除油污后即可进行化学清洗,先用强碱性的氢氧化钠(NaOH,俗称"烧碱")溶液清洗。清洗的温度、时间与溶液的浓度间有着相辅相成的关系,如清洗纯铝,若用浓度为 15% 的 NaOH 溶液,在室温中清洗,需要时间约 15 min 左右;而用 5% 左右浓度的 NaOH 溶液,在 60～70℃的溶液中清洗,就只要 1～2 min。在碱液中清洗后,要用净水冲洗干净,然后再用 30% 浓度的硝酸在室温下进行光化处理,将残留的 NaOH 中和掉,时间为 2 min 左右,最后再用净水冲洗并烘干(100℃左右)。

镁合金去除氧化膜,可用铬酸的水溶液(1 L 溶液中约含 180 g 铬酸)浸洗 7～15 min,后用

50℃的清水冲洗干净并干燥。钛合金一般用强酸溶液配方浸洗,具体不详述。对于活泼金属,在清理之后应立即焊接,一般不宜超过 24 h,否则须再次清理。

3. 焊件的装配及定位

焊件的装配主要涉及两个方面,即间隙与错边,如有不当易产生未焊透、烧穿及焊缝成形不良等缺欠,因此必须严格按照设计及工艺要求进行装配。

为了减少焊后变形,及影响焊接质量,必须按规定尺寸进行定位。定位除了用夹具外就是用定位焊。定位焊根据母材的种类、材料厚度等因素确定焊点间的距离,其原则是为防止发生翘曲或波浪变形,材料板厚越薄,定位焊间距也越小;材料线胀系数越大,定位焊间距也应越小。表 4-11 为不锈钢板与低碳钢板 I 形坡口对接定位焊间距的参考值,其中不锈钢的线胀系数大于低碳钢的线胀系数。

表 4-11 不同材料、不同板厚 I 形坡口对接定位焊间距

母材种类	板厚/mm	定位焊间距/mm
低碳钢	≤1.2	20~40
	1.5~3.0	40~100
	3~4	60~120
不锈钢	≤1.2	10~30
	1.5~3.0	25~60
	3~4	40~80

由于 TIG 焊的焊接材料以薄板居多,故定位焊除结构刚性大及易裂材料外无需过长,且不宜过高过宽,但必须焊透。定位焊时应严格按照正式焊接的工艺规程实施,做好气体保护,采用同样的,但要用较细的填充材料。

4. 氩气有效保护的措施

不同的焊接接头及焊接位置,会有不同的气体保护效果,一般来说对接的平焊位置,若无侧风干扰,保护效果尚佳,T 形接头若用船形焊的位置,气体保护的效果最佳,如图 4-13 所示。但搭接及角接接头的气体保护效果就较差[图 4-14(a)],故必须落实提高气体保护效果的措施,如图 4-14(b)所示。

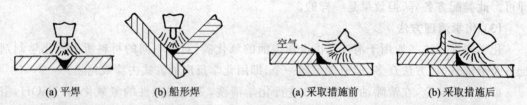

(a) 平焊　　(b) 船形焊　　　　　(a) 采取措施前　　(b) 采取措施后

图 4-13 平焊及船形焊的气体保护效果　　　图 4-14 搭接及角接接头的气体保护效果

对于一些气体保护效果要求较高的金属及其合金,如钛合金,在焊接时应设法扩大气体保护范围,譬如在焊接时另外再加一个保护气体的拖罩,背面加上保护气罩,焊接管子时,在管内注入保护气体等。这些均应在焊前做好准备,图 4-15 所示为一些加强气体保护措施的示意图。

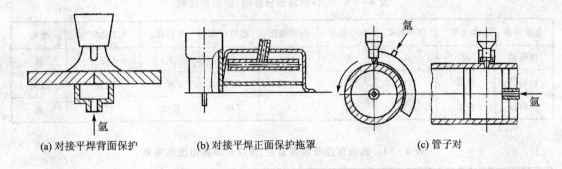

(a) 对接平焊背面保护　　　(b) 对接平焊正面保护拖罩　　　(c) 管子对

图 4 - 15　部分保证气体有效保护的措施

（三）钨极氩弧焊焊接参数及其选择

TIG 焊的焊接参数主要有：焊接电流的种类、极性及大小，钨极的种类、形状、直径大小及伸出长度，喷嘴的直径（孔径）及形状，填充焊丝的直径及氩气的流量，自动焊还有送丝速度、焊接速度等。

1. 电流的种类、极性及大小的选择

TIG 焊的电流种类与极性，基本上是依据焊件的材料来选择的，如铝及铝合金在焊接过程中能起到阴极清洗（即阴极破碎、阴极雾化）的作用，及在少数焊接薄板时可用直流反接以外，一般均选择用交流电焊接，以减少钨极的烧损。表 4 - 12 为部分金属适用的电流种类及极性的接法。

焊接电流的大小则要依据焊件的厚薄、焊接的位置，焊缝坡口及接头的形式等来选择，因为直接影响到焊件的熔化深度。

表 4 - 12　部分金属 TIG 焊适用的电流种类及极性接法

电流种类	材料名称	碳钢、合金钢、不锈钢、铸铁、镍基合金、异种金属（钢）、银、钛、黄铜、铜基合金	硅青铜	铝、镁铸铝	厚度<2.4 mm 铝；厚度<3.0 mm 镁	镁铸件
直流	正接	最佳	最佳	×	×	
	反接	×	×	×	尚可	
交流		尚可	×	最佳	最佳	

2. 钨极的种类、形状、直径大小及伸出长度

对于三种钨极的性能，可通过表 4 - 13 作一简单比较。目前纯钨极仅用于交流电，而钍钨极与铈钨极交流及直流电均可使用。电极直径的选择可参阅表 4 - 14，铈钨极许用电流较钍钨极大（5%～8%）。

表 4-13 三种钨极部分性能、价格的比较

电极名称	逸出功	空载电压	弧柱集中	许用电流	适用寿命	放射性	化学稳定性	价格
纯钨极	高	高	差	小	短	无	好	低
钍钨极	较低	较低	较好	较大	较长	有	较差	较高
铈钨极	较低	较低	好	大	长	较低	较好	高

表 4-14 钨极直径及端部直径、锥度与焊接电流的关系

直径/mm		锥度/(°)	电流/A	
电极	端部		直流	脉冲
1.0	0.125	12	2~15	2~25
	0.25	20	5~30	5~60
1.6	0.5	25	8~50	8~100
	0.8	30	10~70	10~140
2.4	0.8	35	12~90	12~180
	1.1	45	15~150	15~250
3.2	1.1	60	20~200	20~300
	1.5	90	25~250	25~350

电极的伸出长度是指钨极伸出喷嘴,其端部至喷嘴口的距离,如图 4-17 所示。电极伸出长度以及喷嘴到焊件表面的距离,均关系到焊工操控焊枪时观察焊接熔池的视野,但也不宜过长。若电极伸出长度过大,则喷嘴至焊件间的距离加大,为加强气体保护的效果,势必加大保护气体的流量,造成氩气过多损耗;同时,因钨极导电长度增大,使电阻热增加,影响钨极使用寿命。因此必须有一个较为恰当的伸出长度。电极伸出长度还受制于接头及坡口的形式,如在焊接卷边接头时,为保证气体保护的效果,电极伸出长度可以很短,甚至接近零;在焊接 V 形坡口根部的打底焊时,就要适当长些;T 形接头及 I 形接头对接时,前者的伸出长度也应稍长些,故要视实际情况而定。一般将电极伸出长度控制在 5~10 mm,喷嘴与焊件间的距离为 8~14 mm(一般不超过 15 mm)。

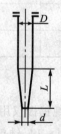

D—钨极直径;d—端部直径(d≈1/3D);
L—锥形部分长度(L≈2~4D)

图 4-16 锥形平端钨极结构的尺寸

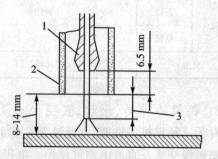

1—电极夹头;2—喷嘴;3—电极伸出长度

图 4-17 电极伸出长度示意图

3. 喷嘴的直径(孔径)及形状

常用的喷嘴形状有三种,如图4-18所示,实际使用时可根据焊工操作习惯选定。喷嘴直径的大小,直接影响到气体保护区域的大小。喷嘴直径过大,一会降低氩气流速,二会影响焊工操作视线,若此时增大氩气的流量,也会带来不必要的损耗;喷嘴直径过小,会使氩气喷速增大,产生紊流,影响保护效果。因而喷嘴直径大小应与氩气流量有较佳的配合范围。喷嘴直径的大小,可通过下列的经验公式推算求得:$D=2d+4$

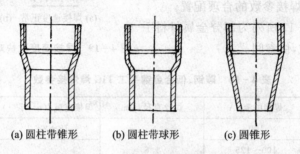

(a) 圆柱带锥形　　(b) 圆柱带球形　　(c) 圆锥形

图4-18 常见的喷嘴形状示意图

式中:D——喷嘴直径,mm;

　　d——钨极直径,mm。

氩气的流量也可通过下面的经验公式求得:

$$Q=KD$$

式中:Q——氩气流量,L/min;

　　D——喷嘴直径,mm;

　　K——系数,$0.8\sim1.2$,小喷嘴取下限,大喷嘴取上限。

要说明的是,上述两个公式均为经验公式,并非设计依据,仅供在选择配置时的参考,在实际使用时还涉及焊件材料、电流种类等的不同需求。表4-15所列为不同电流种类的焊接电流所选喷嘴直径与氩气流量的关系,供参考。

表4-15 TIG焊时喷嘴直径与氩气流量的关系

焊接电流/A	直流电焊接(正极性)		交流电焊接	
	喷嘴直径/mm	氩气流量/(L·min⁻¹)	喷嘴直径/mm	氩气流量/(L·min⁻¹)
10~100	1.0~9.5	4.0~5.0	8.0~9.5	6.0~8.0
100~150		4.0~7.0	9.5~11	7.0~10
150~200	60.~13	6.0~8.0	11~13	
200~300	8.0~13	8.0~9.0	13~16	80.~15
300~500	13~16	9.0~12	19~19	

4. 焊接速度的选择

焊接速度取决于焊接电流及其熔透深度与熔宽,同时也要涉及气体保护的效果,关键是为保证焊接质量。

手工TIG焊时,基本按熔池的状态,以目测来控制焊接的速度,一般不会发生速度过慢的情况,但必须防止焊接速度过快。如图 4 - 19(b) 所示,焊接速度过快将严重影响气体保护的效果。

自动 TIG 焊的焊接速度是依据焊件厚度、接头形式所选用的电流、送丝速度等的相互匹配,以及焊件的熔透程度、成形状态,最后选定的。各种产品均会有一个焊接参数的合理配置。

表 4 - 16 和表 4 - 17 所列为部分金属材料手工 TIG 焊的焊接参数,供参阅。

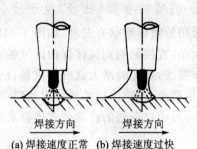

焊接方向　　　焊接方向
(a) 焊接速度正常　(b) 焊接速度过快

图 4 - 19　焊接速度过快对氩气保护效果的影响

表 4 - 16　碳钢、低合金钢手工 TIG 焊焊接参数

焊件厚度/mm	焊接电流/A	焊丝直径/mm	焊接速度/(m·h⁻¹)	气体流量/(L·min⁻¹)
0.9	100		18~22.2	
1.2	100~125	1.6		4~5
1.5	100~140		18~27	
2.5	140~180	2		
3.2	150~200	3	15~18	5~6

表 4 - 17　铝及铝合金手工 TIG 焊(交流电)焊接参数

焊件厚度/mm	接头形式	坡口尺寸			焊接层数	钨丝直径/mm	焊丝直径/mm	焊接电流/A	焊接速度/(m·h⁻¹)	流量/(L·min⁻¹)	直径/mm	备注
		间隙/mm	钝边/mm	角度/(°)								
1	卷边坡口对接	0~0.5	—	—	1	1.6	—	40~70	12~15	4~6	6~8	单焊面
2	I 型坡口对接	0.5~1	—	—	1	2.4	2	80~110	10.8~13.8	4~6	8~10	
3	Y 型坡口对接	1~1.5	1~1.5	60	2	2.4	2~3	100~140	5.6~9.6	6~8	8~10	双焊面
4		1~1.5	1~1.5	60	2~3	3.2	3	140~200	6~9	6~8	8~10	
6		1.5~2	1~1.5	60	3	4	3	180~280	4.8~7.8	8~12	10~12	
8		1.5~2	1~1.5	60	4	4~5	4	240~300	4.8~7.8	12~16	14~16	

(四) 常见焊接缺陷及预防

焊缝中若是存在缺陷,各种性能将显著降低,以致影响使用性和安全性。钨极氩弧焊常用于打底焊及重要结构的焊接,故对焊接质量的要求就更严格。常见缺陷的预防和对策如下。

(1) 几何形状不符合要求

焊缝外形尺寸超出规定要求,高低和宽窄不一,焊波脱节,凸凹不平,成形不良。其危害是减弱焊缝强度,或造成应力集中,降低动载强度。造成这些缺陷的原因是:焊接规范选择不当,操作技术不熟练、填丝不均匀,熔池形状和大小控制不准确等。预防的对策是:工艺参数选择合适,熟练掌握操作技术,送丝及时准确,电弧移动一致,控制熔池温度。

(2) 未焊透和未熔合

焊接时未完全熔透的现象称为未焊透,如坡口的根部或钝边未熔化,焊缝金属未透过对口间隙则称为根部未焊透;多层多道焊时,后焊的焊道与先焊的焊道没有完全熔合在一起,则称为层间未焊透。其危害是减少了焊缝的有效截面积,降低了接头的强度和耐用腐蚀性能。这在钨极氩弧焊中是不允许的。

焊接时,焊道与母材之间,未完全熔化结合的部分称未熔合。往往与未焊透同时存在,两者的区别在于:未焊透总是有缝隙,而未熔合是一种平面状态的缺陷,其危害犹如裂纹,对承载要求高和塑性差的材料危害更大,所以未熔合是不允许存在的缺陷。

造成未焊透和未熔合的原因是:电流过小,焊速过快,间隙小,钝边厚,坡口角度小,电弧过长或电弧偏吹等。另外还有焊前清理不干净,尤其是铝氧化膜的清除;焊丝、焊炬和工件的位置不正确等。

预防的对策是:正确选择焊接规范,选用适当的坡口形式和装配尺寸,熟练掌握操作技术等。

(3) 烧 穿

焊接过程中,熔化的金属自背面流出,形成的穿孔缺陷称为烧穿。造成的原因与未焊透正好相反。熔池温度过高和焊丝送给不及时是主要原因。烧穿能降低焊缝强度,引起应力集中和裂纹。烧穿是不允许的缺陷,必须补焊。预防的对策是:工艺参数合适,装配尺寸准确,操作技术熟练。

(4) 裂 纹

裂纹是在焊接应力及其它致脆因素作用下,焊接接头中局部区域的金属原子结合力遭到破坏而形成的缝隙,它具有尖锐的缺口和大的长宽比特征。裂纹有热裂纹和冷裂纹之分。焊接过程中,焊缝和热影响区金属冷却到固相线附近的高温区产生的裂纹叫做热裂纹。焊接接头冷却到较低温度(对钢来说,马氏体转变温度以下,大约为230℃)时产生的裂纹叫做冷裂纹。冷却到室温并在以后的一定时间内才出现的冷裂纹又叫延迟裂纹。裂纹不仅能减少金属的有效截面积,降低接头强度,影响结构的使用性能,而且会造成严重的应力集中。在使用过程中裂纹能继续扩展以致发生脆性断裂。所以裂纹是最危险的缺陷,必须完全避免。

热裂纹的产生是冶金因素和焊接应力共同作用的结果。多发生在杂质较多的碳钢、纯奥氏体钢、镍基合金和铝合金的焊缝中。预防的对策比较少,主要是减少母材中和焊丝中易形成低熔点共晶的元素,特别是硫和磷。变质处理,即在钢中加入细化晶粒元素钛、钼、钒、铌、铬和稀土等,能细化一次结晶组织,减少高温停留时间和改善焊接应力。

冷裂纹的产生是材料有淬硬倾向、焊缝中扩散氢含量多和焊接应力三要素作用的结果。预防的对策比较多:限制焊缝中的扩散氢含量,降低冷却速度和减少高温停留时间,以改善焊缝和热影响区组织结构,采用合理的焊接顺序,以减少焊接应力,选用合理的焊丝和工艺参数,减少过热和晶粒长大倾向,采用正确的收弧方法,填满弧坑,严格焊前清理,采用合理的坡口形式以减小熔合比。

(5) 气　孔

焊接时,熔池中的气泡在凝固时未能逸出而残留在金属中形成的孔穴称为气孔。常见的气孔有三种,氢气孔呈喇叭形;一氧化碳气孔呈链状;氮气孔多呈蜂窝状。焊丝、焊件表面的油污、氧化皮、潮气,保护气体不纯或熔池在高温下氧化等,都是产生气孔的原因。气孔的危害是降低接头强度和致密性,造成应力集中,可能会是裂纹的起源。预防的措施是:焊丝和焊件应清理并干燥,保护气应符合标准要求,送丝及时,熔滴的过渡要快而准,焊炬移动平稳,防止熔池过热沸腾,焊炬的摆幅不能过大,焊丝、焊炬和焊件间要保持合适的相对位置和焊速。

(6) 夹渣和夹钨

焊接冶金过程产生的,焊后残留在焊缝金属中的非金属杂质如氧化物、硫化物等,称为夹渣。钨极电流过大或与焊丝碰撞而使端头熔化落入熔池中,产生夹钨。产生夹渣的原因有:焊前清理不彻底,焊丝熔化端严重氧化。预防对策为:保证焊前清理质量,焊丝熔化端始终处于气体保护区内,选择合适的钨极直径和焊接电流,提高操作技术,正确修磨钨极端部尖角,发生打钨时应重新修磨。

(7) 咬　边

沿焊趾的母材熔化后,未得到焊缝金属的补充,所留下的沟槽称为咬边。有表面咬边和根部咬边两种。产生咬边的原因:电流过大,焊炬角度错误,填丝过慢或位置不准,焊速过快等。钝边和坡口面熔化过深,使熔化金属难于填充满而产生根部咬边,尤其在横焊的上侧。咬边多产生在立脚点焊、横焊上侧和仰焊部位。富有流动性的金属更容易产生咬边。如含镍较高的低温钢、钛金属等。咬边的危害是降低接头的强度,容易形成应力集中。预防的对策是:选择工艺参数要合适,操作技术要熟练,严格控制熔池形状和大小,熔池应填满,焊速合适,位置准确。

(8) 焊道过烧和氧化

焊道内外表面有严重的氧化物。产生的原因:气体保护效果差,气体不纯,流量小等,熔池温度过高,如电流大,焊速慢,填丝缓慢等。焊前清理不干净,钨极外伸过长,电弧长度过大,钨极及喷嘴不同心等。焊接铬镍奥氏体钢时,内部产生花状氧化物,说明内部充气不足或密封性不好。焊道过烧能严重降低接头的使用性能,必须找出产生原因,制定预防措施。

(9) 偏　弧

产生的原因是:钨极不直,钨极端部形状不准确,产生打钨后未修磨,焊炬角度或位置不正确,熔池形状或填丝错误。

(10) 工艺参数不合适产生的其他缺陷

咬边、焊道表面平而宽、氧化或烧穿——电流过大。
焊道窄而高、与母材过渡不圆滑、熔合不良、未焊透或未熔合——电流过小。
焊道细小、焊波脱节、未焊透或未熔合、坡口未填满——焊速太快。
焊道过宽、余高过大、突瘤或烧穿——焊速太慢。
气孔、夹渣、未焊透、氧化——电弧过长。

三、工作过程——钨极氩弧焊的操作技术

(一) 钨极氩弧焊的基本操作方法

手工 TIG 焊的操作轻便灵活,适用于各种位置的焊接,目前应用比较广泛,因此掌握其基本操作技术尤为重要。

1. 焊机的操作

这里仅以常用的 WS‐300 型手工 TIG 焊焊机的操作为例。WS‐300 型焊机有如下特点:

① 焊机采用具有陡降外特性的焊接电源,焊接电流稳定。

② 使用非接触式(高频)引弧,引弧方便可靠。

③ 有焊接电流自动衰减装置,有助于焊缝结尾处弧坑的填满,收弧质量容易保证。

④ 有长、短焊转换装置,以适应连续焊、断续焊及点焊的不同需求。

⑤ 焊接电流、电流衰减时间及氩气滞后停供时间的调节均采用无级调节,使用方便。

⑥ 焊接电源为硅弧焊整流器,噪声小,效率高,维护简便。

⑦ 焊枪为 Q_s 及 Q_Q 系列,轻巧安全,适应性好。

⑧ 设备体积及质量小,移动方便。

设备使用前,先连接并检查焊接回路、气路、水路及控制线路等的连接是否正确、可靠,特别应注意设备接地的可靠性,以防发生意外触电事故。然后可以接通电源、水源及气源。

在正式启动焊机前,应对焊机开关或调节旋钮进行调整。此后进入准备启动状态。

在启动焊机前,为确保引弧顺利,应先将钨极端部置于距焊件起弧处 3~5 mm 的范围内。启动时,按下手把上的按钮,使焊枪与焊接电源主回路接通,建立空载电压;同时电磁气阀通电开始输送氩气(一般在引弧前 5~10 s),氩气指灯闪亮;这时高频引弧器接通工作,使钨极与焊件间建立起稳定的电弧。一旦引弧成功即可松开按钮,进入焊接状态,开始施焊。

2. 引　弧

引弧的方法有"击穿法"和"接触法"两种。

目前,一般钨极氩弧焊的电源均设有高频或脉冲引弧和稳弧装置。引弧时,手握焊炬手把,使焊炬垂直于工件,钨极距离工件约为 3~5 mm,按动手把上的开关,接通电源。在高频或高压脉冲作用下,击穿电极与工件之间的间隙而放电,使保护气体发生电离形成离子流,从而引燃电弧。这种方法能保证钨极端部的完好,烧损小,引弧质量好。因此,是当前钨极手工氩弧焊应用最广泛的一种引弧方法。

另一种方法是接触(短路)引弧法这种方法多用于简易氩弧焊设备,引弧时电极直接与焊件导体短路接触,然后迅速拉开钨极而引燃电弧。短路法引弧要求引弧动作要快而轻,防止碰断钨极的端头,造成电弧不稳而使焊接产生缺陷。

有时,需要在工件上放置一块引弧板,先在引弧板上引燃电弧,等钨极预热后再迅速移动到被焊的焊缝处,开始焊接。短路引弧根据焊件的位置不同,可分为压缝式和错开式,错开式是将引弧板放置在焊接坡口的边缘处;压缝式是将引弧板放在焊缝上引弧。

接触引弧时,电极接触的瞬间会产生很大的短路电流,钨极端部容易烧损,母材也容易造

成电弧擦伤。但由于设备要求简单,不需使用高频或脉冲引弧装置。所以在一些打底焊及薄板焊接中,也常有应用。电弧引燃后,焊炬要停留在引弧点不动,当获得一定大小、明亮清晰和保护良好的熔池后(约 3~5 s),就可以开始进行焊接过程。

3. 焊炬的握法及操作

焊炬的握法一般是:右手握焊炬,用拇指和食指握住焊炬手柄,其余三指触及工件作为支点(不能将喷嘴靠在焊件的坡口边缘上时)。当焊接小型固定管件时,手腕要沿管壁转动,指尖始终贴在管壁上;焊接大直径管子时,作为支点的三个手指交替沿管壁向前运行,以保持运弧的稳定。

4. 左焊法与右焊法

左焊法和右焊法的操作如图 4-20 所示。

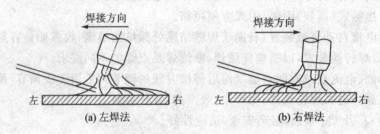

图 4-20 左焊法和右焊法操作示意图

(1) 左焊法

左焊法也叫顺手焊。这种方法应用较普遍。在焊接过程中,焊枪从右向左移动,电弧指向未焊部分,焊丝位于电弧前面。由于操作者容易观察和控制熔池温度,焊丝以点移法和点滴法填入,焊波排列均匀、整齐,焊缝成形良好,操作也较容易掌握。

(2) 右焊法

右焊法又称为反手焊。在焊接过程中,焊枪从左向右移动,电弧指向已焊部分,焊丝位于电弧后面,焊丝按填入方法伸入熔池中。操作者观察熔池不如左焊法清楚,控制熔池温度较困难,尤其对薄工件的焊接更不易掌握。

右焊法比左焊法熔透深,焊道宽,适宜焊接较厚的接头。厚度在 3 mm 以上的铝合金、青铜、黄铜和大于 5 mm 的铸造镁合金,多采用右焊法。

左焊法适宜于焊接较薄和对质量要求较高的不锈钢、高温合金。因为此时电弧指向未焊部分,有预热作用。故焊接速度快、焊道窄、焊缝高温停留时间短,对细化金属结晶有利。左焊法焊丝以点滴法加入熔池前部边缘,有利于气孔的逸出和熔池表面氧化膜的去除,从而获得无氧化的焊缝。

(3) 焊炬的运动形式

钨极氩弧焊的焊炬,一般只做直线移动,为了保证氩气的保护效果,焊枪的移动速度不能太快。

1) 直线移动

根据所焊材料和厚度的不同,可有三种直线移动形式。

① 直线均匀移动。焊枪沿焊缝作直线、平稳、匀速移动,适合高温合金、不锈钢、耐热钢薄件的焊接。其优点是电弧稳定、避免重复加热、氩气保护效果好、焊接质量稳定。

② 直线断续移动。主要用于中等厚度材料(3～6 mm)的焊接。在焊接过程中,焊枪停留一定时间,当焊透后加入焊丝,沿焊缝纵向断断续续地进行直线移动。

③ 直线往复移动。焊枪沿焊缝作往复直线移动。这种移动方式主要用于小电流焊接铝及铝合金薄板材料,可防止薄板烧穿和焊缝成形不良。

2) 横向摆动

有时,根据焊缝的特殊要求和接头形式的不同,要求焊枪做小幅度的横向摆动。按摆动的方法不同,可归纳为三种摆动形式,如图 4 - 21 所示。

(a) 圆弧之字形运动　　(b) 圆弧之字形侧移运动　　(c) r 形运动

图 4 - 21　焊枪横向摆动示意图

① 圆弧之字形运动。焊枪的横向摆动过程是划半圆,呈类似圆弧之字形往前移动,如图 4 - 21(a)所示。这种运动适于较大的 T 形角焊缝、开 V 形口的对接焊或特殊要求加宽的搭接焊缝,在厚板多层堆焊或补焊时,采用也较广泛。这种接头形式特点是:焊缝中心温度较高,两边热量由于向基本金属导散,温度较低。所以焊枪在焊缝两边停留时间稍长,在通过焊缝中心时运动速度可适当加快,以保持熔池温度正常,从而获得熔透均匀、成形良好的焊缝。

② 圆弧之字形侧移运动。焊接过程中,焊枪不仅划圆弧,且呈斜的之字形移动,如图 4 - 21(b)所示。这种运动适于不齐平的角焊缝和端接头焊缝。这种接头的特点是:一个接头突出于另一接头之上,突出部分恰可作为加入用。操作特点是:焊接时,使焊枪的电弧偏向突出部分,焊枪做之字形侧移运动,使电弧在突出部分停留时间增长,熔化掉突出部分,不加或少加焊丝,沿对接接头的端部进行焊接。

③ r 形运动。焊枪的横向摆动呈类似 r 形运动,如图 4 - 21(c)所示。这种运动适用于厚度相差很多的平对接焊。例如厚度 2 mm 与 0.8 mm 材料的对接,焊枪做 r 形运动。根据薄厚接头所放的位置不同,也有反向 r 形运动。操作的特点是:焊枪不仅做 r 形运动,且电弧要稍微偏向厚件一边,其目的是为在厚件一边停留时间长些,受热多些,薄板停留时间短,以此控制厚、薄两工件的熔化温度,防止薄焊件烧穿、厚焊件未焊透等现象。

(4) 摇把焊(跳弧法)

摇把焊(跳弧法)是近年发展起来的一种新型焊接方法。

摇把焊又称为跳弧法,它是每当形成一个熔池后,立即抬起焊炬,让熔池冷却。然后焊炬又马上回到原来形成弧坑的地方,重新熔化,形成熔池。如此不间断的跳动电弧,让每个熔池连续形成焊缝。这种方法类似于焊条电弧焊时的挑弧焊。采用摇把焊时,可适当提高焊接电流,让熔池金属充分熔化,能有效地保证焊缝熔透,从而提高焊接质量。所以特别适用于大直径长输管道的单面焊双面成形工艺;也适用于小直径固定管道安装的全位置焊接。

特别注意的是,氩弧焊是靠氩气保护进行焊接的,所以不论如何摇动焊炬,一定不能让外界空气进入保护区。如果摇动焊炬的距离过大,破坏了气体的保护效果,就无法保证焊接质量了。摇把焊时,焊炬的跳动要有节律,又不能距离过大和频率过快;焊接过程中,操作者始终要注意观察熔池的熔透情况,使熔化金属的背面熔缝高度和宽度保持一致。

5. 控制（熔池）温度

焊接温度对焊接质量的影响很大。多种焊接缺陷的产生，都是由于焊接温度控制不当造成的。例如：热裂纹、咬边、弧坑裂纹、凹陷、元素的烧损、凸瘤等，是因为焊接温度过高产生的；冷裂纹、气孔、夹渣、未焊透、未熔合等，是由于焊接温度不足而产生的。

在焊接热循环中，有两个重要的参数：一个是层间温度（含焊接的起始温度）；另一个是线能量，这都是说的要控制焊接温度的。在焊接电流与电弧电压调定的情况下，控制焊接速度是最方便、容易的好方法。当然，有时也要调整焊炬的角度。正常焊接时熔池的平面视图，应该是鸭蛋圆形，短轴约为钨极直径的 $2\sim2.5$ 倍，两侧母材熔入 $1\sim1.5$ mm。电弧中心约在熔池的 1/3 处，也是温度最高的地方，焊丝即在此处添加。

手工氩弧焊要获得熔透均匀、质量好的焊缝，在很大程度上取决于正确地掌握熔池温度。当发现熔池增大，焊缝变宽、变低或出现凹陷时，说明熔池的温度过高，应迅速减少焊炬与工件的夹角，加快焊接速度。当熔池变小，焊缝窄而高时，说明熔池的温度低。此时，应稍微拉长电弧，增大焊炬与工件的角度，减少焊丝填加量，减慢焊接速度，直到焊缝均匀为止。

6. 送 丝

（1）焊丝的握法

左手中指在上、无名指在下夹持焊丝，拇指和食指捏住焊丝，向前移动送入熔池，然后拇指食指松开后移，再捏住焊丝前移，反复持续此动作，使整根焊丝不停顿地输送完毕。

焊丝送入角度、送入方式都与操作的熟练程度有关，并直接影响到焊缝的几何形状。一般，焊丝要低角度送入，常选用 $10°\sim15°$ 夹角，一般不能大于 $20°$。这样，有利于焊丝的熔化端被保护气所覆盖并避免碰撞钨极，能使焊丝以滴状过渡到熔池中的距离缩短。

送丝时动作要轻，不要扰动气体保护层，以免空气侵入保护区。焊丝在进入熔池时，要避免与钨极接触短路，以免钨极烧损落入熔池中，引起焊缝夹钨。焊丝的末端不要伸入熔池，焊丝要保持在熔池和钨极中间。否则，在弧柱高温作用下，焊丝急剧熔化滴入熔池，会引起飞溅，发出"噼噼啪啪"的响声，从而破坏了电弧的稳定性，造成熔池内部缺陷和污染，也使焊缝外观成形不好，颜色变得灰黑不亮。

焊丝熔入熔池的过程，大致要分为以下五个步骤。

① 焊炬垂直于工件，引燃电弧形成熔池，当熔池被电弧加热到呈白亮，并发生流动现象时，就要准备送入焊丝。

② 焊炬稍向后移，并倾斜 $10°\sim15°$。

③ 向熔池前方内侧边缘，约为熔池的 1/3 处送入焊丝末端，靠熔池的热量将焊丝熔入，不可像气焊一样搅拌熔池。

④ 抽回焊丝，但末端并不离开气体保护区，与熔池前沿保持如分似离的状态，准备再次加入焊丝。

⑤ 焊炬前移至熔池前沿，形成一个新的熔池。

（2）焊丝的填充位置

1）外填丝法

这是电弧在管壁外侧燃烧，焊丝从坡口一侧填加的操作方法。管子对口间隙要随焊丝的动作、管径的大小、管壁的厚度而定。对于大直径管道（管径≥219 mm、厚度≥18 mm）的间隙,应稍大于焊丝直径。

焊接过程中,焊丝连续地送入熔池,稍做横向摆动,可适当地多填些焊丝,在保证坡口两侧熔合良好情况下,使焊缝具有一定厚度。对于小直径薄壁管,间隙一般要求小于或等于焊丝直径,焊丝在坡口中,沿管壁送给,不做横向摆动。焊速稍快,焊缝不必太厚,采用断续和连续送丝均可。

断续送丝法:有时也称点滴送入,是靠手的反复送拉动作,将焊丝端头的熔滴送入熔池,熔化后将焊丝拉回,退出熔池,但不离开气体保护区。焊丝拉回时,靠电弧吹力将熔池表面的氧化膜除掉。这种方法适用于各种接头,特别是装配间隙小、有垫板的薄板焊缝或角接焊缝,焊后表面呈清晰均匀的鱼鳞状。

断续送丝法容易掌握,适合初学者练习。但只适用于小电流、慢焊速、表面波纹粗的焊道。当间隙过大或电流不适合时,用断续送丝法就难于控制焊接熔池,背面还容易产生凹陷。

连续送丝法:将焊丝端头插入熔池,利用手指交替移动,连续送入焊丝,随着电弧向前不断移动,熔池逐渐形成。这种方法与自动焊的送丝法相类似,其特点是电流大、焊速快、波纹细、成形美观。但需手指连续稳定地交替移动焊丝,需要熟练的送丝技能。用连续送丝法焊接间隙较大的工件时,如果掌握得好,可以在快速加丝时也不产生凸瘤。仰焊时不产生凹陷,焊接质量好、速度快。

2) 内填丝法

内填丝是电弧在管壁外侧燃烧,焊丝从坡口间隙伸入管内,向熔池送入的操作方法。焊接过程中,要求焊接坡口间隙始终大于焊丝直径 $0.5\sim1.0$ mm,否则会造成卡丝现象,影响焊接的顺利进行。为防止间隙缩小,应采用相应的措施,如刚性固定法、合理地安排焊接顺序、加大间隙等。

外填丝法与内填丝法相比较,由于前者间隙小,所以焊接速度快,填充金属少,操作者容易掌握;后者适合于操作困难的焊接位置。输油管道有时要求采用内填丝法。因为这种方法只要焊炬能达到,无论什么样困难的焊接位置,都可以施焊。而且对坡口要求不十分严格,即使在局部间隙不均匀或少量错边的情况下,也能得到质量较满意的焊缝。由于操作者从间隙中可直接观察到焊道的成形,故可保证焊缝根部熔透良好。其最大优点是能预防仰焊部位的凹陷。

作为氩弧焊工,应掌握这两种基本操作技术,以便在不同的焊接部位,根据实际情况进行应用。一般选择的原则是:凡焊接操作的空间开阔、送丝没有障碍、视线不受影响的管道焊接,宜采用外填丝法。反之,则宜用内填丝法。在实际应用中,内填丝法也不可能用在整条焊缝上。通常,只有在困难位置时才采用。内、外填丝的操作方法应相互结合使用,视焊接的具体情况而选定。

3) 依丝法

将焊丝弯成弧形,紧贴在坡口间隙处,电弧同时熔化坡口的钝边和焊丝。这时要求坡口间隙小于焊丝的直径。这种方法可避免焊丝遮住操作者的视线,适合于困难位置的焊接。

依丝法送丝速度要熟练均匀,快慢适当。过快,焊缝堆积过高;过慢,焊缝凹陷或咬边。

在焊接操作过程中,如由于操作手法不稳,焊丝与钨极相碰,造成瞬间短路,发生打钨现象,熔池被炸开,出现一片烟雾,造成焊缝表面污染和内部夹钨,破坏了电弧的稳定燃烧。此时,必须立即停止焊接,进行处理。将污染处用角向磨光机打磨干净,露出光亮的金属光泽。

被污染的钨极应在引弧板上引燃电弧,熔化掉钨极表面的氧化物,使电弧光照射的斑痕光亮无黑色,熔池清晰,方可继续进行焊接。采用直流电源焊接时,发生打钨现象后,应重新修磨钨极端头。为了便于送丝,观察熔池和焊缝,防止喷嘴烧损,钨极应伸出喷嘴端面 2～3 mm。钨极端部与熔池表面的距离(弧长)要保持在 3 mm 左右。这样,可使操作者视线开阔,送丝方便,避免打钨,从而减少焊缝被污染的可能性。

(3) 焊丝的续进手法

焊丝的加入方式与熟练程度,与保证焊缝成形有很大关系。通常,按照手持的方式,可分为指续法和手动法两种。

1) 指续法

这种方法应选用 500 mm 以上较长焊缝的焊接。操作方法是将焊丝夹持在大拇指与食指、中指的中间,靠中指和无名指起撑托和导轨作用,当大拇指捻动焊丝向前移动,同时食指往后移动,然后大拇指迅速地返回,摩擦焊丝表面向前移动到食指的地方,大拇指再捻动焊丝向前移动,如此反复动作,将焊丝不断加入熔池中;也有的是将焊丝夹在大拇指、中指和食指、无名指中间,焊丝靠大拇指、食指同时往统一方向移动,将焊丝送入熔池中,而中指和无名指起着托住和夹持焊丝的作用。在长焊缝和环形焊缝焊接时,采用指续法最好加一个焊丝架,将焊丝支撑住,以方便操作。

2) 手动法

手动法应用得较普遍。其操作方法是:焊丝夹在大拇指与食指、中指的中间,手指不动,只起到夹持作用,靠手或小臂沿焊缝前后移动,手腕作上、下反复动作,将焊丝加入熔池中。手动法加丝时,按焊丝加入熔池方式可分为四种,如图 4-22 所示。

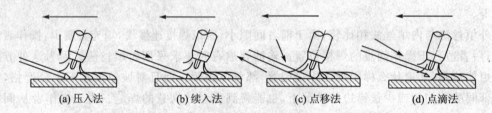

| (a) 压入法 | (b) 续入法 | (c) 点移法 | (d) 点滴法 |

图 4-22　焊丝加入熔池的方式示意图

① 压入法。拿焊丝的手稍向下用力,使焊丝末端紧靠在熔池边缘上,适合于焊接 500 mm 以上的长焊缝。因为手拿的焊丝比较长,焊丝端头不易稳定,常发生摆动、抖动,造成填丝困难,此时可用此法。氩弧焊工因长时间不操作,填丝不熟练时,也可采用此法。

② 续入法。将焊丝末端伸入熔池中,手往前移动,把焊丝连续和断续加入熔池中。此法适用于较细焊丝及焊加强焊缝和对接间隙大的焊件,但如果操作不当,将使焊缝成形不良,故对质量要求高的焊缝尽量不采用。

③ 点移法。是以手腕上下反复动作和手往后慢慢移动,将焊丝加入熔池中。这种方法常用于减薄形焊缝的操作。

④ 点滴法。这是最常用的一种方法,焊丝靠手的上下反复点入动作,将熔滴滴入熔池中。点移法和点滴法填加焊丝,能避免和减少非金属夹渣的产生。这是因为拿焊丝的手作上下往复动作,当焊丝抬起时,靠电弧的作用,可充分将熔池表面的氧化膜排除掉,因而防止产生非金属夹渣。同时,这两种方法焊丝填加在熔池前部边缘,有利于排除或减少气孔的产生。所以这

两种方法应用比较广泛。

　　焊丝的加入动作要熟练、均匀,如加入得过快,焊缝容易堆积,氧化膜难排除,容易产生夹渣;如果加入过慢,焊缝易出现凹陷、咬边现象。为了防止焊丝端头氧化,焊丝端头应始终处在氩气保护范围内。

(4) 双边同时焊接法

　　当焊接对称焊缝或进行中等厚度的垂直立焊时,可以采用双人操作法(双边同时焊接法),如图 4 - 23 所示。

　　双人同时操作焊接法的具体操作是两个焊工在对称位置,向着相同方向,同时由下向上焊接操作。这种操作法有以下明显的优越性:

　　① 可增快焊接速度,提高焊接生产率;

　　② 因为两名焊工同时焊接,每人都视为有焊前预热或充分加热的作用,所以可采用较小的电流进行焊接;

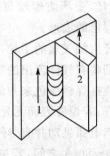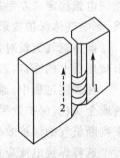

图 4 - 23　双人操作法示意图

　　③ 能获得窄而均匀的焊道;

　　④ 不增加氩气消耗;

　　⑤ 由于同时焊接,可减小焊接变形量;

　　⑥ 焊缝两侧同时有氩气保护;

　　⑦ 能减少边缘坡口的准备,如 8 mm 钢板可不开坡口进行焊接。

　　因此,在条件允许的情况下,特别是焊接有色金属时,可以应用双人操作,获得质量高的焊缝,外形美观,又可减少修磨焊缝的工作量。

(5) 接　头

　　焊接时,一条焊缝最好一次焊完,中间不停顿。当长焊缝或中间更换焊丝、修磨钨极必须停弧时,重新起弧要在重叠焊缝 20～30 mm 处引弧,熔池要注意熔透,再向前进行焊接。重叠处不要加焊丝或少加焊丝,以保证焊缝的宽度一致,到了原熄弧点处,再加入适量焊丝,进行正常焊接。

(6) 收　弧

　　焊接结束时,由于收弧的方法不正确,在焊缝结尾处容易产生弧坑和弧坑裂纹、气孔、烧穿等缺陷。因此,在正式焊接直焊缝时,常采用引弧板。将弧坑引出到引弧板上,然后再熄弧。在没有引弧板又没有电流衰减装置条件下,收弧时,不要突然拉断电弧,应往熔池内多填入一些焊丝,填满弧坑,然后缓慢提起电弧。若还存在弧坑缺陷时,可重复上述的收弧动作。

　　为了确保焊缝收尾处的质量,可以采取下面的几种收弧方法:

　　① 利用焊枪手柄上的按钮开关,以断续送停电的方法使弧坑填满;

　　② 可在焊机的焊接电流调节电位器上,接出一个脚踏开关,当收弧时迅速断开开关,达到衰减电流的目的;

　　③ 当焊接电源采用交流电源时,可控制调节铁芯间隙的电动机,达到电流衰减;

　　④ 使用带有电流衰减的焊机时,先将熔池填满,然后按动电流衰减按钮,使焊接电流逐渐减小,最后熄灭电弧。

（二）各种位置手工钨极氩弧焊的焊接

1. 平敷焊

（1）在不锈钢板上平敷焊

手工钨极氩弧焊操作的常规方法是用右手握焊枪，用食指和拇指夹住焊枪的前部，其余三指触及焊件上，作为支撑点，也可用其中的两指或一指作为支撑点。焊枪要稍用力握住，这样，能使电弧稳定。左手持焊丝，要严防焊丝与钨极接触，若是焊丝与钨极接触，会产生飞溅、夹钨，影响气体保护效果和焊道的成形。

调整氩气流量时，先开启氩气瓶的手轮，使氩气流出，将焊枪的喷嘴靠近面部或手心，再调节减压器上的螺钉，若感到稍有气体流出的吹力即可。

在焊接过程中，通过观察焊缝颜色来判断氩气的保护效果。如果焊缝表面有光泽，呈银白色或金黄色，保护效果最好；若焊缝表面无光泽，发黑，表明保护效果差。还可以通过观察电弧来判断氩气的保护效果，当电弧晃动并有"呼呼"声响，说明氩气流量过大，保护效果不好。

选择焊接电流应在 60～80 A 之间，若初学操作，技术不熟练，在一定极限内，电流要选用小一些为佳。

调整焊枪与焊丝之间的相对位置，是为了使氩气能很好地保护熔池。焊枪的喷嘴与焊件表面应成较大的夹角，如图 4－24 所示。平敷焊时，普遍采用左焊法进行焊接。在焊接过程中，焊枪应保持均匀的直线运动。焊丝的送入方法，是将焊丝做往复运动。填充焊丝时，必须等待母材充分熔融后，才能填丝，以免造成基体金属未熔合。填丝过程是沿工件表面成 10°～15°角的方向，敏捷地从熔池前沿点进焊丝（此时喷嘴可向后平移一下），随后焊丝撤回到原位置，如此重复动作。

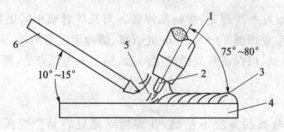

1—喷嘴；2—钨极；3—焊缝；4—工件；5—电弧；6—焊丝
图 4－24　焊枪、焊件与焊丝的相对位置示意图

填丝时，不应把焊丝直接放在电弧下面，如图 4－25（a）所示，但把焊丝抬起得过高也是不适宜的；填丝时不能让熔滴向熔池内"滴渡"，如图 4－25（b）所示，更不允许在焊缝的横向来回摆动，因为这样会影响熔化母材，增加焊丝和母材氧化的可能性，破坏氩气的保护；正确的填丝方法，是由电弧前沿熔池边缘点进，如图 4－25（c）所示。

电弧引燃后，不要急于送入填充焊丝，要稍停留一定时间，使基体金属形成熔池后，立即填充焊丝，以保证熔敷金属和基本金属能很好地熔合。

在焊接过程中，要注意观察熔池的大小、焊接速度和填充焊丝情况，应根据具体情况配合好；应尽量减少接头；要计划好焊丝长度，接头时，用电弧把原来熔池的焊道金属重新熔化，形成新的熔池后再加入焊丝，并要与前焊道重叠 5 mm 左右，在重叠处要少加焊丝，使接头处圆

图4-25　焊丝点进的位置示意

滑过渡。

焊接时,第一道焊道,焊到工件边缘处终止后,再焊第二道焊道。焊道与焊道之间的间距为30 mm左右,每块试焊件可焊三条焊道。

(2) 在铝板上平敷焊

氩弧焊有保护效果好、电弧稳定、热量集中、焊缝成形美观、焊接质量好等优点,所以是焊接铝及铝合金的常用方法。

铝及铝合金手工钨极氩弧焊的电源,通常是用交流焊接电源。采用交流焊接电源时,电弧极性是不断变化的,当焊件为负半波时,具有"阴极破碎"作用;当焊件为正半波时,在氩气有效保护下,熔池表面不易氧化,使焊接过程能正常进行。

焊接工艺参数的选择:练习焊件选择厚度为2.5 mm的工业铝板,钨极直径选用2.0 mm,焊丝直径2.5 mm,焊接电流为70~200 A。氩气的保护情况,可通过观察焊缝表面颜色,进行判断和调整。

操作方法:采用左焊法。焊接时,焊丝、焊枪与焊件间的相对位置如图4-26所示。

通常,焊枪与焊件的夹角为75°~80°,填充焊丝与焊件的夹角不大于15°,夹角过大时,一方面对氩气流产生阻力,引起紊流,破坏保护效果;另一方面电弧吹力会造成填丝过多熔化。焊丝与焊枪操作的相互配合,是决定焊接质量的一个重要因素。

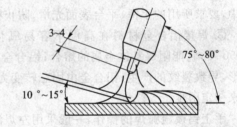

图4-26　焊丝、焊枪、焊件间的相对位置示意图

在焊接过程中,要求焊枪运行平稳,送丝均匀,保持电弧稳定燃烧,以保证焊接质量。焊枪采用等速运行,这样,能使电弧稳定,焊缝平直均匀。常用的送丝方法是采用点滴法,焊丝在氩气保护层内往复断续地送入熔池,但焊丝不能触及钨极或直接伸入电弧柱内,否则,钨极将被氧化烧损或焊丝在高温弧柱作用下,刹那间熔化,产生飞溅(有"啪啪"声),从而破坏了电弧稳定燃烧和氩气的保护,引起熔池粘污和夹钨缺陷。所以,焊丝与钨极端头要保持一定距离,焊丝应在熔池前缘熔化。在焊接结束或中断时,要注意保证焊缝收弧的质量,采取有效的收弧措施。

采用上述方法焊后,焊缝表面呈清晰和均匀的鱼鳞波纹。

钨极手工氩弧焊练习过程中,要注意以下几点:

① 要求操作姿势正确。

② 钨极端部严禁与焊丝相接触,避免短路。

③ 要求焊道成形美观,均匀一致,焊缝平直,波纹清晰。

④ 注意氩气保护效果,使焊缝表面有光泽。

⑤ 要求焊道无粗大的焊瘤。

2. 平对接焊

(1) 焊接准备

① 交流手工钨极氩弧焊机(型号不限)。

② QD-1型单级反作用式减压器。

③ 氩气瓶。

④ LzB型转子流量计。

⑤ 气冷式焊枪,铈钨电极,直径2.0 mm。

⑥ 铝合金焊件:长200 mm,宽100 mm,厚2 mm,每组两块。

⑦ 铝合金焊丝,直径2.0 mm。

⑧ 面罩。黑玻璃选用9号淡色的一种。

(2) 操作要领

① 焊件和焊丝表面清理将焊件和焊丝用汽油或丙酮清洗干净,然后再将焊件和焊丝放在硝酸溶液中进行中和,使表面光洁,再用热水冲洗净。使用前须将水分除掉,保持干燥。

② 定位焊为了保证两焊件间置,防止焊件变形,必须进行定位焊。

定位焊的顺序是先焊焊件的中间,再点焊两端,然后再在中间增加定位焊点;也可以在两端先定位,然后增加中间的焊点。定位焊时,采用短弧焊,定位焊的焊缝不要大于正式焊缝宽度和高度的75%左右。定位焊后,将焊件弯曲一个角度(反变形),以防止焊接变形,还可起到使焊缝背面容易焊透的作用。焊件弯曲时,必须校正,以保证焊件对口不错位。在校正焊件过程中,要求所用的手锤、平台表面光滑,防止校正时压伤焊件。

③ 焊接铝合金材料在高温下容易氧化,生成一层难熔的三氧化二铝膜,其熔点高达2 050 ℃,它能阻碍基体金属的熔合;铝合金热胀冷缩现象比较严重,会产生较大的内应力和变形,导致裂纹的产生;铝合金由固态转变为液态时,无颜色变化,给焊接操作者掌握焊接温度带来一定困难。

手工钨极氩弧焊的操作,一般采用左焊法。钨极的伸出长度3~4 mm为宜。焊丝与焊嘴的中心线的夹角为10°~15°。钨极端部要对准焊件接缝的中心,防止焊缝偏移或熔合不良。焊丝端部应始终放在氩气保护范围内,以免氧化;焊丝端部位于钨极端部的下方切不可触及钨极,以免产生飞溅,造成焊缝夹钨或夹杂等缺陷。

在起焊处要先停留一段时间开始熔化时,立即填加焊丝,焊丝填加和焊枪运行动作要配合适当。焊枪应均匀而平稳地向前移动,并要保持均匀的电弧长度。若发现局部有较大的间隙时,应快速向熔池中填加焊丝,然后移动焊枪。当看到有烧穿的危险时,必须立即停弧,待温度下降后,再重新起弧继续焊接。对焊缝的背面,应增加氩气保护或采用垫板等专用工具。使背面不发生氧化,焊透均匀。氩弧焊机上有电流衰减装置,一旦断开焊枪上的开关,焊接电流会自动逐渐减小,此时,向弧坑处再补充少量焊丝填满弧境。

(3) 焊接要求

① 不允许电弧打伤焊件基体。

② 要求焊缝正面高度、宽度一致,背面焊缝焊透均匀;不允许有未焊透、焊瘤等缺陷存在。

③ 焊缝表面鱼鳞波纹清晰,表面应呈银白色,并具有明亮的色泽。

④ 要求焊缝笔直,成形美观。

⑤ 焊缝表面不允许有气孔、裂纹和夹钨等缺陷存在。

⑥ 焊缝应与基体金属圆滑过渡。

3. 平角焊

(1) 焊接准备

① NSA4—300 型等普通钨极手工氩弧焊机。

② 气冷式焊枪。

③ 练习焊件:304 型不锈钢板,长 200 mm,宽 50 mm,厚度为 2～4 mm。

④ H0Cr21Ni10 不锈钢焊丝;直径 2 mm。

⑤ 铈钨电极,直径 2.0 mm。

(2) 操作要领

1) 清理焊件表面

采用机械抛光轮或砂布轮,将待焊处两侧各 20～30 mm 内的氧化皮清除干净。

2) 先进行定位焊

定位焊的焊缝距离由焊件板厚及焊缝长度来决定。焊件越薄,焊缝越长,定位焊缝距离越小。焊件厚度 2～4 mm 范围内时,定位焊缝间距一般为 20～40 mm,定位焊缝距两边缘为 5～10 mm,也可以根据焊缝位置的具体情况灵活选择。

定位焊缝的宽度和余高,不应大于正式焊缝的宽度和余高。定位焊点的顺序,如图 4-27 所示。

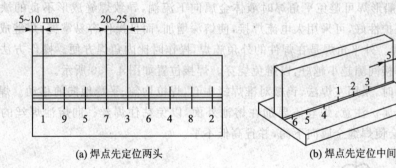

(a) 焊点先定位两头   (b) 焊点先定位中间

1～9 焊接顺序

图 4-27 定位焊点的顺序示意图

从焊件两端开始定位焊时,开始两点应距边缘 5 mm 以外;第三点在整条焊缝的中间处;第四点、第五点在边缘和中心点之间,依次类推。

从焊件中心开始定位点焊时,要从中心点开始,先向一个方向进行定位焊,再往相反方向定位其它各点。定位焊时所用的焊丝直径,应等于正常焊接的焊丝直径。定位焊的电流可适当增大一些。

3) 校正定位

焊后,要进行校正,这是焊接过程中不可少的工序,它对焊接质量起着重要的作用,是保证焊件尺寸、形状和间隙大小以及防止烧穿等的关键所在。

4) 焊接方法

焊接采用左焊法。焊丝、焊枪与焊件之间的相对位置如图 4-28 所示。

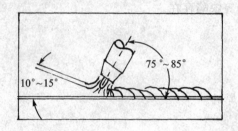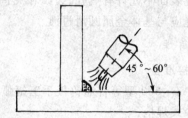

图 4-28　焊丝、焊枪与焊件之间的位置示意图

① 内平角焊。进行内平角焊时,由于液体金属容易向水平面流淌,很容易使垂直面产生咬边。因此,焊枪与水平板夹角应大一些,一般为 $45°\sim60°$。钨极端部要偏向水平面,使熔池温度均匀。

焊丝与水平面成 $10°\sim15°$ 夹角。焊丝端部应偏向垂直板;当两焊件厚度不相同时,焊枪角度要偏向厚板一边,使两板受热均匀。

在焊接过程中,要求焊枪运行平稳,送丝均匀,保持焊接电弧稳定燃烧,才能保证焊接质量。

在相同条件下,选择焊接电流时,角焊缝所用的焊接电流比平对接焊时稍大些。如果电流过大,容易产生咬边;而电流过小时,会产生未焊透等缺陷。

② 船形焊。将 T 形接头或角接头转动 $45°$,使焊件成为水平焊接位置,称为船形焊,如图 4-29 所示。船形焊可避免平角焊时液体金属向下流淌,导致焊缝成形不良的缺陷。船形焊时对熔池的保护性好,可采用大电流焊接,使熔深增加,而且操作容易掌握,焊缝成形好。

③ 外平角焊。外平角焊是在焊件的外角施焊,操作时比内角焊方便。操作方法和平对接焊基本相同。焊接间隙越小越好,以避免烧穿。焊接位置如图 4-30 所示。

焊接外平角时,采用左焊法,钨极对准焊缝中心,焊枪均匀、平稳地向前移动。焊丝要断续地向熔池填充金属。注意:焊丝不要加在熔池外面,以免粘住焊丝。向熔池焊丝的速度要均匀,速度不均就会使焊缝金属向下淌,并且高低不平。

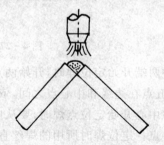

图 4-29　船形角焊位置示意图　　　　**图 4-30　外平角焊位置示意图**

焊接过程中,如果发现熔池有下凹现象,采用加速填丝还不能消除下陷时,就要减小焊枪的倾斜角度,加快焊接速度。造成下陷或烧穿的主要原因是电流过大、焊丝太细、局部间隙过大或焊接速度太慢等。如果发现焊缝两侧的金属温度低,焊件熔化不良时,就要减慢焊接速度,增大焊枪角度,直到达到正常焊接。

外平角焊的氩气保护性较差。为了改善保护效果,可采用自制的工具,例如图4-31W挡板的应用。

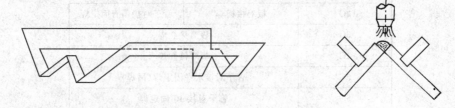

图4-31 W形挡板的应用示意图

5) **焊接要求**

① 要求焊缝平整,焊缝波纹均匀。

② 在板厚相同条件下,不允许出现焊缝两边焊脚不对称现象。

③ 焊缝的根部要求焊透。

④ 焊缝的收尾处不允许有弧坑和弧坑裂纹。

⑤ 焊缝表面不允许有粗大的焊瘤。

4. 焊缝接头

在焊接过程中,当更换焊丝、修磨钨极等停弧,需要重新接头时,必须在待焊处的前方5~10 mm处引弧,电弧稳定后再接回到原弧坑处。在重叠的地方要少加焊丝,以保证与原焊缝的厚薄宽窄均匀一致。

接头处如果操作不当,往往不容易保证质量,所以要尽量减少接头。手工氩弧焊工一时难以掌握焊丝的正确握法,不是以左手的拇指和食指作为送丝的动力,而是靠左手的前后稳动来送丝(气焊送丝法),这就势必经常变换焊丝位置,增加接头的次数。另外,气焊送丝法为了避免焊丝抖动,握丝处距焊丝末端又不宜过长,每用完一段焊丝就要停下来倒手,这也会增加接头的次数。

为了解决这一矛盾,可采用不停弧的热接头法,即当需要变换焊丝位置时,先将焊丝末端和熔池相接触,同时将电弧稍向后移,或引向坡口的一边。待焊接熔池凝固与焊丝粘在一起的刹那间,迅速变换焊丝的位置。完成这一动作后,将电弧立即恢复原位,继续焊接。采用这种方法既能保证焊接接头质量,又可提高生产效率,但操作者需要技术熟练,动作快而准确。

焊接过程中,由于位置的变换、逆向分段退焊等原因,必须要停弧,从而出现焊缝相交的接头。常见的前后焊缝接头类型有头头相接(分段退焊法)、尾尾相接(水平固定管上平面)、头尾相接(分段退焊法)和尾头相接(转动管子)等。这些接头由于温度的差别和填充金属的变化,容易出现未焊透、夹渣、气孔等缺陷,所以接头处要修磨成斜坡,不留有死角。重新引弧的位置应重叠20~30 mm,重叠处只加少许焊丝;熔池要熔透接头根部,保证接头质量。

5. 各种位置焊接操作要领

以往,人们习惯地称水平固定管焊接为全位置焊接,其实是不全面的,全位置顾名思义是全部所有的位置。根据工件在空间的位置结合焊缝的形式,可将焊接位置概括为表4-18所列。

表 4 - 18　全位置焊接的代号

代号	焊接位置	
1G	平板对接焊	管子对接转动焊
2G	板对接横焊	管子对接垂直固定焊
3G	板对接立焊	
4G	板对接仰焊	
5G	管子对接水平固定焊(吊焊)	
6G	管子对接 45°固定焊	
1R	板角接船形焊	
2R	板角接平焊	管板平焊
3R	板角接立焊	
4R	板角接仰焊	管板仰焊
5R	管板立焊(管子水平固定焊)	

由于焊工技能考核时,可以用对接接头代替角接,因此下面仅重点说明平板对接 1G、2G、2R、3G、4G、管子对接的固定位置 5G 和 6G 焊接操作要领。

1) 平焊(1G)操作要领

平焊是比较容易掌握的焊接位置,效率高,质量好,生产中应用比较广泛。

焊接运弧时要稳,钨极端头离工件 3~5 mm,约为钨极直径的 1.5~2 倍。运弧时多为直线形,较少摆动,最好不要跳动;焊丝与工件间的夹角 10°~15°,焊丝与焊炬互相垂直。引弧形成熔池后,要仔细观察,视熔池的形状和大小控制焊接速度,若熔池表面呈凹形,并与母材熔合良好,则说明已经焊透,若熔池表面呈凸形,且与母材之间有死角,则是未焊透,应继续加温,当熔池稍有下沉的趋势时,应即时填加焊丝,逐渐缓慢而有规律地朝焊接方向稳动电弧,要尽量保持弧长不变,焊丝可在熔池前沿内侧一送一收地停放在熔池前方,视母材坡口形式而定。焊接全过程中,均应保持这种状态,焊丝加得过早,会造成未焊透;加晚了,容易造成焊瘤或烧穿。

熄弧后不可将焊炬马上提起,应在原位置保持数秒不动,以滞后气流,保护高温下的焊缝金属和钨极不被氧化。

焊完后检查焊缝质量:几何尺寸、熔透情况、焊缝是否氧化、咬边等。焊接结束后,先关掉保护气,后关水,最后关闭焊接电源。

2) 横焊(2G 和 2R)操作要领

将平焊位置的工件绕焊缝轴线旋转 90°,即是横焊(2G)的位置。它与平焊位置有许多相似之处,所以焊接没有多大困难。

单层单道焊时,焊炬要掌握好两个角度,即水平方向角度与平焊相似,垂直方向呈直角或与下侧板面夹角为 85°。如果是多层多道焊,这个角度随着焊道的层数和道数而变化。

焊下侧的焊道时,焊炬应稍垂直于下侧的坡口面,所以焊炬与下侧板面的夹角应是钝角。钝角的大小取决于坡口的角度和深度。焊上侧的焊道时,焊炬要稍垂直于上侧坡口面,因此与上侧板面的夹角是钝角。

引弧形成熔池后,最好采用直线动弧,如果需要较宽的焊道时,也可采用斜圆弧形摆动,但摆动不当时,焊丝熔化速度控制不好,上侧容易产生咬边;下侧成形不良,或是出现满溢,焊肉下坠。其关键是要掌握好焊炬角度、焊丝的送给位置、焊接速度和温度控制等,才能焊出圆滑美观的焊缝。

2R 是焊接角焊缝的基本操作方法,主要有搭接和 T 形接头。

搭接时,焊炬与上侧板的垂直面夹角为 40°;如果是不等厚的工件,焊炬应稍指向厚工件一侧,焊炬与焊缝面的夹角为 60°～70°。焊丝与上侧板垂直面夹角为 10°,与下侧板平面夹角为 20°。

引弧施焊时,一般薄板可不加丝,利用电弧热使两块母材相互熔化在一起。对 2mm 以上的较厚板,加丝要在熔池的前缘内侧,以滴状加入。

搭接焊的上侧边缘容易产生咬边,其原因是电流大、电弧长、焊速慢、焊炬或焊丝的角度不正确。

T 形接头时,焊炬与立板的垂直夹角为 40°,与焊缝表面的夹角为 70°,焊丝与立板的垂直夹角为 20°,与下侧板平面夹角为 30°。多层多道焊时,焊炬、焊丝、工件的相对位置应有变化,其基本要点与 2G 焊法相同。引弧施焊也与搭接时相似。

还应注意的是:内侧角焊时,钨极外伸长度不是钨极直径的 2 倍,应为 4～6 倍。这样有利于电弧达到焊缝的根部。

3) 立焊(3G)操作要领

立焊比平焊难得多,主要特点是熔池金属容易向下淌,焊缝成形不平整,坡口边缘咬边等。焊接时,除了要具有平焊的操作技能外,还应选用较细的焊丝、较小的焊接电流,焊炬的摆动采用月牙形,并应随时调整焊炬角度,以控制熔池凝固。

立焊有向上立焊和向下立焊两种,向上立焊容易保证焊透,手工钨极氩弧焊很少采用向下立焊。

向上立焊时,正确的焊炬角度和电弧长度,应是便于观察熔池和给送焊丝,并保持合适的焊接速度。焊炬与焊缝表面的夹角为 75°～85°,一般不小于 70°,电弧长度不大于 5 mm,焊丝与坡口面夹角为 25°～40°。

焊接时,主要是掌握好焊炬角度和电弧长度。焊炬角度倾斜太大或电弧过长,都会使焊缝中间增高或两侧咬边。移动焊炬时更要注意熔池温度和熔化情况,及时控制焊接速度的快慢,避免焊缝烧穿或熔池金属塌陷等不良现象。

其他相关步骤与平焊时相同。

4) 仰焊(4G)操作要领

平焊位置绕焊缝轴线旋转 180°即为仰焊。因此,焊炬、焊丝和工件的位置与平焊相对称,只是翻了个个儿。它是难度最大的焊接位置,主要在于熔池金属和焊丝熔化后的熔滴下坠,比立焊时要严重得多。所以焊接时必须控制线能量和冷却速度。焊接的电流要小,保护气体流量要比平焊时大 10%～30%之间;焊接速度稍快,尽量直线匀速运弧。必须要摆动时,焊炬呈月牙形运弧,焊炬角度要调整准确,才能焊出熔合好、成形美观的焊缝。

施焊时,电弧要保持短弧,注意熔池情形,配合焊丝的送给和运弧速度。焊丝的送给要准确、及时,为了省力和不抖动,焊丝可稍向身边靠,要特别注意熔池的熔化情况以及双手操作中的平稳和均匀性。调节身体位置达到比较舒适的视线角度,并保持身和手的操作轻松,尽量减少体能的消耗。焊接固定管道时,可将焊丝煨成与管外径相符的弯度,以便于加入焊丝。仰焊部位最容易产生根部凹陷,主要就是电弧过长、温度高、焊丝的送给不及时或送丝后焊炬前移速度太慢等原因造成的。

5) 管子水平固定焊和 45°固定焊(5G 和 6G)操作要领

水平固定焊(5G):管子水平固定焊难度较大,它由平焊、立焊和仰焊三种位置组成,但只要能熟练地掌握平、立、仰位的焊接操作要领,就不难焊好管子的固定焊缝。

45°固定焊(6G):焊接要比 5G 位置稍难,但基本要点是相似的。6G 位置的焊接应采用多层多道焊,从管子的最低处焊道起始,逐道向上施焊,与横焊有些类似,它综合了平、横、立、仰四种焊接位置的特点。

对于困难位置的焊接,操作时应注意以下几点:

① 要从最困难的部位起弧,在障碍最少的地方收弧封口,以免焊接过程影响操作和视线。

② 合理地进行焊工分布,避免焊接接头温度过低,最好采用双人对称焊的方式进行焊接。

③ 在有障碍的焊件部位,很难做到焊炬、焊丝与工件保持规定的夹角,可根据实际情况进行调整,待有障碍的部位焊过后,立即恢复正常的角度焊接。上、下排列的多层管排,应由上至下地逐排焊接。例如:锅炉水冷壁由轧制的鳍片管组成,管子规格 $\phi63.5$ mm×6.4 mm,管壁间距为 12 mm,整排管子的焊接均为水平固定焊。对口处附近的鳍片断开,留有一定的空隙。将每个焊口分为四段,用时钟的钟点位置来表示焊接位置,如图 4 - 32,管子在 12 点处点固,由两名焊工同时对称焊,焊工(1)在仰焊位置,负责①、②段焊接;焊工(2)在俯位焊接,负责③、④段的焊接。焊工(1)仰视焊口,右手握

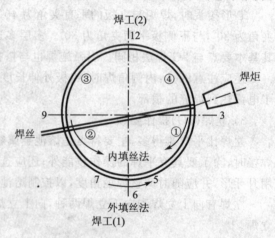

图 4 - 32 焊接位置和顺序示意图

焊炬,左手拿焊丝,从左边间隙内填丝。第一段焊缝从 3 点位置始焊,尽可能将起弧点提到 3 点以上,为焊工(2)避开障碍接头创造有利条件,也容易保证质量。焊接过程中,可透过坡口间隙观察焊缝根部成形情况。施焊方向为顺时针,用内填丝法,焊至 5 点位置收弧。不要延续至 6 点处,以免妨碍第二段焊缝焊接时的视线和焊丝伸入角度。焊接第二段焊缝时,焊工可原地不动,保持原来的姿势,只是改为左手握焊炬,右手拿焊丝,从右边的间隙填入(5 点到 6 点处还有间隙)。从 9 点(最好稍高过 9 点)处起弧,逆时针方向施焊。先用内填丝法焊至 7 点左右,这时,视孔越来越小(指 5 点到 7 点处间隙),从间隙观察焊缝成形很困难,同时焊丝角度也不能适应要求,应逐渐由内填丝过渡到外填丝,直至与第一段的焊缝在 5 点位置处接头封口。第③、④段的操作要领与第①、②段基本相同。焊工(2)位于管子上方,俯视焊口,由于 12 点处有一段点固焊缝,对于焊丝放置角度和视线都有障碍。因此,焊工(2)要从 3 点处用内填丝法引弧并接好焊工(1)的焊缝接头,然后开始焊接。始焊后不久要立即过渡为外填丝,最后以同样的方法焊接第③、④段,在点固焊处(12 点处)收弧。

6. 钨极氩弧焊打底焊技术

(1) 操作方法

打底焊是采用手工钨极氩弧焊封底,然后再用焊条电弧焊盖面的焊接方法。板材和管子

的打底焊,一般有填丝和不填丝两种方法。这要根据板厚或管子的直径大小来选择。

1) 不填丝法

不填丝法又称为自熔法,常用于管道的打底焊。组装时,对口不留间隙,留有 $1\sim1.5$ mm 的钝边。钝边太大不容易焊透;太小则容易烧穿。焊接时,用电弧熔化母材金属的钝边,形成根层焊缝。基本上不填丝,只在熔池温度过高、即将烧穿,或对口时不规则、出现间隙时,才少量填丝。操作时,钨极应始终保持与熔池相垂直,以保证钝边熔透。这种方法焊接速度快,节省填充材料,但存在以下缺点:

① 对口要求严格,稍有错边时,容易产生未焊透缺陷。操作时,只能凭经验看熔池温度,来判断是否熔透,无法直接观察根部的熔透情况,质量无法得到保证。

② 由于不加焊丝,根部焊缝很薄,填充盖面层焊接时,极容易烧穿;同时在应力集中条件下,尤其是大直径厚壁管打底焊时,容易产生焊缝裂纹。

③ 合金成分比较复杂的管材,特别是含铬较高时,由于铬元素与氧的亲和力较强,如果管内不充气保护,在焊接高温作用下,焊缝背面容易产生氧化或过烧缺陷。

因此,采用不填丝焊法进行根部打底焊时,应注意电流不宜过大,焊速不能过慢,对于合金元素较高的管材,要采用管内充氩保护措施。

2) 填丝法

这种方法一般用于小直径薄壁管子的打底层焊接。

管子对口时,需留有一定的间隙。施焊时从管壁外侧或通过间隙从管壁内侧填加焊丝。与自熔法相比,填丝焊法具有以下优点:

① 管内不充氩气保护时,从对口间隙中漏入的氩气仍有一定的保护作用,改善了背面被氧化的状况。

② 专用的氩弧焊丝均含有一定量的脱氧元素,并且对杂质量的控制很严格,所以焊缝质量较高。同时对口留间隙后,接头的应力状况也得到改善,接头的刚度有所下降,所以裂纹倾向小。

③ 填充焊丝的焊缝比较厚,不但增加了根层焊缝的强度,而且在下一层焊接时,背面不容易产生过烧现象。仰焊时不会因温度过高而产生凹陷。

由于填丝法能够可靠地保证根部焊缝质量,所以在管道、压力容器等重要结构中常采用填丝法进行打底焊。

(2) 打底焊工艺

1) 焊丝的选择

常用的低碳钢焊丝有 H08Mn2SiA、H08MnSiTiRF(TIG—J50)等,这些焊丝都含有锰和少量的硅,能防止熔池沸腾,脱氧效果好。如果焊丝中含锰量太低,焊接时会产生金属飞溅和气孔,不能满足工艺要求。

2) 点固焊

在管道组对时,首先要找平、垫稳,防止焊接时承受外力,焊口不得强行组对;当点固焊缝为整条焊缝的一部分时,点固焊应仔细检查焊缝质量,如发现有缺陷,应将缺陷部分清除掉,重新点固。焊点的两端应加工成缓坡,以利于接头。

中小直径(外径≤159 mm)管子的点固焊,可在坡口内直接点焊;直径小于 57 mm 的管子在平焊处点焊 1 处即可;直径在 $60\sim108$ mm 的管子,在立焊处对称点固 2 处;直径 $108\sim159$ mm

的管子,在平焊、立焊处点焊3处。点固焊缝的长度为15～25 mm,高度为2～3 mm。焊点不应焊在有障碍处或操作困难的位置上。

对于大直径(外径＞159 mm)的管子,要采用坡口样板或过桥等方法点固在母材上,如图4-33所示。

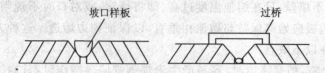

坡口样板　　　　　过桥

图4-33　大直径管子装配示意图

施焊过程中,碰到点固焊处连接样板或过桥障碍时,将它们逐个敲掉。待打底层焊完后,应仔细检查点固焊处及其附近是否有裂纹,并要磨去残存的焊疤。有特殊要求的母材,不宜采用过桥形点固焊。

3)工艺参数

碳钢管子打底焊的工艺参数,可参见表4-19所列。

表4-19　碳钢管子钨极氩弧焊工艺参数

壁厚 / mm	坡口角度 / (°)	间隙 / mm	钝边 / mm	钨极直径 / mm	焊丝直径 / mm	喷嘴直径 / mm	电流 / A	气流 / (L·min⁻¹)	钨极 外伸 / mm
1～3	I	0～1	—	1.6～2.5	1.6～2.5	8	70～110	5～7	4～6
4～6	V70	1.5～2	1～1.5	2.5	2.5	10	110～170	6～8	6～8
8～16	V70	2～3	1～1.5	2.5～3	2.5	12	170～220	8～10	6～8
12～25	U20～30 R5	2～3		2.5～3		14	180～240	10～14	7～9
15～50	双 V20 70～80	2.5～3.5	1.5～2	3	3	14	190～250	12～16	7～9
φ25×4	V70	2～2.5	1.5～2	2.5	2	8	110	5～7	5～7
φ89×6	V65	2～2.5	1～1.5	2.5	2	10	120	8～10	5～7
φ57×3	V65	2～2.5	0.5～1	2.5	2	8	120	8～10	5

4)打底层厚度

壁厚≤10 mm 的管道,其厚度不小于2～3 mm;壁厚＞10 mm 的管道,厚度不小于4～5 mm。打底层焊缝经检验合格后,应及时进行下一层的焊接,若发现有超标缺陷时,应彻底清除,不允许用重复熔化的办法来消除缺陷。

进行下一层的焊条电弧焊时,应注意不得将打底层烧穿,否则会产生内凹或背面氧化等缺陷。与底层相邻的填充层所用焊条,直径不宜过大,一般直径为2.5～3.2 mm,电流要小,焊接速度宜快。

(3)打底层焊接的注意事项

1)严格控制熔池温度

温度过高会使合金元素烧损,热影响区宽,氧化严重,甚至产生热裂纹等缺陷。温度过低会产生未焊透、熔合不良、气孔和夹杂等缺陷。要从焊接电流、焊炬角度、电弧长度和焊接速度等,进行调整来控制熔池温度,使它能满足焊接的要求。在确保根部成形和熔透的前提下,焊速应尽量快。

2) 提高引弧和收弧的技巧

焊接缺陷特别是裂纹和未焊透,容易在引弧和收弧处产生。引弧时,焊接起始温度不高,如果急于运动焊炬,就会造成未焊透或未熔合,如果突然收弧,熔池温度还很高,会因快速冷却收缩,产生弧坑裂纹或缩孔。所以收弧时应逐渐增加焊速,使熔池变小,焊缝变细,降低熔池温度,或稍多给些焊丝,待填满熔池后将焊炬拉向坡口边缘,快速熄弧。

3) 内充气保护

焊接直径小于 40 mm 的碳钢管子或合金元素含量较高的合金钢管,比如合铬元素,因其与氧的亲和力较强,容易氧化,管内应充气保护。管径较小,焊炬角度及焊接速度的变化远不能跟上管周的变化,往往会使熔池温度过高,造成内部氧化严重。所以铬元素超过 5% 时,就应充氩气保护。

4) 二点焊法和三点焊法

大直径管子对口间隙不一致的现象是常有的。遇到这种情况应先焊间隙小的地方,由于焊后的冷却收缩,间隙大的地方会变小些。如果间隙太小甚至于没有,也可以选用角向磨光机修磨后再焊。焊接小间隙处时,焊炬应稍垂直于工件,电流要大些,焊速则要小些,焊丝要少填,直到根部熔透时才能运动焊炬。如果间隙较大可以将焊炬与焊缝表面的夹角缩小到40°~70°。不同的焊炬角度可以获得不同形状的熔池,直接影响熔透深度和焊缝的双面成形。当然,焊接电流等参数也是很重要的。焊炬角度随间隙的大小而变化,就能形成类似的长条形熔池。温度集中在长条形焊缝上容易掌握,以达到均匀的熔透和成形。长条形熔池的前方为打底预热,中部为熔合和穿透,后部是焊道成形。

这种手法既不容易形成焊瘤,也不会烧穿。因为长条形熔池比较窄,温度扩散慢,焊缝的承托力比较强,就不容易产生焊瘤和烧穿。如果把焊炬角度改为80°~85°,就会形成椭圆形熔池,它比较宽,较多的热量扩散到焊缝的边缘,降低了焊缝的承托能力,为达到熔透和根部成形,电弧停留的时间就要长,加上手工的焊速不够均匀,就容易产生焊瘤和烧穿。长条形熔池使焊丝受热较多,其缺点是焊缝中间高,两侧有沟槽或咬边,因而成形不好,所以不能用在最后一层的焊接。

当间隙更大时,应采用二点焊法,如图 4-34(a)所示。即先在坡口的一侧引弧,形成熔池时即填丝,然后将焊炬移向另一侧坡口,形成熔池即填丝,并与第一个焊点熔合重叠 1/3 左右。这样一侧一点的交替焊接,直至焊完。

当间隙再大,二点法无法形成焊缝时,可采用三点焊法,如图 4-34(b)所示。即在焊件两边各焊上一道焊缝,用来减小对接接头的间隙,最后从中间焊接,把两侧熔融在一起,成为一条焊缝。焊接焊道1、2时,焊枪要做直线运动,焊丝以续入法或压入法填入。焊道 3 的焊接,焊炬做之字形运动,焊丝以点滴法填入。

上述焊法是焊缝间隙太大,万不得已时的修补措施。由于二点法和三点法是重复加热,会使某些材料的力学性能改变。因此,在一般情况下,要严格控制组对间隙,不主张按此法进行正常焊接。

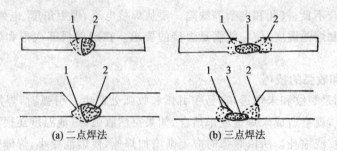

(a) 二点焊法   (b) 三点焊法

图 4-34 二点焊法和三点焊法示意图

四、拓展与延伸——特种钨极氩弧焊技术介绍

(一) 脉冲钨极氩弧焊

1. 脉冲钨极氩弧焊的工艺特点

脉冲钨极氩弧焊是在普通钨极氩弧焊基础上采用可控的脉冲电流取代连续电流发展起来的。脉冲技术在钨极氩弧焊中的应用使钨极氩弧焊工艺更加完善,现已成为一种高效、优质、经济和节能的先进焊接工艺。

脉冲钨极氩弧焊具有如下工艺特点:

1) 电弧稳定、挺度好

当电流较小时,一般钨极氩弧焊易飘弧,而脉冲钨极氩弧焊的电弧挺度好,稳定性好,因此这种焊接方法特别适于焊接薄板或超薄板以及单面焊背面成形的焊接工艺。

2) 焊接线能量低

脉冲电弧对工件的加热集中,热效率高,能精确地控制焊接热输入。因此,焊透同样厚度的工件所需的平均电流比一般钨极氩弧焊低 20% 左右,从而降低了线能量,有利于减小热影响区及焊接变形。

3) 易于控制焊缝成形

能精确控制熔池的形状和尺寸,焊接熔池凝固速度快,可以提高焊缝抗烧穿和熔池的保持能力,所以既能获得均匀熔深,又不易产生过热、流淌或烧穿现象,有利于实现不加衬垫的单面焊背面成形及全位置焊接。

4) 焊缝质量好

脉冲钨极氩弧焊焊缝由焊点相互重叠而成,后续焊点的热循环对前一焊点具有正火处理作用;由于脉冲电流对点状熔池具有强烈的搅拌作用,且熔池的冷却速度快,高温停留时间短,因此焊缝金属组织细密,树枝状晶不明显。这些都使得脉冲焊缝的性能得以改善,可以减小热敏感材料产生裂纹的倾向。

脉冲钨极氩弧焊特别适合于薄板(薄至 0.1 mm)、热敏感材料焊接以及难焊材料的焊接,还特别适合于全位置焊接、单面焊背面成形、打底焊以及导热性强或厚度差别大的焊接结构件。

2. 脉冲钨极氩弧焊的分类

根据电流的种类,脉冲钨极氩弧焊可分为直流钨极氩弧焊和交流钨极氩弧焊两种。前者用于焊接不锈钢,后者主要用于焊接铝、镁及其合金。根据脉冲频率范围,脉冲钨极氩弧焊分为低频脉冲钨极氩弧焊、中频脉冲钨极氩弧焊及高频脉冲钨极氩弧焊三种。

(1) 低频脉冲钨极氩弧焊

低频脉冲钨极氩弧焊电流的频率范围为 $0.1\sim15$ Hz。这是目前应用最广泛的一种脉冲钨极氩弧焊方法。在脉冲电流持续期间,焊件上形成点状熔池;脉冲电流停歇期间,利用基值电流维持电弧的稳定燃烧,降低了焊接线能量,并使熔池金属凝固,因此焊缝事实上是由一系列焊点组成。为了获得连续、气密的焊缝,两个脉冲焊点之间必须有一定的相互重叠,这要求脉冲频率 f 与焊接速度之间必须满足下式,即

$$f = v/60L_d$$

式中:L_d——相临两焊点的最大允许间距,mm;

f——脉冲频率,Hz;

v——焊接速度,mm/min。

(2) 中频脉冲钨极氩弧焊

中频脉冲钨极氩弧焊电流的频率范围为 $10\sim500$ Hz,特点是小电流下电弧非常稳定,且电弧力不像高频钨极氩弧焊那样高,因此是手工焊接 0.5 mm 以下薄板的理想设备。

(3) 高频脉冲钨极氩弧焊

高频脉冲钨极氩弧焊电流的频率范围为 $10\sim20$ kHz,特别适用于薄板的高速自动焊。

高频脉冲钨极氩弧焊焊机的工艺特点是:

① 电磁收缩效应增加,电弧刚性增大,高速焊时可避免因阳极斑点的黏着作用而造成的焊道弯曲或不连续现象。

② 电弧压力大,电弧熔透能力增大。

③ 熔池受到超声波振动,流动性增加,焊缝的物理冶金性能得以改善,有利于焊缝质量的提高。

④ 在较大的焊接速度下,能够保证焊道连续、不产生咬边和背面成形良好。

高频脉冲钨极氩弧焊工艺性能与一般钨极氩弧焊及等离子弧焊工艺性能的比较如表4-20所列。

表 4-20　高频脉冲钨极氩弧焊工艺性能与一般钨极氩弧焊及等离子弧焊工艺性能的比较

电弧参数	焊接方法		
	高频钨极氩弧焊	一般钨极氩弧焊	等离子弧焊
电弧刚性	好	不好	好
电弧压力	中	低	高
电弧电流密度	中	小	大
焊炬尺寸	小	小	大

3. 脉冲钨极氩弧焊工艺参数的选择

脉冲钨极氩弧焊的主要工艺参数有:基值电流 I_b、脉冲电流 I_p、脉冲持续时间 t_p 脉冲间歇时间 t_b、脉冲周期 $T=t_p+t_b$、脉冲频率,$f=1/T$、脉冲幅比 $F=I_p/I_b$)、脉冲宽比 $K=t_p/(t_b+t_p)$ 及焊接速度 v。

(1) 脉冲电流 I_p 及脉冲持续时间 t_p

脉冲电流与脉冲持续时间之积 $I_p t_p$，如被称为通电量，通电量决定了焊缝的形状尺寸，特别是熔深。因此，应首先根据被焊材料及板厚选择合适的脉冲电流及脉冲电流持续时间。焊接厚度低于 0.25 mm 的板时，应适当降低脉冲电流值并相应地延长脉冲持续时间。焊接厚度大于 4 mm 的板时，应适当增大脉冲电流值并相应地缩短脉冲持续时间。

(2) 基值电流 I_b

基值电流的主要作用是维持电弧的稳定燃烧，因此在保证电弧稳定的条件下，尽量选择较低的基值电流，以突出脉冲钨极氩弧焊的特点。但在焊接冷裂倾向较大的材料时，应将基值电流选得稍高一些，以防止火口裂纹。基值电流一般为脉冲电流的 $10\%\sim20\%$。

(3) 脉冲间歇时间 t_b

脉冲间歇时间对焊缝的形状尺寸影响较小。但过长时会显著降低热输入，形成不连续焊道。

(4) 脉冲幅比 F 及脉冲宽比 K

脉冲宽比越小，脉冲焊特征越明显。但太小时熔透能力降低，电弧稳定性差，且易产生咬边。因此，脉冲宽比一般取 $20\%\sim80\%$。空间位置焊接时或焊接热裂倾向较大的材料时应选得小一些，平焊时应选得大一些。

脉冲幅比越大，脉冲焊特征越明显。但过大时，焊缝两侧易出现咬边。因此脉冲幅比一般取 $5\sim10$；空间位置焊接时或焊接热裂倾向较大的材料时，脉冲幅比应选得大一些，平焊时选得小一些。

(5) 焊接速度 v

低频脉冲钨极氩弧焊时，焊接速度与脉冲频率之间要满足式 $f=v/60L_d$，以保证形成连续致密的焊缝。

4. 不同材料的脉冲钨极氩弧焊

采用脉冲钨极氩弧焊工艺，可以焊接过去被认为很难焊的热敏感性高的金属材料，也可以用于不易施焊的场合，如全位置焊、窄间隙焊和要求单面焊背面成形的管件和薄件的焊接。由于脉冲钨极氩弧焊具有普通恒定电流钨极氩弧焊所不能达到的优点，在焊接生产中，特别是在管子对接、管板接头等全位置焊接方面，得到日益广泛的应用。

不锈钢直流脉冲钨极氩弧焊的工艺参数见表 4-21。铝合金交流脉冲钨极氩弧焊的工艺参数如表 4-22 所列。钛及钛合金脉冲自动钨极氩弧焊的工艺参数如表 4-23 所列。

表 4-21　不锈钢直流脉冲钨极氩弧焊的工艺参数（直流正接）

板厚 / mm	脉冲电流 / A	基值电流 / A	脉冲持续时间 / s	脉冲间歇时间 / s	脉冲频率 / Hz	焊接速度 /(cm·min^{-1})	弧长 / mm
0.3	20~22	5~8	0.06~0.08	0.08	8	50~60	0.6~0.8
0.5	55~60	10	0.08	0.06	7	55~60	0.8~1.0
0.8	85	10	0.12	0.08	5	80~100	0.8~1.2

表 4 – 22　铝合金交流脉冲钨极氩弧焊的工艺参数

材料	板厚/mm	焊丝直径/mm	脉冲电流/A	基值电流/A	脉宽比/%	脉冲频率/Hz	焊接电压/V	气体流量/(L·min⁻¹)
LP3	2.5	2.5	95	50	33	2	15	5
	1.5	2.5	80	45	33	1.7	14	5
LP6	2.0	2.0	83	44	33	2.5	10	5
LY12	2.5	2.0	140	52	36	2.6	13	8
LD10	18	2.5	380~420	260~300	49	2	—	15
5A03	1.5	2.5	80	45	33	1.7	14	5
5A05	2.5	2.5	95	50	33	2	15	5
5A06	2.0	2.0	83	44	33	2.5	10	5

表 4 – 23　钛及钛合金脉冲自动钨极氩弧焊的工艺参数（直流正接）

板厚/mm	钨极直径/mm	电流/A		持续时间/s		焊接电压/V	弧长/mm	焊接速度/(cm·min⁻¹)	氩气流量/(L·min⁻¹)
		脉冲	基值	脉冲电流时	基值电流时				
0.8	2	55~88	4~5	0.1~0.2	0.2~0.30	10~11	1.2	30~42	6~8
1.0	2	66~100	4~5	0.14~0.22	0.2~0.34	10~11	1.2	30~42	6~8
1.5	2	120~170	4~6	0.16~0.24	0.2~0.36	11~12	1.2	27~40	8~10
2.0	2	160~210	6~8	0.16~0.24	0.2~0.36	11~12	1.2~1.5	23~37	10~12

（二）热丝钨极氩弧焊

热丝钨极氩弧焊原理如图 4 – 35 所示。填充焊丝在进入熔池之前约 10 cm 处开始,由加热电源通过导电块对其通电,依靠电阻热将焊丝加热至预定温度,与钨极成 40°~60°角,从电弧后面送入熔池。这样熔敷速度可比通常所用的冷丝提高 2 倍。热丝和冷丝熔敷速度的比较如图 4 – 36 所示。

热丝钨极氩弧焊时,由于流过焊丝的电流所产生磁场的影响,电弧产生磁偏吹而沿焊缝作纵向偏摆。为此,用交流电源加热填充焊丝,以减少磁偏吹。在这种情况下,当加热电流不超过焊接电流的 60% 时,电弧摆动的幅度将被限制在 30° 左右。为使焊丝加热电流不超过焊接电流的 60%,通常焊丝最大直径限为 1.2 mm。如焊丝过粗,由于电阻小,需增加加热电流,对防止磁偏吹不利。

热丝焊接已成功用于碳钢、低合金钢、不锈钢、镍和钛等。对于铝和铜,由于电阻率小,要求很大的加热电流,从而造成过大的电弧磁偏吹和熔化不均匀,所以不推荐使用热丝钨极氩弧焊焊接。

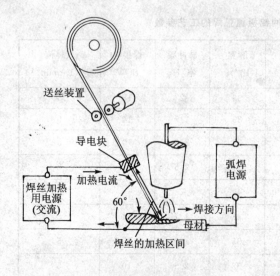

图 4-35 热丝钨极氩弧焊示意图

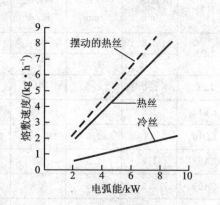

图 4-36 钢钨极氩弧焊时冷丝和热丝
允许的熔敷速度

练习与思考

1. 氩弧焊按其工艺方法可分为几类几种？

2. 氩弧有哪些特性？

3. 钨极氩弧焊对电极材料有哪些要求？目前常用的电极材料有哪几种？其中哪一种较好？

4. 钨极氩弧焊对电极直径和端部形状有哪些要求？

5. 钨极氩弧焊按电流种类和极性可分为哪几种？试述每种方法的优、缺点及其工艺特性。

6. 钨极氩弧焊为什么要采用引弧措施？又在什么情况下采用稳弧措施？有哪些引弧和稳弧办法？

7. 交流钨极氩弧焊焊铝、镁及其合金时，为什么会产生直流分量？它有什么危害？怎样消除它？

8. 钨极氩弧焊焊前为什么要做好焊件和焊丝的清理工作？常用的清理方法有哪些？

9. 钨极氩弧焊的工艺规范参数有哪些？试述它们对焊接过程和焊缝成形的影响。

10. 简述钨极氩弧焊的操作技术，不同焊接接头位置手工钨极氩弧焊时，填充焊丝、焊枪与焊件的相对位置应如何处理。

11. 钨极氩弧焊时，填充焊丝方式有哪些？为了提高焊接质量，填丝时应注意什么？

12. 钨极氩弧焊机由哪几部分组成？为什么钨极氩弧焊要采用陡降外特性的焊接电源？

13. 试述钨极氩弧焊焊接程序控制过程并作出程序流程图。

14. 脉冲钨极氩弧焊有哪些工艺特点？

15. 脉冲钨极氩弧焊的工艺参数有哪些？它们对焊缝成形有哪些影响？

学习情境五

熔化极氩弧焊

知识目标

1. 了解熔化极氩弧焊的分类及特点；
2. 熟悉熔化极氩弧焊的熔滴过渡形式；
3. 了解熔化极氩弧焊的设备组成及焊接材料；
4. 掌握熔化极氩弧焊的焊接工艺参数及其选择；
5. 熟悉常用材料的熔化极氩弧焊工艺；
6. 掌握熔化极氩弧焊的操作工艺要点；
7. 了解特种熔化极气体保护焊技术及其特点。

任务一　熔化极气体保护焊的原理、分类及特点

一、任务分析

本任务将介绍熔化极气体保护焊的工作原理、分类、特点和应用范围，要求对熔化极气体保护焊有基本了解。

二、相关知识

(一) 熔化极气体保护焊的原理

熔化极气体保护焊（GMAW）采用可熔化的焊丝与被焊工件之间的电弧作为热源熔化焊丝与母材金属，并向焊接区输送保护气体，使电弧、熔化的焊丝、熔池及附近的母材金属免受周围空气的有害作用。连续送进的焊丝金属不断熔化并过渡到熔池，与熔化的母材金属融合形成焊缝金属，从而使工件相互连接起来，如图 5-1 所示。

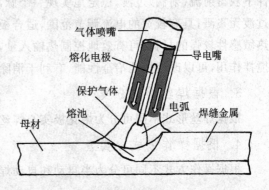

图 5-1　熔化极气体保护焊的工作原理

（二）熔化极气体保护焊的分类

熔化极气体保护焊有以下几种分类方法。

1. 根据保护气体的种类分类

（1）熔化极氧化性混合气体保护焊（MAG）

保护气体由惰性气体和少量氧化性气体混合而成。由于保护气体具有氧化性，常用于黑色金属的焊接。在惰性气体中混入少量氧化性气体的目的是在基本不改变惰性气体电弧特性的条件下，进一步提高电弧的稳定性，改善焊缝成形，降低电弧辐射强度。

（2）熔化极惰性气体保护焊（MIG）

保护气体采用氩气、氦气或氩气与氦气的混合气体，它们不与液态金属发生冶金反应，只起保护焊接区使之与空气隔离的作用。因此电弧燃烧稳定，熔滴过渡平稳、安定，无激烈飞溅。这种方法特别适用于铝、铜、钛等有色金属的焊接。

（3）CO_2 气体保护电弧焊

保护气体是 CO_2，有时采用 $CO_2 + O_2$ 的混合气体。由于保护气体的价格低廉，采用短路过渡时焊缝成形良好，加上使用含脱氧剂的焊丝可获得无内部焊接缺陷的高质量焊接接头，因此这种方法已成为黑色金属材料的最重要的焊接方法之一。二氧化碳气体保护焊按填充焊丝的不同又可分为实心二氧化碳气体保护焊和药心二氧化碳气体保护焊。实心二氧化碳气体保护焊可以焊接低碳钢、低合金钢。药心二氧化碳气体保护焊（FCAW 焊）不仅可以焊接碳素钢、低合金钢、而且可以焊接耐热钢、低温钢、不锈钢等材料。

2. 根据焊接电源分类

根据焊接电源可分为直流熔化极气体保护焊、交流熔化极气体保护焊和脉冲熔化极气体保护焊三种。其中脉冲电流熔化极气体保护焊是在一定平均电流下，焊接电源的输出电流以一定的频率和幅值变化来控制熔滴有节奏地过渡到熔池；可在平均电流小于临界电流值的条件下获得射流（射滴）过渡，稳定地实现一个脉冲过渡一个（或多个）熔滴的理想状态——熔滴过渡无飞溅；具有较宽的电流调节范围，适合板厚 $\delta \geqslant 1.0$ mm 工件的全位置焊接，尤其对那些热敏感性较强的材料，可有效地控制热输入量，改善接头性能。由于脉冲电弧具有较强的熔池搅拌作用，可以改变熔池冶金性能，有利于消除气孔，未熔合等焊接缺陷。

3. 根据焊丝形式分类

根据焊丝形式不同可分为熔化极实心焊丝气体保护焊和熔化极气体保护焊。

4. 根据操作方式分类

根据操作方式不同可分为半自动和自动焊两大类。

（三）熔化极氩弧焊的特点及适用范围

1. 熔化极氩弧焊的特点

由于 MIG 焊采用惰性气体作为保护气体，与二氧化碳电弧焊、焊条电弧焊或其他熔化极

电弧焊相比,它具有如下一些特点:

1) **焊接质量好**

采用惰性气体作为保护气体,保护效果好,焊接过程稳定,变形小,飞溅极少或根本无飞溅。焊接铝及铝合金时可采用直流反极性,具有良好的阴极破碎作用。

2) **焊接生产率高**

由于是用焊丝作电极,可采用大的电流密度焊接,母材熔深大,焊丝熔化速度快,焊接大厚度铝、铜及其合金时比 TIG 焊的生产率高。与焊条电弧焊相比,能够连续送丝,材料加工时,焊缝不需要清渣,因而生产效率更高。

3) **适用范围广**

由于采用惰性气体作为保护气体,不与熔池金属发生反应,保护效果好,几乎所有的金属材料都可以焊接,因而适用范围广。但由于惰性气体生产成本高、价格贵,所以目前熔化极惰性气体保护焊主要用于有色金属及其合金,不锈钢及某些合金钢的焊接。

但是熔化极氩弧焊也存在一些缺点,如因为热影响区域大,工件在修补后常常会造成变形、硬度降低、砂眼、局部退火、开裂、针孔、磨损、划伤、咬边、或者是结合力不够及内应力损伤等。尤其在精密铸造件细小缺陷的修补过程中表现突出。在精密铸件缺陷的修补领域可以使用冷焊机来替代氩弧焊,由于冷焊机放热量小,较好的克服了氩弧焊的缺点,弥补了精密铸件的修复难题。另外,熔化极氩弧焊与焊条电弧焊相比,对人身体的伤害程度要深一些,氩弧焊的电流密度大,发出的光比较强烈,它的电弧产生的紫外线辐射,约为普通焊条电弧焊的5～30倍,红外线约为焊条电弧焊的1～1.5倍,在焊接时产生的臭氧含量较高,因此,应尽量选择空气流通较好的地方施工,否则对身体有较大的伤害。

2. 熔化极氩弧焊的适用范围

1) **适用的焊材**

适用于焊接大多数金属和合金,最适于焊接碳钢和低合金钢、不锈钢、耐热合金、铝及铝合金、铜及铜合金及镁合金;适用于单面焊双面成形,如打底焊和管子焊接。

对于高强度钢、超强铝合金、锌含量高的铜合金、铸铁、奥氏体锰钢、钛和钛合金及高熔点金属,熔化极氩弧焊要求将母材预热和焊后热处理,采用特制的焊丝,控制保护气体要比正常情况更加严格。

对低熔点的金属如铅、锡和锌等,不宜采用熔化极氩弧焊。表面包覆这类金属的涂层钢板也不适宜采用这类焊接方法。

2) **板　厚**

可焊接的金属厚度范围很广,最薄约 1 mm,最厚几乎没有限制。

3) **焊接位置**

适应性也较强,平焊和横焊时焊接效率最高。

4) **适用的工业部门**

汽车行业、高速列车行业、造船、石油化工、核电设备和航空航天等工业部门均适用。

任务二　熔化极氩弧焊的熔滴过渡

一、任务分析

　　该任务将介绍熔化极氩弧焊的熔滴过渡形式。在焊接过程中的熔滴过渡形式受到焊接电流的大小和种类、焊丝直径、焊丝成分、焊丝伸出长度等因素的影响。熔滴过渡形式不同，对电弧的稳定性及焊接质量的影响也不同。学习本任务有利于在焊接操作过程中提高电弧的稳定性，从而提高焊接质量。

二、相关知识

　　熔化极氩弧焊的熔滴过渡形式大致有以下几种：短路过渡、滴状过渡、喷射过渡和亚射流过渡。

1. 滴状过渡

　　滴状过渡形式如图 5-2 所示。惰性气体保护焊当电流较小时，熔滴的过渡形式为滴状过渡。此时，熔滴的直径大于焊丝的直径，熔滴主要依靠重力过渡到熔池，因此在平焊位置熔滴才能较好地过渡到熔池中。滴状过渡的电弧电压要比短路过渡的电压高，以保证熔滴在与熔池接触之前脱离焊丝端部，但由于电压过高，使得熔深不足，余高过大，在实际生产中的惰性气体保护焊一般不采用这种过渡形式。

2. 短路过渡

　　电弧引燃后，随着电弧的燃烧，焊丝端部熔化形成熔滴并逐步张大；在小电流低电压焊接时，弧长较短，熔滴在未脱离焊丝前就与熔池接触形成液态金属短路，使电弧熄灭；液桥金属在电磁收缩力、表面张力作用下，脱离焊丝过渡到熔池中去，这时电弧复燃，又开始下一周期过程，这种过渡形式称短路过渡，如图 5-3 所示。在熔化极氩弧焊中，使用细丝焊，熔滴过渡形成主要为短路过渡。

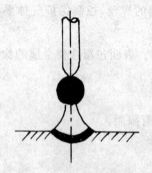

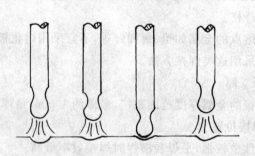

图 5-2　滴状过渡形式　　　　图 5-3　熔化极氩弧焊熔滴的短路过渡过程

　　短路过渡时，使用的焊接电流平均值较小，而短路时的峰值电流又为平均电流的几倍，这样既可以避免焊件焊穿又能保证熔滴顺利过渡；况且短路过渡一般采用细焊丝，焊接电流密度大，焊接速度快，对焊件的热输入量低；此外焊接时，电弧短，热量集中，因而可减小接头热影响区和焊件的变形。但是,若焊接工艺参数选择不当,或焊接电源动特性不佳,短路过渡将伴随着大量金属飞溅而使过渡过程变得不稳定。

3. 喷射过渡

在熔化极氩弧焊焊接过程中,随着焊接电流的增加,熔滴尺寸变得更小,过渡频率也急剧提高,在电弧力的强制作用下,熔滴脱离焊丝沿焊丝轴向飞速地射向熔池,这种过渡形式称喷射过渡。喷射过渡的形式如图5-4所示。根据熔滴大小和过渡形态又分射滴过渡和射流过渡。前者的熔滴直径和焊丝直径相近,过渡时有明显熔滴分离;后者在过渡时焊丝末端呈"铅笔尖状"以小于焊丝直径的细小熔滴快速而连续地射向熔池。这种过渡的速度很快,脱离焊丝端部的熔滴加速度可以达到重力加速度的几十倍。

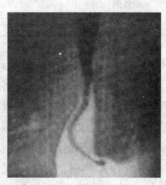

| (a) 射滴过渡 | (b) 射流过渡 | (c) 旋转射流 |

图5-4　熔滴的喷射过渡形式

熔滴从滴状过渡转变成喷射过渡的最小电流值称临界电流,大于这个电流,熔滴体积急剧减小而熔滴过渡频率急剧上升,临界电流与焊丝成分、直径、伸出长度、保护气体成分等因素有关。表5-1列出了常用焊丝的临界电流值。当焊接电流比临界电流高很多时,喷射过渡的细滴在高速喷出的同时对焊丝端部产生反作用力,一旦反作用力偏离焊丝轴线,则使金属液柱端头产生偏斜,继续作用的反作用力将使金属液柱旋转,产生所谓的旋转喷射过渡。

表5-1　常用焊丝的临界电流值

焊丝材料	焊丝直径/mm	保护气体	最小的喷射电流/A
碳钢	0.8		150
	0.9		165
	1.1		220
	1.6	$98\%Ar+2\%O_2$	275
不锈钢	0.9		170
	1.1		225
	1.6		285

焊丝材料	焊丝直径/mm	保护气体	最小的喷射电流/A
铝	0.8		95
	1.1		135
	1.6		180
无氧铜	0.9	Ar	180
	1.1		210
	1.6		310
硅青铜	0.9		165
	1.1		205
	1.6		270

　　采用熔化极氩弧焊焊接铝及其合金时和脉冲熔化极氩弧焊焊接时,熔滴过渡形式是射滴过渡;熔化极氩弧焊在焊接钢时熔滴过渡形式是射流过渡;熔化极氩弧焊焊接时采用特大电流焊接时,熔滴过渡形式是旋转射流过渡。

　　喷射过渡焊接过程稳定,飞溅小,过渡频率快,焊缝成形美观,对焊件的穿透力强,可得到焊缝中心部位熔深明显增大的指状焊缝。平焊位置、板厚大于 3 mm 的工件多采用这种过渡形式,但不宜焊接薄板。

　　喷射过渡的熔深较深,呈指状,适于中、厚板的平焊和横焊位置。为了适应薄板及全位置焊接,于是就产生了熔化极脉冲氩弧焊。其波形可以是正弦波,还可以是方形波,如图 5-5 所示。

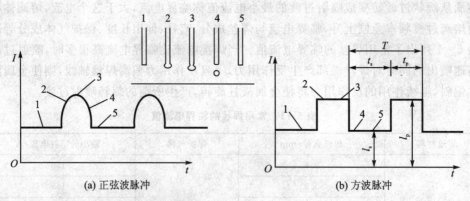

T—脉冲周期;t_p—脉冲时间;t_s—维弧时间;I_p—脉冲电流;I_s—维弧电流

图 5-5　熔化极脉冲氩弧焊电流波形示意图

　　熔化极脉冲焊由于脉冲宽度和脉冲电流不同可以出现三种熔滴过渡形式,为了获得一个脉冲过渡一个熔滴的最佳熔滴过渡形式,要求脉冲宽度和脉冲电流应搭配在一个合适区间②内,如图 5-6 所示。

　　在该图中①区由于能量不足,只能几个脉冲过渡一个较大的熔滴。③区由于能量过大,一个脉冲就可以过渡许多熔滴,这种规范虽然可以应用,但有少量飞溅和指状熔深,常常是不推荐的。只有在②区才能实现一个脉冲过渡一个熔滴,符合式(5-1):

$$I_p^n t_p = C \qquad\qquad (5-1)$$

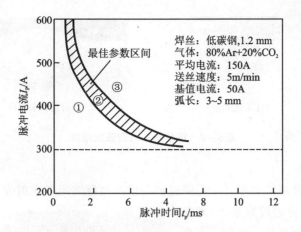

图 5－6　脉冲焊时熔滴过渡与脉冲参数之间的关系

式中：I_p——脉冲电流，A；

t_p——脉冲时间，ms；

n——常数；

C——常数。

② 区的脉冲熔滴过渡如图 5－7 所示。

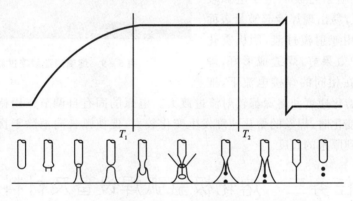

图 5－7　脉冲喷射过渡

　　通常熔化极脉冲焊采用脉冲频率调节，也就是每个脉冲宽度和幅值是不变的；而通过改变脉冲频率来调节焊接平均电流。弧长自调节作用正是利用这一规律，如弧长变短时，自动增加脉冲频率，也就是提高平均电流，而加快焊丝熔化速度；反之，弧长变长时，自动减少脉冲频率。

　　另外，焊接平均电流也是通过送丝速度来确定的。当调节送丝速度时，通过设备的控制电路自动调整脉冲频率与之相适应，从而也调节了平均电流。例如在送丝速度高时，脉冲频率也高，则焊接电流增大，反之亦然。

　　由于脉冲频率较低时，也就是焊接平均电流较低时，电弧仍然可以稳定地燃烧。这样可用的焊接电流就可以远远低于射流过渡临界值，从而扩大了焊接电流的使用范围。

　　采用熔化极脉冲焊时，电弧形态为钟罩形，熔滴过渡形式类似于射滴过渡，所以焊缝成形不是指状熔深，而是圆弧状熔深，如图 5－8 所示，有利于焊接薄工件和实现厚板的全位置焊。

(a) 指状熔深　　　　　　　　　(b) 圆弧装熔深

图 5 - 8　指状熔深与圆弧状熔深

4. 亚射流过渡

铝及其合金的焊接通常采用介于短路过渡与射滴过渡之间的亚射流过渡。

射滴和短路相混合的过渡形式,称为亚射流过渡,如图 5 - 9 所示。其特点是弧长较短,电弧电压较低,电弧略带轻微爆破,焊丝端部的熔滴大到约等于焊丝直径时,便沿电弧方向一滴一滴过渡到熔池,其间有瞬时短路发生。在喷射过渡下,常易出现各种缺陷,如指状熔深,容易产生熔透不良等。此外,在喷射过渡下由于电弧较长,保护效果降低,易出现焊缝起皱及表面产生黑粉。而采用亚射流过渡,阴极雾化区大,溶池的保护效果好,焊缝成形好,焊接缺陷也较少。在相同的焊接电流下,亚

图 5 - 9　熔滴的亚射流过渡形式

射流过渡的焊丝熔化速度和熔深都较射流过渡大。电弧的固有自调节作用特别强,当弧长受外界干扰而发生变化时,焊丝的熔化速度发生变化较大,促使弧长向消除干扰的方向变化,因而可以迅速恢复到原来的长度。

任务三　熔化极氩弧焊设备及材料

一、任务分析

通过此任务了解到熔化极氩弧焊设备的组成及各部分功能,为使用这种焊接方法的设备打下基础。此外,在这一任务中还介绍了熔化极氩弧焊的焊接材料,提供了一些选择材料的方法。

二、相关知识

(一) 熔化极氩弧焊设备的分类

熔化极氩弧焊设备可分为半自动焊和自动焊两种类型。焊接设备主要有焊接电源、送丝系统、焊枪及行走系统(自动焊)、供气及冷却系统、控制系统五部分组成,如图 5 - 10 所示。

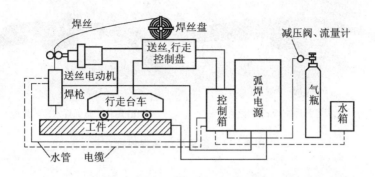

图 5 - 10　自动熔化极氩弧焊的设备组成

（二）熔化极氩弧焊设备的组成

熔化极氩弧焊焊接设备与前面讲到的 CO_2 气体保护焊设备相似，所以在本节中只做简单介绍。以下对熔化极氩弧焊设备的主要组成部分焊接电源、送丝机构、焊枪、供水供气系统、控制系统等做简要说明。

1. 焊接电源

焊接电源用来提供焊接过程所需的能量，维持焊接电弧的稳定燃烧。为了保证焊接过程的稳定，减少飞溅，焊接电源采用直流电源，且反接。半自动焊时，使用细丝焊接，所用焊丝直径小于 2.5 mm，采用平外特性的电源配等速送丝系统；而自动焊时，使用焊丝直径常大于 3 mm，可选用下降外特性的电源，并采用变速送丝系统。

2. 送丝装置

送丝装置由下列部分构成：送丝电机、保护气体开关电磁阀、送丝滚轮等。

焊丝供给装置是专门向焊枪供给焊丝的。在机器人焊接中主要采用推丝式单滚轮送丝方式，即在焊丝绕线架一侧设置传送焊丝滚轮，然后通过导管向焊枪传送焊丝。MIG 焊的送丝机构与 CO_2 气体保护焊的相似，分为推丝式、拉丝式和推拉丝式三种。在铝合金的 MIG 焊接中，由于焊丝比较柔软，所以在开始焊接时或焊接过程中焊丝在滚轮处会发生扭曲现象，为了克服这一难点，采用拉丝式和推拉丝式最好。

3. 焊　枪

熔化极氩弧焊焊枪分为半自动和自动焊枪，大致有空冷式和水冷式两种形式，如图 5 - 11 所示。空冷式焊枪一般用于中小焊接电流，水冷式焊枪用于大电流焊接。

MIG 焊枪与 CO_2 及 MAG 焊枪形状相似，但有以下的差异：为了无故障地传送比较柔软的铝焊丝，有铝焊接专用的 MIG 焊枪；为了顺利地传送如不锈钢、镍合金、高强度钢等硬质材质的焊丝，有焊接合金专用的 MIG 焊枪。总之，对应不同的使用目的和不同用途，其焊枪的结构也不同。

4. 供水、供气系统

供气系统主要由氩气瓶、减压阀、流量计及电磁气阀等组成。供气系统提供焊接时所需要的保护气体，通过焊枪喷嘴将电弧、熔池及焊丝端头保护起来。供水系统主要用来冷却焊枪，

 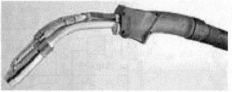

(a) 熔化极氩弧焊空冷式焊枪　　　　　　(b) 熔化极氩弧焊水冷式焊枪

图 5 - 11　熔化极氩弧焊焊枪

防止焊枪烧损。

5. 控制系统

控制系统主要是控制和调整焊接程序;开始和停止输送保护气体和冷却水,启动和停止焊接电源接触器,以及按要求控制送丝速度和焊接台车行走方向与焊接速度。

(三) 保护气体和焊丝

1. 保护气体

保护气体的主要作用是防止空气的侵入,实现对焊缝和近缝区的保护。因为大多数金属在空气中加热到高温,直到熔点以上时,很容易被氧化和氮化,而生成氧化物和氮化物。如氧与液态钢水中的碳进行反应生成一氧化碳和二氧化碳。这些不同的反应产物可以引起焊接缺陷,如夹渣、气孔和焊缝金属脆化。

在熔化极氩弧焊中采用的保护气体——氩气是最常用的惰性气体。它是一种无色无味的气体,在空气的含量为 0.935%(按体积计算),氩的沸点为 $-186℃$,介于氧和氮的沸点之间。氩气是氧气厂分馏液态空气制取氧气时的副产品。

我国一般采用瓶装氩气用于焊接,在室温时,其充装压力为 15 MPa。钢瓶涂灰色漆,并标有"氩气"字样。纯氩的化学成分要求为: $Ar \geqslant 99.99\%$; $He \leqslant 0.01\%$; $O_2 \leqslant 0.0015\%$; $H_2 \leqslant 0.0005\%$;总碳量 $\leqslant 0.001\%$;水分 $\leqslant 30$ mg/m³。

氩气是一种比较理想的保护气体,比空气密度大 25%,在平焊时有利于对焊接电弧进行保护,降低了保护气体的消耗。氩气是一种化学性质非常不活泼的气体,即使在高温下也不和金属发生化学反应,从而没有了合金元素氧化烧损及由此带来的一系列问题。氩气也不溶于液态的金属,因而不会引起气孔。氩是一种单原子气体,以原子状态存在,在高温下没有分子分解或原子吸热的现象。氩气的比热容和热传导能力小,即本身吸收量小,向外传热也少,电弧中的热量不易散失,使焊接电弧燃烧稳定,热量集中,有利于焊接的进行。

氩气的缺点是电离势较高。当电弧空间充满氩气时,电弧的引燃较为困难,但电弧一旦引燃后就非常稳定。

2. 焊接材料

MIG 焊丝化学成分通常应和母材的成分相近,但有些情况下,为了顺利地进行焊接并获得满意的焊缝金属性能,需要采用与母材成分完全不同的焊丝。如焊接高强度铝合金和合金钢的焊丝在成分上通常完全不同于母材,其原因在于某些合金在焊缝金属中将产生不利的冶金反应,从而产生缺陷或显著降低焊缝金属性能。表 5 - 2 是氩弧焊的几种常用焊丝。

MIG 焊丝在使用前必须经过严格的化学或机械清理,清除表面的油脂等杂质。

表 5 - 2　氩弧焊的常用焊丝

牌　号	型号 GB	类　别	主要用途
THT49-1	ER49-1	碳钢焊丝	用于船舶、石化、核电话等高压管的对接及角焊
THT-10MnSi	ER50-G		用于薄板及打底焊接结构
THT50-6 (TIG-J50)	ER50-6		用于管道、平板等需作抛光度准确时的焊接
THT55-B2	ER55-B2	珠光体耐热钢焊丝	用于工作温度 550℃ 以下的锅炉受热面管子蒸汽管道,高压容器,石油精炼设备结构的焊接
THT55-B2V	ER55-G		用于工作温度 550℃ 以下的锅炉受热面管子蒸汽管道,高压容器,石油精炼设备结构的焊接
THT-307 THS-307	H09Cr21Ni9Mn4Mo	不锈钢焊丝	用于防弹钢、覆面不锈钢及碳钢异材的焊接
THT-307Si THS-307Si	H10Cr21Ni10Mn6Si1		用于高锰钢、硬化性耐磨钢及非磁性钢的焊接
THT-308 THS-308	H08Cr21Ni10Si		用于 308、301、304 等不锈钢结构的焊接
THT-308L THS-308L	H03Cr21Ni10Si		用于 304L、308L 等不锈钢结构的焊接
THT-308LSi THS-308LSi	H03Cr21Ni10Si1		用于改善填充金属的工艺性、焊接操作性及流动性
THT-309 THS-309	H12Cr24Ni13Si		用于异种钢的焊接,如碳钢、低合金钢与不锈钢的焊接
THT-309Mo THS-309Mo	H12Cr24Ni13Mo2		用于 Cr22Ni12Mo2 复合钢以及异种钢的焊接
THT-309L THS-309L	H03Cr24Ni13Si		用于 309S、1Cr13、1Cr17、低碳不锈钢、低碳覆面钢以及异种钢的焊接
THT-309LSi THS-309LSi	H03Cr24Ni13Si1		用于 309 型不锈钢以及 304 型不锈钢与碳钢的焊接
THT-309LMo THS-309LMo	H03Cr24Ni13Mo2		用于异种钢的焊接或韧性较差的马氏体、铁素体不锈钢的焊接
THT-310 THS-310	H12Cr26Ni21Si		用于高温条件下工作的耐热钢以及 1Cr5Mo、1Cr13 等不能进行预热及后热处理的焊接
THT-312 THS-312	H15Cr30Ni9		用于异种母材不锈钢覆面、硬化性低合金钢以及焊接困难或易发生气孔情况的焊接
THT-316 THS-316	H08Cr19Ni12Mo2Si		用于磷酸、亚硫酸、醋酸及盐类腐蚀介质结构的焊接

牌　号	型号 GB	类　别	主要用途
THT-316L THS-316L	H03Cr19Ni12Mo2Si	不锈钢 焊丝	用于尿素、合成纤维等结构及不能进行热处理的铬不锈钢及复合钢的焊接
THT-316LSi THS-316LSi	H03Cr19Ni12Mo2Si1		用于相同类型不锈钢以及复合钢结构的焊接
THT-317 THS-317	H08Cr19Ni14Mo3		用于重要的耐腐蚀化工容器的焊接
THT-317L THS-317L	H03Cr19Ni14Mo3		用于重要的耐腐蚀化工容器的焊接
THT-321 THS-321	H08Cr19Ni10Ti		用于304、321、347 型不锈钢以及耐热钢的焊接
THT-347 THS-347	H08Cr20Ni10Nb		用于304、321、347 型不锈钢以及耐热钢的焊接
THT-410 THS-410	H12Cr13		用于410、420 型不锈钢以及耐蚀耐磨表面的堆焊
THT-420 THS-420	H31Cr13		用于Cr13 马氏体不锈钢耐腐蚀性材料的堆焊
THT-430 THS-430	H10Cr17		用于腐蚀(硝酸)、耐热同类型不锈钢表面堆焊
THT-2209 THS-2209	H03Cr22Ni8Mo3N		用于含Cr22％双相不锈钢的焊接

任务四　熔化极氩弧焊焊接工艺

一、任务分析

通过此任务的学习,掌握熔化极氩弧焊有关焊接工艺参数的选择,通过实例分析及操作要点更直观地学习影响熔化极氩弧焊焊接质量的有关因素,在实际工作中更好地解决实际问题。

二、相关知识

(一) 熔化极氩弧焊的工艺参数

熔化极氩弧焊的主要焊接工艺参数有:焊接电流(送丝速度)、电弧电压(电弧长度)、焊丝直径、焊接速度、焊丝干伸长度、焊枪角度、接头位置、保护气体的成分和流量等。

1. 焊接电流

当其他焊接参数一定时,焊接电流随着送丝速度呈非线性变化。当送丝速度增加时,焊接电流也随着增大。碳钢焊丝的焊接电流与送丝速度的关系如图 5－12 所示。

各种直径的焊丝当焊接电流较小时二者之间的关系都近似呈线性关系,焊接电流的增加,特别是小直径焊丝,曲线为非线性,随着焊接电流的增加焊丝的熔化速率提高,这主要与焊丝干伸长度上的电阻热有关。

图 5－13、图 5－14 和图 5－15 是熔化极氩弧焊采用铝、不锈钢和铜焊丝焊接时,其他焊接条件一定时,焊接电流与送丝速度的关系曲线。经比较可以看到不同种类的焊丝其焊接电流与送丝速度的关系有一定的变化。这一变化反映了焊丝的化学成分对焊接电流与送丝速度的关系有一定的影响。

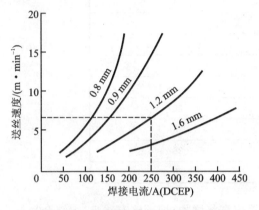

图 5－12　碳钢焊丝的焊接电流与送丝
　　　　　速度的关系曲线

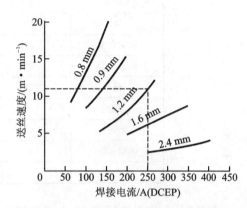

图 5－13　铝焊丝的焊接电流与送丝
　　　　　速度的关系曲线

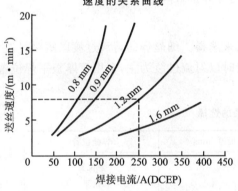

图 5－14　不锈钢焊丝的焊接电流与送丝
　　　　　速度的关系曲线

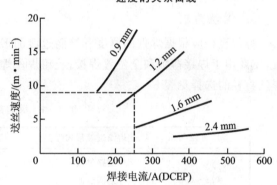

图 5－15　铜焊丝的焊接电流与送丝
　　　　　速度的关系曲线

另外,当其他焊接参数保持不变时,焊缝的熔深和熔宽将随焊接电流的增大而增加,同时还会引起熔敷率的提高和焊道尺寸的增大。

2. 电弧电压

当其他焊接参数不变时,电弧电压和电弧长度是成正比的,通常电弧长度的变化会引起电弧电压的变化。而电弧电压除了与电弧长度有关外,还与其他焊接参数有关,如保护气体、焊接方法、甚至焊接电缆。电弧电压的设定取决于焊接材料、保护气体和熔滴过渡类型。典型的电弧电压参数值见表 5－3。为了获得最佳的电弧特性和焊道形状,有必要进行焊接工艺试验,因为最佳的电弧电压取决于多种因素,如金属厚度、接头类型、焊接位置、焊丝直径、保护气体成分和焊接方法等。

表 5-3 各种金属 MIG 焊典型电弧电压   V

金属材料	短路过渡	喷射过渡(焊丝直径1.6 mm)
铝	19	25
镁	16	26
碳钢	17	—
低合金钢	17	—
不锈钢	18	24
镍	22	26
镍铜合金	22	26
镍铬合金	22	26
铜	24	30
青铜	23	28
铝铜	23	28
铜镍合金	23	28
硅青铜	23	28

一般情况下,电弧电压越高,电弧就越长,焊缝熔宽将增加,熔深略有减小,焊缝余高越小,反之亦然。但电弧电压过大将产生气孔、飞溅和咬边等焊接缺陷。

3. 焊丝直径

焊丝直径应根据焊件的厚度和熔滴过渡的形式来选择。细丝焊的熔滴过渡以短路过渡为主,主要用于焊接薄板和全位置焊接;较粗焊丝焊接时以射流过渡为主,多用于厚板平焊位置。焊丝直径的选择见表 5-4。

表 5-4 焊丝直径的选择

焊丝直径/mm	熔滴过渡形式	可焊板厚/mm	焊缝位置
0.5~0.8	短路过渡	0.4~3.2	全位置
	射滴过渡	2.5~4	水平
	脉冲喷射过渡	—	—
1.0~1.4	短路过渡	2~8	全位置
	射流过渡	>6	水平
	脉冲喷射过渡	2~9	全位置
1.6	短路过渡	3~12	全位置
	射流过渡	>8	水平
	脉冲喷射过渡	>3	全位置
2.0~5.0	射流过渡	>10	水平
	脉冲射滴过渡	>6	水平

4. 焊接速度

要想得到满意的焊接效果,焊接速度一定要与焊接电流密切配合。

当其他条件不变时,当焊接速度降低时,单位长度上填充金属的熔敷量增加。焊接速度如果过慢,电弧将主要作用在熔池上,使得熔深降低,焊缝增宽,而且容易产生烧穿和焊缝组织粗大等焊接缺陷。

当焊接速度较小时,因为电弧力的作用方向几乎是垂直向下的,随着焊接速度的提高,弧柱后倾有利熔池液态金属在电弧力作用下向尾部流动,使熔池底部暴露,因而有利于熔深的增加,当焊接速度提高到某一数值时焊缝熔深达到最大值。随后随着焊接速度的提高,每单位长度的母材金属从电弧得到的热量逐渐减少,焊缝的熔宽、熔深及余高都将减少。焊接速度过快会引起焊缝两侧咬边的现象。

5. 焊丝干伸长度

焊丝端部至导电嘴的末端的距离即是焊丝的干伸长度,如图 5-16 所示。焊丝的干伸长度增加也即增加焊丝的电阻。由于短路过渡焊接所采用的焊丝较细,焊丝干伸长产生的电阻热显得尤为重要。当其它焊接参数不变时,焊丝的熔化速度随干伸长度增加而提高,此时,焊接电流和焊缝熔深都减小。从保护气体效果看,该距离应尽量短,但由于飞溅容易堵塞喷嘴和难以观察熔池情况,所以最好还应保持适当的高度。在采用短路过渡焊接时,焊丝

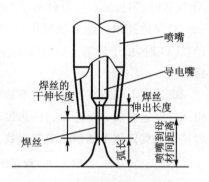

图 5-16 焊丝干伸长度示意图

干伸长度一般为 6~15 mm;采用其它过渡形式焊接时,焊丝干伸长度在 15~25 mm 之间。总之焊丝干伸长度应根据实际情况进行调整。

6. 保护气体的流量

氩气流量与喷嘴直径有关系,但当喷嘴直径一定时,氩气流量直接影响到保护效果。流量合适时,熔池平稳,表面明亮无渣,无氧化痕迹,焊缝成形美观;流量不合适时,熔池表面有渣,焊缝表面发黑或有氧化皮。氩气合适流量可按下式计算:

$$q_v = (0.8 \sim 1.2)D \qquad (5-2)$$

式中:q_v—氩气流量,L/min;

D—喷嘴直径,mm。

当 D 较小时,q_v 取下限;当 D 较大时,q_v 取上限。

(二) 常用材料的熔化极氩弧焊工艺

熔化极氩弧焊适用于不锈钢、铝及铝合金、铜及铜合金、金镁、镍、钛、铬合金、钼合金等金属的焊接。下面介绍常用的典型金属不锈钢、铝及铝合金、铜及铜合金的熔化极氩弧焊焊接工艺。

1. 不锈钢的熔化极氩弧焊

不锈钢是主加元素铬含量能使钢处于钝化状态,具有不锈特性的钢。所以,不锈钢中铬的

含量应高于 12%。不锈钢按照组织类型,可分为有奥氏体不锈钢、铁素体不锈钢、马氏体不锈钢、双相不锈钢和沉淀硬化不锈钢。奥氏体不锈钢较马氏体和铁素体不锈钢焊接性能好,高温时会析出铬的碳化物,从而会降低耐腐蚀性和机械强度。马氏体不锈钢有淬火硬化性质,容易产生裂纹,焊接性较差,焊接时必须进行充分的预热和后热处理。铁素体不锈钢没有淬火硬化性质,高温时(475℃左右)会产生晶粒长大现象。

不锈钢的热传导率是低碳钢的 1/3～1/2,热膨胀率大,焊接时容易变形,因此在焊接时尽量少输入热量。另外,或使用夹具,或使用冷却板等都是好方法。

选择焊丝时,原则上是焊丝与母材具有相同的组成部分,但如果考虑焊缝的可焊性和使用性能时,不一定使用相同的成分,总之,选择焊丝的标准由可焊性和使用性能来决定。

MIG 焊接不锈钢所使用的保护气体有:"$Ar+O_2$"、"$Ar+CO_2$"、"$Ar+O_2+CO_2$",使用纯 Ar 气体时,阴极斑点在母材表面漂移,影响电弧的稳定,焊缝成形也不好。

就保护气体的混合比例而言,当 $Ar+2\%～5\%O_2$ 时能得到稳定的电弧,当 $Ar+5\%～10\%CO_2$ 时,由于焊缝金属中含碳量增加,在要求焊接质量高的结构中最好不用超低碳型不锈钢。

奥氏体不锈钢在各种类型不锈钢中应用最为广泛。主要用于化工、石化工程行业。大多使用在储运容器、反应器、换热器、塔器等化工石化设备装置上。表 5-5 为熔化极氩弧焊焊接铬镍奥氏体不锈钢的工艺参数。

表 5-5　熔化极氩弧焊焊接铬镍奥氏体不锈钢的工艺参数

母材厚度/mm	焊丝直径/mm	焊接电流/A	电弧电压/V	焊接速度/(m·h⁻¹)	气体流量/(L·min⁻¹)
2.0	1.0	140～180	18～20	20～40	6～8
3.0	1.6	200～280	20～22	20～40	6～8
4.0	1.6	220～320	22～25	20～40	7～9
6.0	1.6～2.0	280～360	23～27	15～30	9～12
8.0	2.0	300～380	24～28	15～30	11～15
10.0	2.0	320～440	25～30	15～30	12～17

下面以奥氏体不锈钢储罐的熔化极氩弧焊为例,说明奥氏体不锈钢的熔化极氩弧焊焊接工艺。

卧式储罐筒体:焊接多台直径 $\Phi2\,600$ mm,长度 10 000 mm,板厚:12～14 mm 的卧式储罐。纵缝及环缝采用熔化极气体保护全自动焊工艺。

材质:0Cr18Ni9 奥氏体不锈钢

焊接工艺:筒体焊前机械加工坡口,切削单边坡口 20°～22°,钝边 1～2 mm,组对间隙 2～2.5 mm,接头打底焊道基本达到单面焊双面成形。焊枪及送丝机固定在行走小车上焊接纵焊缝;筒体在滚轮架上均匀转动,焊枪固定在平台托架上焊接环焊缝,最后一条环缝背面封底焊采用手工电弧焊。

焊接工艺参数如表 5-6 和表 5-7 所列。焊接材料：H0Cr21Ni10（308 焊丝），焊丝直径 1.2 mm；焊条选用 A101，直径 4.0 mm。

表 5-6　熔化极氩弧焊的焊接工艺参数

焊接电流/A	电弧电压/V	焊接速度/ (cm·min^{-1})	焊丝干伸长度/mm	气体流量/ (L·min^{-1})
180~220	19~22	60~90	10~15	Ar = 24.5 O$_2$ = 0.5

表 5-7　手工电弧焊的焊接工艺参数

焊条直径/mm	焊接电流/A	电弧电压/V	焊接速度 /(cm·min^{-1})
4.0	160~180	22~25	15~20

2. 铝及铝合金的熔化极氩弧焊

铝具有许多与其他金属不同的物理化学特性，铝与钢相比，其密度小，热导率线胀系数及比热容较大。由此导致铝及铝合金具有与其他金属不同的焊接工艺特点。

铝的表面有一层很薄、很密、熔点温度很高（2 020℃）的氧化膜，该氧化膜妨碍与母材的融合，因此在进行焊接前要进行严格的氧化膜清理。

铝的散热速度比钢要快四倍，焊接时的热输入将向母材迅速流失，所以局部加热很难，另外熔化温度低（约 660℃），所以熔化快。

铝在熔化时容易吸收氧气等气体，这是焊缝产生气孔的原因，会降低焊缝的强度和耐腐蚀性。

铝的膨胀系数约为钢材的两倍，凝固时容易产生裂纹。

由于焊接热量的影响，会降低与焊缝相邻近的母材的机械和冶金性能，热量越大，性能的降低程度或范围越显著。

此外焊丝对焊接质量和焊缝的各种性质有很大的影响，因此与母材的组合是很重要的。焊丝表面的污垢、附着的水分也是焊缝缺陷（例如气孔）的原因，使用前后要注意处理和保管在干燥场所。

3. 铜及铜合金的熔化极氩弧焊

(1) 铜

纯铜根据含氧量的不同分为工业纯铜、无氧铜和磷脱氧铜，纯铜具有极好的导电性、导热性、良好的常温和低温塑性，以及对大气、海水和某些化学药品的耐腐蚀性，因而在工业中广泛用于制造电工器件、电线、电缆和热交换器等。

纯铜的物理性能和力学性能如表 5-9 和表 5-10 所列。

表 5 - 8　纯铝、铝镁合金、硬铝自动熔化极氩弧焊工艺参数

板材牌号	焊丝牌号	板材厚度/mm	坡口形式	坡口尺寸 钝边/mm	坡口角度/(°)	间隙/mm	焊丝直径/mm	喷嘴直径/mm	氩气流量/(L·min⁻¹)	焊接电流/A	电弧电压/V	焊接速度/(m·h⁻¹)	备注
5A05(LF5)	SAlMg-5	5	—	—	—	—	2.0	22	28	240	21~22	42	单面焊双面成形
1060(L2)、1050A(L3)	1060(L2)	6	—	—	—	0~0.5	2.5	22	30~35	230~260	26~27	25	
		8	V	4	100	0~0.5	2.5	28	30~35	300~320	26~27	24~28	
		10	V	6	100	0~1	3.0	28	30~35	310~330	27~28	18	
		12	V	8	100	0~1	3.0	28	30~35	320~340	28~29	15	
		14	V	10	100	0~1	4.0	28	40~45	380~400	29~31	18	
		16	V	12	100	0~1	4.0	28	40~45	380~420	29~31	17~20	
		20	V	16	100	0~1	4.0	28	50~60	450~500	29~31	17~19	正反面均焊一层
		25	V	21	100	0~1	4.0	28	50~60	490~550	29~31	13~15	
		28~30	X	16	100	0~1	4.0	28	50~60	560~570	29~31	—	
5A02(LF2)	5A03(LF3)	12	V	8	120	0~1	3.0	22	30~35	320~350	28~30	24	
5A03(LF3)	5A05(LF5)	18	V	14	120	0~1	4.0	28	50~60	450~470	28~30	18.7	
		20	V	16	120	0~1	4.0	28	50~60	450~500	28~30	18	
		25	V	16	120	0~1	4.0	28	50~60	490~520	29~31	16~19	
2A12(LY12)	SAlSi-1	50	X	6~8	75	0~0.5	4.2	28	50	450~500	24~27	15~18	也可采用双面U形坡口,钝边6~8mm

表 5 - 9　纯铜的物理性能

密度 /(g·cm⁻³)	熔点/℃	热导率 /(W·m⁻¹·K⁻¹)	比热容 /(J·g⁻¹·K⁻¹)	电阻率 /(10⁻⁸Ω·m)	线膨胀系数 /(10⁻⁶·K⁻¹)	表面张力系数 /(10⁻⁵N·cm⁻¹)
8.94	1 083	391	0.384	1.68	16.8	1 300

表 5 - 10　纯铜的力学性能

材料状态	拉伸强度 σ_b/MPa	屈服强度 σ_s/MPa	伸长率 δ_s/%	断面收缩率 ψ/%
软态(扎制并退火)	196~235	68.6	50	75
硬态(冷加工变形)	392~490	372.4	6	36

　　铜的传导率大约是低碳钢的 2.5 倍,由于能把电弧热量快速地扩散,导致焊缝金属熔化时的流动性很差,易产生熔合不良现象。

　　在 MIG 焊接中,一般用来焊接板厚 3 mm 以上的金属。对 5~6 mm 板厚的金属必须进行预热,预热温度视母材材质而定,差别较大,大概在 200~700℃ 左右,保持气体一般使用 Ar 气,但在厚板的焊接中使用 Ar＋He 的混合气体能提高焊接效率,此外,工业纯铜中一般都含有氧气,所以在焊接时容易产生气孔,故在施工前要选好合适的焊丝,并进行清洗等前处理工序。

(2) 铜合金

　　铜合金有黄铜、青铜、铝青铜、镍青铜、青铜等,铜合金的热传导率虽然比纯铜要小,但如果要焊接的部分的体积较大时,必须将其预热,由于锌蒸气的影响,黄铜的焊接性能不好,要用青铜焊丝,对于铍青铜要注意在焊接时会产生有毒气体,表 5 - 11 列举了焊接铜合金时焊丝的选择。

表 5 - 11　铜及铜合金标准焊丝

牌　号	名　称	主要化学成分(质量分数)/%	熔点/℃	用　途
HS201	特别纯铜焊丝	Sn0.8~1.2,Si0.2~0.5,Mn0.2~0.5, P0.02~0.15,Cu 余量	1050	纯铜氩弧焊、气焊
HS202	低磷铜焊丝	P0.2~0.4,Cu 余量	1060	纯铜气焊、碳弧焊
HS220	锡黄铜焊丝	Cu57~61,Sn0.5~1.5,Zn 余量	886	黄铜气焊、氩弧焊,及钎焊铜、铜合金
HS221	锡黄铜焊丝	Cu57~59,Sn0.7~1.0,Fe0.15~0.35, Zn 余量	890	黄铜气焊、碳弧焊,钎焊铜、白铜、钢、灰铸铁
HS222	铁黄铜焊丝	Cu57~59,Sn0.7~1.0, Fe0.35~1.2, Si0.05~0.15,Mn0.03~0.09,Zn 余量	860	黄铜气焊、碳弧焊,钎焊铜、白铜、灰铸铁
HS224	硅黄铜焊丝	Cu61~63,Si0.3~0.7,Zn 余量	905	黄铜气焊、碳弧焊,钎焊铜、白铜、灰铸铁

续表 5-11

牌　号	名　称	主要化学成分(质量分数)/%	熔点/℃	用　途
非国标(SCuAl)	铝青铜焊丝	Al7~9,≤2.0,Cu余量	—	铝青铜氩弧焊、手弧焊焊条焊心
非国标(SCuSi)	硅青铜焊丝	Si2.75~3.5,Mn1.0~1.5,Cu余量	—	硅青铜、黄铜氩弧焊
非国标(SCuSn)	锡青铜焊丝	Sn7~9,P0.15~0.35,Cu余量	—	锡青铜钨极氩弧焊、手弧焊焊条焊心

下面是铜及其合金的熔化极氩弧焊工艺。

(1) 焊丝的选用

铜及铜合金用标准焊丝,参见表 5-11。

(2) 预热及焊后热处理

焊件厚度在 4 mm 以下不预热,4~12 mm 厚的纯铜板需预热至 200~450℃,青铜与白铜可降至 150~200℃,磷青铜不预热并严格控制层间温度低于 100℃,焊补大尺寸的黄铜和青铜铸件,需预热至 200~300℃。如采用 Ar+He 混合保护气焊接铜或铜合金可以不预热。

(3) 熔滴过渡形式

滴状和短路过渡适合于立焊和仰焊位置的焊接,喷射过渡适用于平焊和横焊位置的焊接。熔滴由短路过渡转变为喷射过渡的焊接工艺参数,见表 5-12。

表 5-12　铜合金进入喷射过渡的焊接工艺参数

焊丝材料	焊丝直径/mm	最小焊接电流/A	电弧电压/V	送丝速度/(m·min⁻¹)	最小电流密度/(A·mm⁻²)
磷脱氧铜	1.6	310	26	3.94	168
硅锰脱氧铜	0.8	180	26	8.75	292
	1.2	210	25	6.35	203
	1.6	310	26	3.82	168
92/8 锡青铜	1.6	270	27	4.18	134
93/7 铝青铜	0.8	160	25	7.50	260
	1.2	210	25	6.60	203
	1.6	280	26	4.70	139
硅青铜	0.8	165	24	10.70	268
	1.2	205	26~27	7.50	199
	1.6	270	27~28	4.82	134
70/30 铜-镍	1.6	280	26	4.45	139

(4) 焊接工艺参数

纯铜及铜合金的熔化极氩弧焊的焊接工艺参数,见表 5-13 和表 5-14。

表 5-13 纯铜熔化极氩弧焊焊接工艺参数

| 焊件厚度 | 坡口形式及尺寸 | | | | 焊丝直径/mm | 焊接电流/A | 电弧电压/V | 氩气流量/(L·min⁻¹) | 层数 | 预热温度/℃ |
	形式	间隙/mm	钝边/mm	角度α/(°)						
3	I	0	—	—	1.6	300~350	25~30	16~20	1	—
5	I	0~1	—	—	1.6	350~400	25~30	16~20	1~2	100
6	Y	0	3	70~90	1.6	400~425	32~34	16~20	2	250
6	I	0~2	—	—	2.5	450~480	25~30	20~25	1	100
8	Y	0~2	1~3	70~90	2.5	460~480	32~35	25~30	2	250~300
9	Y	0	2~3	80~90	2.5	500	25~30	25~30	2	250
10	Y	0	2~3	80~90	2.5~3	480~500	32~35	25~30	2	400~500
12	Y	0	3	80~90	2.5~3	550~650	28~32	25~30	2	450~500
12	双Y	0~2	2~3	80~90	1.6	350~400	30~35	25~30	2~4	350~400
15	双Y	0	3	30	2.5~3	500~600	30~35	25~30	2~4	450
20	Y	1~2	2~3	70~80	4	700	28~30	25~30	2~3	600
22~30	Y	1~2	1~2	80~90	4	700~750	32	25~30	2~3	600

表 5-14 铜合金熔化极氩弧焊焊接工艺参数

材料	板厚/mm	坡口形式	焊丝直径/mm	电流/A	电压/V	送丝速度/(m·min⁻¹)	Ar流量/(L·min⁻¹)	备注
黄铜	3	I	1.6	275~285	25~28	—	16	—
	9	V	1.6	275~285	25~28	—	16	—
	12	V	1.6	275~285	25~28	—	16	—
锡青铜	1.5	I	0.8	130~140	25~26	—	—	—
	3	I	1.0	140~160	26~27	—	—	—
	6	V	1.0	165~185	27~28	—	—	—
	9	V	1.6	275~285	28~29	—	18	预热 100~150℃
	12	V	1.6	315~335	29~30	—	18	预热 200~250℃
	18	—	2	365~385	31~32	—	—	—
	25	—	2.5	440~460	33~34	—	—	—
铝青铜	3	I	1.6	260~300	26~28	—	20	—
	6	V	1.6~2.0	280~320	26~28	4.5~5.5	20	—
	9	V	1.6	300~330	26~28	5.5~6.0	20~25	—
	10	X	4.0	450~550	32~34		50~55	—
	12	V	1.6	320~380	26~28	6.0~6.5	30~32	—
	16	X	2.5	400~440	26~28		30~35	—
	18	V	1.6	320~350	26~28	6.0~6.5	30~35	—
	24	X	2.5	450~500	28~30	6.5~7.0	40~45	—

材料	板厚/mm	坡口形式	焊丝直径/mm	电流/A	电压/V	送丝速度/(m·min⁻¹)	Ar流量/(L·min⁻¹)	备注
硅青铜	3	I	1.6	260～270	27～30	—	16	—
	6	I	1.6	300～320	26	5.5	16	—
	9	V	1.6	300	27～30	5.5	16	—
	12	V	1.6	310	27	5.5～7.5	16	—
	20	X	2～2.5	350～380	27～30	—	16～20	—
白铜	3	I	1.6	280	22～28	—	16	
	6	I	1.6	270～330	22～28	—	16	
	9	V	1.6	300～330	22～28	—	16	
	10	V	1.6	300～360	22～28	—	16	
	12	V	1.6	350～400	22～28	—	—	
	18	—	—	350～400	24～28	—	—	
	≥25	—	—	350～400	26～28	—	—	
	>25	—	—	370～420	26～28	—	—	

三、工作过程——熔化极氩弧焊操作工艺要点

1. 自动熔化极氩弧焊

自动氩弧焊的主要工艺参数有焊丝直径、焊接电流、电弧电压、送丝速度、焊接速度、喷嘴直径和氩气流量等。通常先根据焊件厚度选择坡口形状和尺寸,再选择焊丝直径和电流。

自动熔化极氩弧焊时,操作者只须在焊接过程中调整两个参数,即电弧电压和喷嘴高度,此外还需严密注意焊接机头的运行对中并及时调整。在亚射流过渡方式下,如果弧长在焊接过程中发生了变化,粗调可借助于电弧电压旋钮,细调可借助于喷嘴高度调整,以便及时恢复原定弧长,使电弧过程保持稳定。

自动熔化极氩弧焊的电弧电压一般控制在 27～31 V,电流较大,使熔滴呈亚喷射状过渡。这种过渡形式可使电弧稳定、飞溅少,熔深大、阴极破碎区宽、焊缝成形美观等。氩气流量也相应加大。

在平板对接或筒体纵缝的焊接前,应在接缝两端焊上与母材成分和厚度相同的引弧板和收弧板。焊接时,喷嘴端部至焊件间的距离应保持在 12～22 mm 之间。距离过高,气体保护不良;过低则会恶化焊缝成形。焊接环焊缝时收弧处可与起弧处重叠 100 mm 左右,这种重熔起弧处有利于排除可能存在的缺陷,收弧处过高的部分可以机加工去除。

2. 半自动熔化极氩弧焊

焊接工艺参数除焊接速度由操作者控制外,其他焊接工艺参数与自动焊相似。半自动熔化极氩弧焊的焊接速度,即焊枪向前移动的速度,与板厚、焊接电流和电弧电压等有关。焊枪移动速度应使得电弧保持在熔池上面,移动过快易熔合不良,过慢易烧穿或熔宽过大。一般采用左向焊法,焊枪喷嘴略向前倾,倾角约 15°～20°。焊厚板时角度小些,以获得较大熔深;焊薄

板时角度易大些。喷嘴端部与工件间的距离宜保持在 8~20 mm 之间,焊接铝镁合金时宜短,以减小镁合金的烧损。焊丝伸出喷嘴的长度 10~25 mm。另外,半自动的熔化极氩弧焊焊接时,采用的焊丝一般较自动焊时的细些。

在焊接过程中,视具体情况及操作者的习惯,焊枪可摆动或不摆动。焊接角焊缝及中厚板盖面焊道时,焊枪可不摆动。在平焊、横焊、向上立焊、向下立焊、仰焊的不同位置进行焊接时,不仅需要采用不同的焊接工艺参数,还需要不同的焊接操作技巧。横焊时易出现焊缝下淌现象,在焊缝上部出现气孔,这时焊枪应稍向上方运行。立焊时,需采用"爬坡焊"或"溜坡焊"的操作技巧,做八字步或月牙形摆动,防止金属液下坠。仰焊时,金属液的重力远大于其表面张力,极易下淌,为此,应尽量采取低电弧、小电流,减小熔池体积,实施短路过渡,快速移动电弧,在金属液下淌之前即让电弧前移,使熔池快速冷却凝固。当对环焊缝实行全位置焊接时,如先焊外面,后焊里面,则可采用"里爬外溜"的焊接工艺,即里焊道少带点"爬坡",外焊道少带点"溜坡"。这样可保证外焊道不会焊穿,成形比较美观,里焊道可保证熔深。

单面多道焊时,打底焊前应细心刮削坡口表面。每焊完一条焊道,必须清理焊道表面。熔敷焊道应宽而浅,以便气孔逐层逸出。为此,可采用焊枪摆动方式,控制焊道成形及气孔逸出,对热敏感铝合金,焊缝道次之间的间隔时间应适当安排,以便加热散热冷却。

四、扩展与延伸——特种熔化极气体保护焊

(一)脉冲熔化极氩弧焊

脉冲熔化极氩弧焊主要工艺参数有脉冲电流、基值电流、脉冲通电时间、脉冲休止时间、焊丝直径、送丝速度、焊接速度和氩气流量等。选择这些参数时需考虑母材的种类、厚度及焊缝的空间位置、熔滴过渡形式等。脉冲熔化极氩弧焊时,只要脉冲电流大于临界电流,即可获得射流过渡,此时的平均电流可比临界电流小或小很多。因此脉冲 MIG 焊的电流调节范围可包括从短路过渡到射流过渡的所有电流领域,即适宜焊接厚板又适宜焊接薄板。脉冲 MIG 焊时,平均电流小,易于减小熔池体积,而脉冲电流可大,熔滴过渡力度大,熔滴过渡时轴向性好,有利于克服重力作用,以便细滴成形仰焊或立焊,防止金属液下淌,保证焊缝良好成形。

脉冲 MIG 焊过程的焊接参数多且可调节,频率范围一般为 30~300 Hz,当要求焊接电流大时,可采用较高频率;当要求焊接电流小时,可采用较低频率。但频率不宜过低,因电弧形态的瞬时变化和弧光闪动使人感觉难受,电弧过程也变得不够稳定,且会产生一些细小的飞溅。脉宽比的一般范围为 25%~50%,空间位置焊接时选用 30%~40%,脉宽比过小将影响电弧的稳定性,脉宽比过大,则近似普通的熔化极氩弧焊,失去脉冲氩弧焊的优点。焊接热敏感铝合金时,脉宽比宜小,以控制焊接热输入。脉冲 MIG 焊工艺参数如表 5-15 和表 5-16 所列。

表 5-15　脉冲半自动熔化极氩弧焊参数

板厚/mm	焊丝直径/mm	脉冲频率/Hz	焊接电流/A	电弧电压/V	焊接速度/(m·h⁻¹)	气体流量/(L·min⁻¹)	焊道数
4	1.1~1.6	50	130~150	17~19	20~25	10~12	1
5	1.4~1.6	50	140~170	17~19	20~25	10~13	1

板厚/mm	焊丝直径/mm	脉冲频率/Hz	焊接电流/A	电弧电压/V	焊接速度/(m·h⁻¹)	气体流量/(L·min⁻¹)	焊道数
6	1.4～1.6	100	160～180	18～21	20～25	12～14	1
8	2	100	160～190	22～24	25～30	15～18	2
10	2	100	220～280	24～26	25～30	18～20	2

表 5 – 16 脉冲自动熔化极氩弧焊参数

板厚/mm	接头形式	焊接位置	焊丝直径/mm	焊接电流/A	电弧电压/V	焊接速度/(cm·min⁻¹)	气体流量/(L·min⁻¹)	焊道数
3	I形坡口对接	水平	1.4～1.6	70～100	18～20	21～24	8～9	1
		横向	1.4～1.6	70～100	18～20	21～24	13～15	
		立(向下)	1.4～1.6	60～80	17～18	21～24	8～9	
		仰	1.2～1.6	60～80	17～18	18～21	8～10	
4～6	T形接头	水平	1.6～2.0	180～200	22～23	14～20	10～12	
		立(向上)	1.6～2.0	150～180	21～22	12～18	10～12	
		仰	1.6～2.0	120～180	20～22	12～18	8～12	
14～15	T形接头	立(向上)	2.0～2.5	220～230	21～24	6～15	12～25	3
		仰	2.0～2.5	240～300	23～24	6～12	14～26	

（二）熔化极气体保护气电立焊

熔化极气体保护气电立焊是普通熔化极气体保护焊和电渣焊发展而成的一种熔化极气体保护电弧焊方法。其优点是,可不开坡口焊接厚板,生产效率高,成本低。焊缝可一次成形。气体立焊是利用水冷滑块挡住熔化金属,使之强迫成形,以实现立向位置焊接。气体立焊的保护气体可以是单一的气体或混合气体。焊丝可以是实芯焊丝和药芯焊丝。其中实芯焊丝气电立焊的原理图如图 5 – 17 所示。可以看出,焊丝连续向下送入板材坡口和两个水冷滑块面形成的凹槽中,在焊丝和母材金属之间形成电弧,并不断地熔化和流向电弧下的熔池中。随着熔池上升,电弧和水冷滑块也随着上移,原先的凹槽被熔化金属填充,并形成焊缝,而自保护药芯焊丝气电立焊时却不需要气体保护。

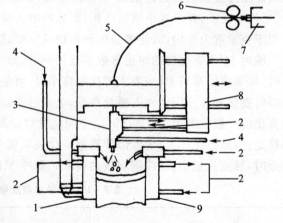

1—水冷铜块;2—水;3—焊枪;4—气体;5—导丝管;
6—送丝轮;7—焊丝矫直机构;8—摆动器;9—水冷滑块
图 5 – 17 气电立焊原理示意图

气电立焊通常用于较厚的低碳钢和低合金钢,也可用于奥氏体不锈钢和其他金属合金。板厚度 12～18 mm 之间为宜。

(三) 窄间隙熔化极气体保护焊

窄间隙熔化极气体保护焊是传统熔化极气体保护焊的一种特殊方法。它是用于焊接厚板的多道多层焊接技术。对接坡口间隙较小,大约 13 mm,图 5-18 是典型的窄间隙焊接坡口形式示意图。这种技术主要用于连接碳钢和低合金钢的厚板,是一种高效和变形小的焊接方法。

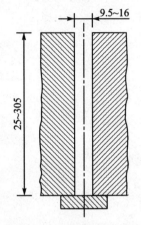

图 5-18 窄间隙熔化极气体保护焊的典型坡口形式

由于坡口间隙小因此要求采用专用焊枪,保证焊丝和保护气体能送到焊接电弧处。应使用水冷导电嘴和从板材表面输入保护气体的喷嘴。通常采用一个或两个导电嘴送进细焊丝可以用脉冲电流或直流反接射流过渡焊接。

在应用窄间隙气体保护焊技术时,因为使用细焊丝,导电嘴都深入到窄坡口中,并使焊丝对准工件的侧壁,与坡口的尖角。在全位置焊接时,必须提高焊速,为的是降低线能量和形成小的焊接熔池。

与其他电弧焊方法相比,窄间隙焊接具有如下优点:

① 残余应力小和变形小。

② 焊接热影响小。

③ 经济性好,尤其是焊接 50 mm 以上厚板时。

但这种焊接方法也有缺点如比较容易产生缺陷,主要是未焊透和夹渣。且产生缺陷时难以消除。

(四) 多丝 MIG/MAG 焊

多丝 MIG/MAG 焊是一种新型的焊接方法,其焊枪如图 5-19 所示。

双丝 MIG 焊时,采用两台焊接电源和两台送丝机构,但分开动作。两根焊丝的直径可相同也可不同。既可使用普通 MIG 焊,也可使用脉冲 MIG 焊。

双丝 MIG 焊时,如暂载率为 100%,连续电流可达 500 A,脉冲电流可达 1 500 A,送丝速度可达 30 m/min。因此,其优点为熔敷速度和焊接速度高,可以减小热输入,可延长熔池中气体逸出时间,有利于减少焊缝气孔。

图 5-19 双丝 MIG 焊枪

练习与思考

1. 什么是熔化极氩弧焊？
2. 简述熔化极氩弧焊的分类及特点。
3. 熔化极氩弧焊的熔滴过渡形式有哪些？
4. 熔化极氩弧焊的焊接工艺参数有哪些,怎样选择？
5. 熔化极氩弧焊焊接铝及其合金时,应注意哪些事项？
6. 熔化极氩弧焊焊接铜及其合金时,应注意哪些事项？
7. 如何确定喷嘴与焊件之间的距离？
8. 简述特种熔化极氩弧焊各自的特点。

二氧化碳气体保护电弧焊

1. 熟悉 CO_2 气体保护电弧焊的冶金特点；
2. 掌握 CO_2 气体保护电弧焊熔滴过渡的类型、特性；
3. 掌握 CO_2 气体保护电弧焊产生飞溅的原因及减少飞溅的措施；
4. 熟悉 CO_2 气体保护电弧焊工艺参数的选择原则；
5. 掌握 CO_2 气体保护焊的基本操作技术。

任务一　二氧化碳气体保护电弧焊的分类及特点

一、任务分析

本任务将介绍二氧化碳（CO_2）气体保护电弧焊的焊接过程、分类及冶金特点，使读者初步了解二氧化碳气体保护电弧焊，为更深入地学习二氧化碳气体保护电弧焊的有关知识打下基础。

二、相关知识

（一）CO_2 气体保护电弧焊的分类

利用二氧化碳作为保护气体的气体保护焊。按焊接所用的焊丝直径，可分为细丝焊（焊丝直径<1.2 mm）和粗丝焊（焊丝直径≥1.6 mm）。按操作方法可分为半自动焊和自动焊。半自动焊是用手工操作完成焊接热源的移动，而送丝、送气等同自动焊一样，是由相应的机械化装置来完成的。

（二）CO_2 气体保护电弧焊的特点

1. CO_2 气体保护电弧焊的过程

CO_2 气体保护电弧焊的过程如图 6-1 所示。焊接时使用成盘的焊丝，焊丝由送丝机构经软管和焊枪的导电嘴送出。电源的输出端分别接在焊枪和焊件上。焊丝与焊件接触后产生电弧，在电弧高温作用下，金属局部熔化形成熔池，而焊丝端部也不断熔化，形成熔滴过渡到熔池中去。同时，气瓶中送出的 CO_2 气体以一定的压力和流量从焊枪的喷嘴中喷出，形成一股保护气流,使熔池和电弧区与空气隔离。随着焊枪的移动,熔池金属凝固后形成焊缝。焊接过程中,焊丝是连续自动送进的,可以不间断地进行焊接。半自动焊具有手工电弧焊的机动性,适用于各种焊缝的焊接。自动焊主要用于较长的接缝及环缝的焊接。

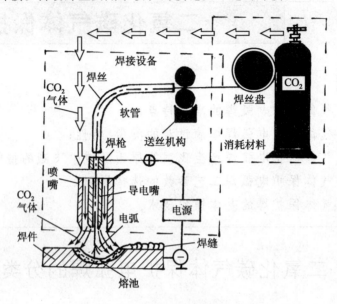

图 6-1　CO_2 保护焊过程示意图

2. CO_2 气体保护电弧焊的特点

与其他电弧焊接方法比较,CO_2 气体保护电弧焊具有以下优点:

① 生产率高。CO_2 由于焊接电流密度较大,电弧热量利用率较高,以及焊后不需清渣,因此比手工电弧焊的生产率高。

② 成本低。CO_2 气体价格便宜,而且焊接过程中电能消耗少,所以焊接成本低。

③ 焊接变形小。由于电弧加热集中,焊件受热面积小,同时气流有较强的冷却作用,因此保护焊的变形小,特别适宜于薄板焊接。

④ 焊接质量好。CO_2 气体保护焊的焊缝含氢量少,抗裂性能好,焊缝金属机械性能良好。

⑤ 操作简便。焊接时可以观察到电弧和熔池的情况,容易掌握。与埋弧焊相比,不易焊偏,有利于实现机械化和自动化焊接。

⑥ 适用范围广。CO_2 气体保护焊常用于碳钢及低碳合金钢的焊接,不仅适宜焊接薄板,也能焊接中、厚板,同时可进行全位置焊接。除了适用于焊接结构生产外,还适用于修理,如磨损零件的堆焊。

CO_2 气体保护焊也存在一些缺点。采用大电流焊接时,焊缝表面质量不及埋弧焊,飞溅较多;还有,不能焊接容易氧化的有色金属等材料。

由于 CO_2 气体保护焊的优点是显著的,而其不足之处,随着人们对其认识的深化,对焊接设备及工艺的不断改进,将逐步得到克服;因此,目前在焊接结构制造中,得到广泛应用。

(三) CO_2 气体保护焊的冶金特点

从焊接冶金基础知识中可知:焊接过程是复杂的冶金反应过程。那么,仅采用 CO_2 气体保护,而不是采用焊条的药皮或焊剂形成的熔渣,对焊缝的质量又有什么影响呢?

根据 CO_2 的化学性能,其在常温下呈中性,但在高温时进行分解,以致电弧气氛具有强烈的氧化性,它会使合金元素氧化烧损,降低焊缝金属的机械性能,还可能是产生气孔及飞溅的主要原因。因此,在焊接冶金方面,有它的特殊性。

1. 合金元素的氧化及脱氧方法

二氧化碳气体在电弧高温作用下,分解的化学反应式如下:

$$CO_2 = CO + O$$

而且, CO_2 的分解程度与温度有关,温度越高,分解程度越大,反应进行得就越强烈。在 5 000 K 以上时,已基本上完全分解;达到 6 000 K 时,CO 及 O 约各占一半。其中 CO 在焊接条件下不会熔于金属,也不与金属发生作用,但原子状态的氧会使铁及其它合金元素迅速氧化,其反应方程式如下:

$$Fe + O = FeO$$
$$Si + 2O = SiO_2$$
$$Mn + O = MnO$$

以上氧化反应既发生在熔滴过渡过程中,也发生在熔池里。而反应的结果,使铁氧化生成 FeO,大量溶于熔池中,将导致焊缝产生大量气孔;锰和硅氧化成 MnO 和 SiO_2 成为熔渣浮出,使焊缝中有用的合金元素减少,机械性能降低;此外,因碳氧化生成大量 CO 气体,还会增加焊接过程的飞溅。因此,必须采用有效的脱氧措施。

在 CO_2 保护焊的冶金过程中,通常的脱氧方法是采用含有足够数量脱氧元素的焊丝。这些元素与氧的结合能力比铁强,在焊接时可降低液态金属中 FeO 的浓度,抑制碳的氧化,防止 CO 气孔及减少飞溅,从而并得到性能合乎要求的焊缝。

CO_2 保护焊用于焊接低碳钢和低合金高强度时,主要是采用硅锰联合脱氧的方法,也就是说,必须采用硅锰钢焊丝。由于电弧气氛具有强烈的氧化性,如果焊丝中缺少脱氧元素,则不能满足焊接质量的要求,硅和锰是最常用的脱氧元素,硅、锰脱氧后的生成物 SiO_2 和 MnO,复合组成熔渣,且容易浮出熔池,形成一层微薄的渣壳覆盖在焊缝的表面。

2. 气孔的产生与防止途径

在 CO_2 保护焊中,如果使用化学成分不合格的焊丝,纯度不符合要求,焊接工艺参数选用不当时,焊缝中就可能产生气孔。

焊缝中产生气孔的根本原因,是熔池金属中存在过量的气体,在熔池凝固过程中没有完成逸出,或者由于凝固过程中化学反应产生的气体来不及逸出,以致残留在焊缝之中。加上 CO_2 气体又对焊缝有冷却作用,因此熔池凝固较快,增大了产生气孔的可能性。

CO_2 保护焊时,可能出现以下三种气体:

(1) CO(一氧化碳气孔)

产生气孔的原因,是焊丝的脱氧元素不足,以致大量的 FeO 不能还原,而熔于熔池金属中,在熔池结晶时发生如下的反应:

$$FeO + C = Fe + CO\uparrow$$

生成 CO 气体,来不及逸出,从而形成气孔。

因此,应保证焊丝含有足够的脱氧元素,同时严格控制焊丝的含碳量,就可以减少产生

CO 气孔的可能性。

（2） N_2（氮气）孔

产生的氮气孔的原因,主要是 CO_2 气体的保护效果不好,或者 CO_2 气体纯度不高,含有一定量空气造成的。焊接时,空气中的氮大量溶于熔池金属中,当焊缝金属结晶凝固时,氮在金属中的溶解度降低,又来不及从熔池中逸出,于是便形成氮气孔。

影响 CO_2 气体保护效果的因素较多,如 CO_2 气流量太小,焊接速度过快,以及在有风的地方焊接等。所以,应当针对不同的具体情况,保证 CO_2 气体在焊接过程中稳定与可靠,以防止氮气孔的产生。

（3） H_2（氢气）孔

氢气孔是由氢产生的,其形成过程与氮气孔相同, CO_2 保护焊时,氢的来源很多方面的。例如,焊件和焊丝表面的铁锈、水份及油污等杂物; CO_2 气体含有水份。这样在熔池金属中存在大量的扩散氢,就可能形成氢气孔。因此,为防止产生氢气孔,应当尽量减少氢的来源,如对焊件和焊丝表面作适当的清理,对 CO_2 气体进行提纯和干燥处理等。

必须指出,由于 CO_2 保护焊电弧气氛的氧化性较强,可以减少氢的影响,故形成氢气孔的可能性是较小的,而当采用的焊丝材料具有适当的脱氧元素时,CO 气孔亦不易产生。为此,最常发生的是氮气孔,而氮是来自空气,由空气侵入焊接区造成的。因此,必须加强 CO_2 气流的保护效果,这是防止焊缝气孔的重要途径。

任务二　CO_2 气体保护焊的熔滴过渡及飞溅问题

一、任务分析

CO_2 气体保护焊是一种熔化极焊接方法。熔化极气电焊的熔滴过渡形式,同其他熔焊一样,大致分为三种,即短路过渡、粗滴过渡和喷射过渡。掌握好 CO_2 气体保护焊的熔滴过渡及减少飞溅的相关知识,是学习 CO_2 保护焊焊接的重要内容。

二、相关知识

（一） CO_2 气体保护焊的熔滴过渡分类

CO_2 气体保护焊的熔滴过渡,存在三种形式,即短路过渡、粗滴过渡和喷射过渡。

由于 CO_2 气体的特点, CO_2 气体保护焊在熔滴过渡方面具有一些特殊性,并直接影响到焊接过程的稳定性、飞溅程度和焊缝质量。因此,必须认识和掌握 CO_2 保护焊熔滴过渡的规律,才能提出对焊接设备及焊接工艺参数的要求。

（二） CO_2 气体保护焊的熔滴过渡

1. 短路过渡

（1）短路过渡过程

短路过渡在采用细焊丝、小电流、低电弧电压焊接时出现。因为电弧很短,焊丝末端的熔滴未形成大滴时，即与熔池接触而短路，电弧熄灭。在短路电流产生的电磁收缩力及熔池表面张力的共同作用下，熔滴迅速脱离焊丝末端过渡到熔池中去，以后电弧又重新引燃。这样周期性的短路—燃弧交替过程，就称为短路过渡过程。

短路过渡时，焊接电流和电弧电压，是按一定的规律变化的。这个变化，从一般的电流表和电压表上是观察不出来的。如果用示波器来观察过渡中电流电压的变化，就可以看得比较清楚。图6-2所示为短路过渡过程中，焊接电流和电弧电压的变化波形，以及相应的熔滴过渡情况。

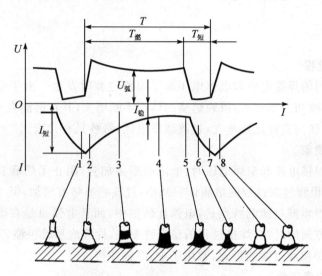

T——一个短路过渡周期的时间；$T_燃$—电弧燃烧时间；$T_短$—短路时间；

$U_弧$—电弧电压；$I_短$—短路最大电流；$I_稳$—稳定的焊接电流

图6-2　焊接电流与熔滴过渡频率、熔滴体积的关系

通常把每一次短路和燃弧的时间，称为一个周期，每秒钟内的周期数，称为短路频率。由图可以看出，一个完整的短路过渡周期，是由短路和燃弧两个阶段组成，即：

$$T = T_燃 + T_短$$

改变 T 的时间长短，也改变了短路频率，T 短路频率越高，熔滴过渡就越快，焊接过程也越稳定。因此，短路频率就成为衡量短路过渡稳定性的指标。

CO_2 气体保护焊时，短路频率可达每秒几十次到一百多次。由于短路频率很高，每次短路完成一次熔滴过渡，所以焊接过程非常稳定，飞溅小，焊缝成形好。同时，由于焊接电流小，而且电弧是断续燃烧，电弧热量低，适于焊接薄板及全位置焊接。目前，细丝 CO_2 焊中主要采用短路过渡的形式。

（2）短路过渡的稳定性

CO_2 气体保护焊时，短路过渡过程能否稳定地维持下去，取决于焊接电源的动特性和焊接工艺参数。对焊接电源动特性的要求是，所供给的电流和电压必须满足短路过程的变化。具体地说，应有合适的短路电流增长速度和最大短路电流值以及足够大的空载电压恢复速度。

从图6-2可以看到，当熔滴与焊件短路时，焊接电源应能在很短的时间内，提供合适的电流，即有一个合适的短路电流增长速度，以有利于产生缩颈并断裂，使熔滴快速平稳地过渡。

在恢复燃弧时,需要足够大的电压恢复速度,促使电弧顺利重新燃烧。因此,用作短路过渡的焊接电源必须具有良好的动特性。

短路电流的增长速度不仅与焊接电源本身的动特性有关,还与焊接回路内的电感大小有关,短路过渡焊接时,对于不同直径的焊丝,所需要的短路电流增长速度不一样的。通常要在焊接回路内串入一定的电感,通过调节电感来调节短路电流增长速度,同时也限制了短路电流的最大值。

此外,选择合适的焊接电流、电弧电压等焊接工艺参数,也是保持短路过渡稳定的重要条件。

2. 粗滴过渡

(1) 粗滴过渡过程

粗滴过渡在采用的焊接电流和电弧电压高于短路过渡时发生。由于电弧长度加大,焊丝熔化化较快,而电磁收缩力不够大,以致熔滴的体积不断增大,并在熔滴自身的重力作用下,向熔池过渡。此时,熔滴的直径比焊丝大,过渡频率也低,每秒只有几滴到二十几滴,中间还伴有不规则的短路过渡现象。

当进一步增大焊接电流和电弧电压时,电磁收缩力加强,阻止了熔滴自由张大,并促使熔滴加快过渡。此时,粗滴过渡过程的熔滴体积减小,过渡频率略有增加,但不再发生短路现象。

CO_2 气体保护焊粗滴过渡的特点是:电弧比较集中,而且电弧总是在熔滴的下方产生,并形成偏离焊丝轴线方向的过渡;焊接过程的稳定性差些,焊缝成形较粗糙,飞溅较大。

CO_2 气体保护焊粗滴过渡的形式,常用于中、厚板焊接。

(2) 粗滴过渡的稳定性

粗滴过渡过程的稳定性,通常用熔滴体积或者每秒中过渡的滴数来衡量;其影响因素主要是焊接电流和电弧电压。

焊接电流对粗滴过渡过程的稳定性有显著的影响。已知,当焊接电流稍高于短路过渡的电流时,熔滴过渡的形式将发生改变。焊接电流对熔滴过渡频率和熔滴体积的影响如图 6-3 所示。可见在用粗滴过渡形式焊接时,焊接电流增高,焊接过程就更稳定。同时随着焊接电流的增加,非轴线方向的熔滴过渡的现象大大减少而且熔滴与熔池短路的现象亦随之消失,所以飞溅也减少。因此。尽量选用较大的焊接电流,会使粗滴过渡的稳定性较好。但是,焊接电流的提高会受到许多条件的限制,为了保证粗滴过渡过程的正常进行,随着焊接电流的增加,电弧电压也要相应增大,以有利于提高焊接过程的稳定性。

有短路现象的粗滴过渡形式,要求焊接电源具有良好的动特性,以使电弧显得柔和,减少飞溅,改善焊缝成形。

3. 喷射过渡

在粗滴过渡的基础上,再增大焊接电流,当达到一定的电流值时,熔滴过渡的形式就会变为喷射过渡。

喷射过渡的特点是:焊丝末端的熔滴形成尖锥形,从焊丝的尖端喷射出速度很高,尺寸很小的熔滴微粒流,沿着电弧中心线过渡到熔池中去,电弧非常稳定,几乎没有飞溅,焊缝成形美观。

由于 CO_2 保护焊时,达到喷射过渡的焊接电流很大,而且由粗滴过渡变为喷射过渡的电

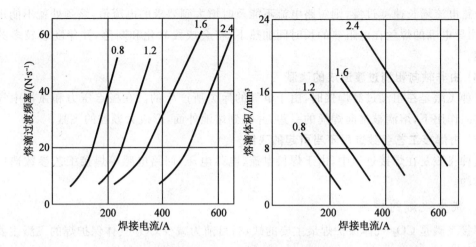

图 6 - 3　焊接电流与熔滴过渡频率、熔滴体积的关系

流值比较明显,同时产生很大的极点压力,形成强烈的喷射熔滴流,以致熔池中液态金属被冲刷出去,焊缝无法成形。因而难以采用喷射过渡的形式。

(三) 二氧化碳气体保护焊的飞溅问题

CO_2 保护焊容易产生飞溅,这是由 CO_2 气体的性质所决定;如何尽量减少飞溅,是 CO_2 焊在生产引用中必须重视的问题。

1. 飞溅对焊接过程的影响

CO_2 保护焊时,大量的飞溅会降低焊接生产效率,并使熔敷系数下降,增加焊接材料及电能的损耗。焊接过程中需要经常清除喷嘴和到电嘴上的飞溅物,焊后还要清除焊件表面的飞溅物,增加了辅助工作量。

同时,过量的飞溅使焊接质量下降。飞溅金属容易堵塞喷嘴,使气流的保护效果受到影响,焊缝中容易产生气孔。飞溅物粘在导电嘴上,可能造成送丝速度的不稳定,使焊缝成形不均匀。集聚在导电嘴上的飞溅层还会成块地落入熔池。因此,应该把飞溅减少到最低的程度。

2. 产生飞溅的原因

(1) 由冶金反应引起的飞溅

这种主要是 CO 气体,在电弧高温作用下,体积急剧膨胀,逐渐增大的 CO 气体压力最终突破熔滴或熔池表面的约束,形成爆破,从而产生大量细粒的飞溅。

(2) 由极点压力引起的飞溅

这种飞溅主要取决于电弧的极性。当用正极性焊接时(焊件接正极,焊丝接负极),正离子飞向焊丝末端的熔滴,机械冲击力大,因而造成大颗粒的飞溅。用反极性焊接时,主要是电子撞击熔滴,极点压力大大减少,飞溅比较少。

(3) 由熔滴短路引起的飞溅

这是在短路过渡或有短路的粗滴过渡焊接时产生的飞溅,焊接电源的动特性不好时,则显得更严重。短路电流增长速度过快,或者短路最大电流值过大时,熔滴刚与熔池接触,由于短路电流强烈加热及电磁收缩力的作用使缩颈处的液态金属发生爆破,产生较多的细颗粒飞溅。

如果短路电流增长速度过慢,则短路电流不能及时增大到要求的电流值,缩颈处就不能迅速断裂,伸出导电嘴的焊丝在电阻热的长时间加热下,将会成段软化和断落,并伴随着较多的大颗粒飞溅。

(4) 由非轴向粗滴过渡造成的飞溅

这种飞溅是在粗滴过渡焊接时,由于电弧的斥力所产生的。在极点压力和弧柱中气流压力的共同作用下,熔滴被推向焊丝的一边,并抛到熔池外面,形成大颗粒的飞溅。

(5) 由焊接工艺参数选用不当引起的飞溅

这种飞溅是在焊接过程中,由于焊接电流、电弧电压、回路电感等焊接工艺参数选用不当所造成的。

3. 减少飞溅的措施

焊接飞溅是 CO_2 气体保护焊最主要的缺点,目前为减少 CO_2 气体保护焊的飞溅主要采取以下措施:

(1) 正确选择焊接参数

1) 焊接电流和电弧电压的选择

在 CO_2 气体保护焊中,对于每种直径的焊丝,其飞溅率与焊接电流之间都存在如图6-4所示的规律。在小电流的短路过渡区(图6-4的1区),焊接飞溅率较小,进入大电流的细颗粒过渡区(图6-4的3区)后,焊接飞溅率也较小,而在中间区(图6-4的2区)焊接飞溅率最大。以直径1.2mm的焊丝为例;当焊接电流小于150A或大于300A时,焊接飞溅率都较小,介于两者之

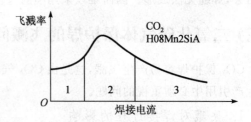

1—短路过渡区;2—中等电流区;3—细颗料过渡区
图6-4 CO_2 气体保护焊飞溅率与焊接电流的关系

间,则焊接飞溅率较大。在选择焊接电流时,应尽可能避开焊接飞溅率高的电流区域,焊接电流确定后再匹配适当的电弧电压。

2) 焊丝伸出长度(即干伸长)对焊接飞溅的影响

焊丝伸出长度越长,焊接飞溅越大。例如直径1.2mm的焊丝,焊接电流280A时,当焊丝伸出长度从20mm增加至30mm时,焊接飞溅量增加约5%。因而,焊丝伸出长度应尽可能缩短。

(2) 改进焊接电源

CO_2 气体保护焊飞溅主要发生在短路过渡的最后阶段。此时由于短路电流急剧增大,使得液桥金属迅速加热,造成热量聚集,最后造成液桥爆裂而产生飞溅。从改进焊接电源方面考虑主要采用了在焊接回路中串接电抗器和电阻、电流切换、电流波形控制等方法,减小液桥爆裂电流,从而减小焊接飞溅。目前,晶闸管式波控 CO_2 气体保护焊机及逆变晶体管式波控 CO_2 气体保护焊机已经使用,在减小 CO_2 气体保护焊的飞溅方面取得了成功。

(3) 在 CO_2 气体中加入氩气

在 CO_2 气体中加入一定量的氩气后,改变了 CO_2 气体的物理性质和化学性质,随着氩气比例的增加,焊接飞溅逐渐减小,见图6-5所示。由图6-5可知,飞溅损失变化最显著的是

颗粒直径大于 0.8 mm 的飞溅,对颗料直径小于 0.8 mm 的飞溅影响不大。

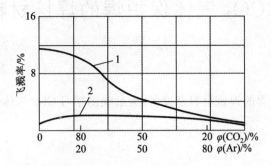

1—颗粒直径＞0.8 mm;2—颗粒直径≤0.8 mm;

焊丝直径 1.2 mm;焊接电流 250 A;电弧电压 30 V

图 6-5　CO_2 气体加氩气混合气体保护焊的飞溅率

另外采用 CO_2 气体中加氩气的混合气体保护焊,也改善了焊缝成形;图 6-6 为 Ar 气加入到 CO_2 气体中后对焊缝熔深、熔宽、余高的影响。随着 CO_2 气体中 Ar 气含量的增加,熔深减小,熔宽增大,焊缝余高减小。

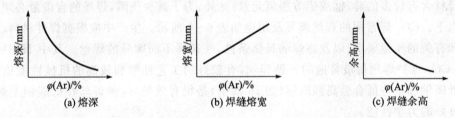

图 6-6　CO_2＋Ar 混合气体中 Ar 含量对焊缝成形的影响

(4) 采用低飞溅焊丝

对于实芯焊丝,在保证接头力学性能的前提下,尽量降低其含碳量,并适当增加 Ti、Al 等合金元素,都可有效降低焊接飞溅。另外,采用药芯焊丝 CO_2 气体保护焊可以大大降低焊接飞溅,药芯焊丝的焊接飞溅约为实芯焊丝的 1/4。

(5) 控制焊枪角度

当焊枪垂直于焊件焊接时,焊接飞溅量最少,倾斜角度越大,飞溅越多。焊接时,焊枪的倾斜角度最好不要超过 20°,如图 6-7 所示。

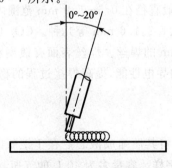

图 6-7　焊枪角度

任务三 CO_2 气体保护焊的焊接材料及设备

一、任务分析

了解 CO_2 气体保护焊的焊接材料及设备,为后续的学习 CO_2 气体保护焊工艺及操作打下基础。

二、相关知识

(一) CO_2 气体保护焊的焊接材料

1. 焊 丝

采用 CO_2 气体保护焊时,为了保证焊缝具有足够的力学性能,以及不产生气孔等,焊丝中必须比母材含有较多的硅、锰或铝等脱氧元素;此外,为了减少飞溅,焊丝的含碳量必须限制在 0.10% 以下。 CO_2 焊常用的焊丝牌号及用途如表 6-1 所示。生产中应根据焊件材料、接头设计强度和有关的质量要求,以及施焊的具体条件,来选择不同牌号的焊丝。其中 H08Mn2SiA 焊丝,是 CO_2 保护焊用得最普遍的一种焊丝,有较好的工艺性能和较高的机械性能指标。对于焊接低碳钢和某些低合金高强度钢(如 16 锰钢)是很有效的,这种焊丝在低碳钢上焊接,可以获得良好的力学性能。

表 6-1 CO_2 气体保护焊常用的焊丝牌号及用途

焊丝牌号	用 途
H08MnSi、H08MnSiA	焊接低碳钢及 $\delta_s < 300$ MPa 的低合金钢
H10MnSi	焊接一般低碳钢及低合金钢
H08Mn2Si	焊接 $\delta_s < 500$ MPa 的低合金钢
H04Mn2SiTiA、H04MnSiA1TiA	焊接质量要求高的低合金钢
H08MnSiCrMoA、H08MnSiCrMoVA	焊接耐热钢和调质钢

CO_2 保护焊所用的焊丝,一般直径在 0.5~5.0 mm 范围内,要求焊丝直径均匀,CO_2 半自动常用的焊丝,有直径 0.8、1.0、1.2、1.6 mm 等几种。CO_2 自动焊时,除上述各种直径焊丝外,还可以采用直径 2.0~5.0 mm 的焊丝。焊丝表面有镀铜和不镀铜的两种,镀铜可防止生锈,有利于保存,并可改善焊丝的导电性能,提高焊接过程的稳定性。焊丝使用时应彻底去除表面的油、锈等杂物。

2. CO_2 气体

焊接用的 CO_2 气体,通常是将其压缩成液态贮存于钢瓶内,以供使用。CO_2 气瓶的涂色标记为黑色,并应标有"CO_2"的字样。容量多为 40 L 的气瓶,每瓶可装 25 kg 的液体 CO_2,满瓶压力约为 5~7 MPa。气瓶内 CO_2 气体的压力与外界温度有关,其压力随着外界温度的升高而增大。因此，CO_2气瓶不准靠近热源或置于烈日下爆晒，以防发生爆炸。

焊接用 CO_2 气体的一般标准是：CO_2 气体纯度应不小于99.5%，含水量、含氮量均不得超过0.1%，如果纯度不够，可以在焊接使用前先进行提纯处理。

(二) 二氧化碳气体保护焊的设备

CO_2 保护焊所用的设备，按操作形式不同，可分为半自动焊设备和自动设备两类。而自动焊所用的设备与半自动焊基本相同，仅多一套焊枪与焊件相对运动的机构，或者采用焊接小车进行自动操作。从 CO_2 保护焊实际应用的情况来看，半自动焊设备用得最多，且具有代表性。所以，下面以如图6-8所示的 CO_2 半自动设备为例，对焊接电源、送丝系统、焊枪、供气系统及控制系统等几部分，分别介绍各个组成部分的基本原理、构造及作用。

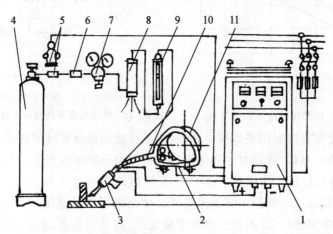

1—电源；2—送丝机；3—焊枪；4—气瓶；5—预热器；6—高压干燥器；
7—减压器；8—低压干燥器；9—流量计；10—软管；11—焊丝盘

图6-8　CO_2 保护半自动焊设备示意图

1. 焊接电源

(1) 对焊接电源的要求

由于 CO_2 焊用交流电源焊接时，电弧很不稳定，飞溅也很严重。因此，只能使用直流电源。同时，为了适应 CO_2 焊的特点，对焊接电源提出如下的要求：

① 在采用等速送丝时，焊接电源应具有平特性及缓降的外特性曲线，这是由 CO_2 焊电弧的静特性曲线和电弧自身调节作用所决定的。CO_2 焊时，由于电流密度大($\geqslant 75$ A/mm^2)，而且 CO_2 气体对电弧有较强的冷却作用，所以电弧的静特性曲线是上升的。焊丝直径越小，电流密度越大，静特性曲线上升的斜率越大，如图6-9所示。

在等速送丝的条件下，当电弧长度发生变化时，将引起焊接电流的变化，从而使焊丝的熔化速度相应的变化，会使电弧长度恢复到原来的长度，以达到恢复稳定状态的目的，这就是电弧的自身的调节作用。而且，焊接电流的变化值越显著，电弧自身调节的性能就越好。

CO_2 保护焊采用不同的电源外特性，电弧自身调节性能如图6-10所示，设 O 点为原来的电弧稳定燃烧，当电弧长度由 l_1 降低到 l_2 时，三种不同的外特性，各自产生了新的电弧燃烧点 a、b、c。由图可见，在同样的电弧长度变化情况下，平特性电源所引起的焊接变化值 ΔI_c 要比陡降特性电源的焊接电流变化值 ΔI_a 要大,即 $\Delta I_c > \Delta I_b > \Delta I_a$。因此,平特性电源的电弧自身调节性能最好,缓降特性电源次之,陡降特性电源较差。这是 CO_2 保护焊要求采用具有平特性和缓降特性电源的主要的原因。

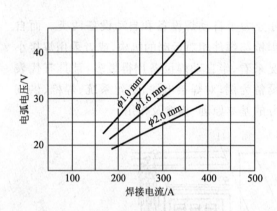

图 6-9　CO_2 保护焊时电弧的静特性

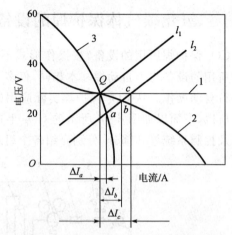

1—平特性电源;2—缓降特性电源;3—陡降特性电源

图 6-10　焊接电源外特性与电弧自身调节作用的关系

同时,短路过渡焊接时采用平特性电源,其电弧长度和焊丝长度的变化对电弧电压的影响最小。此外,用平特性电源,可以对电弧电压和焊接电流分别加以调节,相互之间影响小。

② 焊接电源应有良好的动特性。从 CO_2 保护焊的熔滴过渡和飞溅问题的讨论中可知,焊接电源的电压恢复速度能够使电弧迅速复燃。短路电流增长速度的调节方法,除了改变在焊接回路中电抗器的电感外,还有改变电源空载电压、改变主变器漏感、改变焊接回路电阻的大小等方法,具体要视焊接电源的结构而异。有短路的粗滴过渡焊接多采用缓降特性的电源,短路电流值较小,电弧显得较柔和,飞溅较少,焊缝成形较好。

③ 焊接电流及电弧电压能在一定范围内调节。用于细丝短路过渡的焊接电源,一般要求电弧电压为 $17 \sim 23 \text{ V}$。电弧电压分级调节时,每级应不大于 1 V;焊接电流能在 $50 \sim 250 \text{ A}$ 范围内均匀调节。用于粗滴过渡的焊接电源,一般要求电弧电压能在 $25 \sim 44 \text{ V}$ 范围内调节,其最大焊接电流,可以根据需要定为 300 A、500 A、1 000 A 等。

(2) 焊接电源的分类

CO_2 保护焊的焊接电源,可分为弧焊整流器和弧焊发电机两类。由于弧焊整流器与弧焊发电机相比较,具有性能好、无噪声、结构简单、制造方便等优点,所以普遍用来作 CO_2 保护焊的焊接电源。

2. 焊枪及送丝机构

CO_2 半自动的焊丝送给为等速送丝,其送丝方式有拉丝式、推丝式和推拉式三种,如图 6-11 所示。

在拉丝式中,焊丝盘、送丝机构与焊枪连在一起,故不必采用软管,送丝较稳定,但焊枪结构复杂,重量增加。拉丝式只适用于细焊丝(直径 $0.5 \sim 0.8 \text{ mm}$),但其操作的活动范围较大。

在推丝式中,焊丝盘、送丝机构与焊枪分离,因而焊枪结构简单,重量减轻,但焊丝通过软管时会受到阻力作用,故软管不能过长或扭曲,否则焊丝不能顺利送出,影响送丝的稳定。推丝式所用的焊丝直径宜在 0.8 mm 以上,其焊枪的操作范围在 2~4 m 以内。目前 CO_2 半自动焊多采用推丝式焊枪。

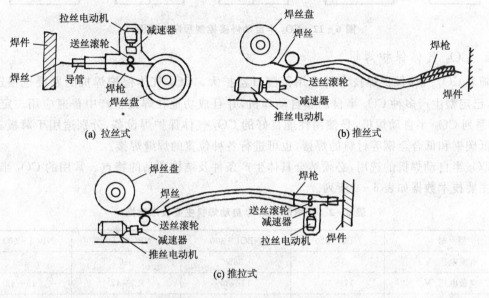

(a) 拉丝式
(b) 推丝式
(c) 推拉式

图 6-11　CO_2 半自动焊送丝方式

推拉式送丝,具有前两种送丝方式的优点,焊丝送给时以推丝为主,而焊枪内的送丝机构起着将焊丝拉直的作用,可使软管中的送丝阻力减小,增加送丝距离和操作的灵活性。

3. CO_2 供气装置

CO_2 的供气装置由气瓶,干燥器、预热器、减压器和流量计等组成。

因为瓶装的液态 CO_2 汽化时要吸热,其中所含水分可能结冰,所以需经预热器加热。在输送到焊枪之前,应经过干燥器吸收 CO_2 气体中的水分,使保护气体符合焊接要求。减压器的作用是将 CO_2 气体调节至 0.1~0.2 MPa 的工作压力。流量计的作用是控制和测量 CO_2 气体的流量,以形成良好的保护气流。

4. 控制系统

CO_2 气体保护焊控制系统的作用是对 CO_2 焊接中的供气、送丝和供电等系统实现控制。

对供气系统的控制大致是三个过程:引弧时要求提前送气约 1~2 s,以排除引弧区的空气;焊接时气流要均匀可靠;结束时,因熔池金属尚未完全冷却凝固,应滞后停气 2~3 s,给予继续保护,防止空气的有害作用,保证焊缝质量。

对送丝系统的控制主要是指对送丝电动机的控制。应保证送丝系统能够完成焊丝的正常送进与停止动作,焊前可调节焊丝伸出长度,均匀调节送丝速度,对焊接过程的网路电压波动有补偿作用。

对供电系统的控制即对焊接主电源的控制,与送丝部分密切相关。供电可在送丝之前接通,或与送丝同时接通,但在停止时,要求送丝先停而后断电,以避免焊丝末端与熔池粘连影响焊缝弧坑处的质量。

CO_2 保护半自动焊的焊接控制程序如图 6-12 所示。

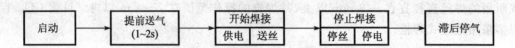

图 6-12　CO_2 半自动焊接控制程序方框图

5. CO_2 气体保护焊机

随着 CO_2 气体保护焊技术的应用范围日益扩大。CO_2 气体保护焊机的发展也很迅速。目前,已定型生产多种 CO_2 半自动和自动焊机,并且成功地在焊接生产中普遍应用。定型的 NBC 系列 CO_2 半自动焊机,是使用性能良好的 CO_2 气体保护焊设备,分别适用于薄板、中厚板的低碳钢和低合金钢等材料的焊接,也可进行各种位置的焊缝焊接。

CO_2 半自动焊机的选用,必须结合具体生产条件及结构产品的特点。常用的 CO_2 半自动焊机主要技术数据如表 6-2 所列。

表 6-2　常用的 CO_2 半自动焊机主要技术数据

型　号	NBC-220	NBC1-300	NBC4-500	NBC1-500-2
电源电压/V	380	380	380	220
空载电压/V	17~30	17~30	15~42	15~42
额定焊接电流/A	200	300	500	500
电流调节范围/A	40~200	60~300	35~500	35~500
焊丝送给速度/($m \cdot min^{-1}$)	1.5~9	2~8	1.7~25	1.3~13
焊丝直径/mm	0.5~1.0	0.8~1.4	0.8~2.0	0.8~2.0
CO_2 气体流量/($L \cdot min^{-1}$)	6~12	20	25	25
送丝方式	拉丝式	推丝式	推丝式	推丝式
用　途	焊接低碳钢及低合金钢薄板	焊接板厚小于 8 mm 的低碳钢和低合金钢	焊接低碳钢、低合金钢薄板,也可用于定位焊	焊接低碳钢、低合金钢薄板和中厚板

任务四　CO_2 气体保护焊焊接工艺

一、任务分析

本次任务将学习 CO_2 气体保护焊焊接工艺参数的选择及 CO_2 气体保护焊操作技术,为 CO_2 气体保护焊焊接工艺的综合运用(CO_2 气体保护焊管-板、管-板焊接)打下基础。

二、相关知识

(一)二氧化碳气体保护焊工艺参数的选择

为了保证 CO_2 气体保护焊时能获得优良的焊接质量,除了要有合适的焊接设备和工艺材料以外,还应合理地选择焊接工艺参数。CO_2 气体保护焊的焊接工艺参数,主要包括焊丝直径、焊接电流、电弧电压、焊接速度、焊丝伸出长度、气体流量、电源极性及回路电感等。这些工艺参数对焊接过程的稳定性、焊接质量及焊接生产率,都有不同程度的影响,而且有些工艺参数是互相联系的,必须配合适当才能得到满意的结果。

下面对各个焊接工艺参数的选择及影响分别加以讨论。

1. 焊丝直径

焊丝直径应根据焊件厚度、焊接位置及生产率的要求来选择。当焊接薄板或中厚板的立、横、仰焊时,多采用直径 1.6 mm 以下的焊丝;在平焊位置焊接中厚板时,可以采用直径 1.6 mm 以上的焊丝。焊丝直径的选择的焊件厚度及色焊位置的关系如表 6 - 3 所列。

表 6 - 3　焊丝直径的选择

焊丝直径/mm	焊件厚度/mm	施焊位置
0.8	1～3	
1.0	1.5～6	
1.2	2～12	各种位置
1.6	6～25	
≥1.6	中厚	平焊、平角焊

2. 焊接电流

焊接电流是 CO_2 焊的重要焊接工艺参数,它的大小应根据焊件厚度、焊丝直径、焊接位置及熔滴过渡形式来决定。如用直径 0.8～1.6 mm 的焊丝,当短路过渡时,焊接电流在 50～230 A 内选择;颗粒状过渡时,焊接电流可在 250～500 A 内选择。图 6 - 13 所示为不同直径焊丝适用的焊接电流范围,图中阴影区为最佳的短路过渡电流范围。

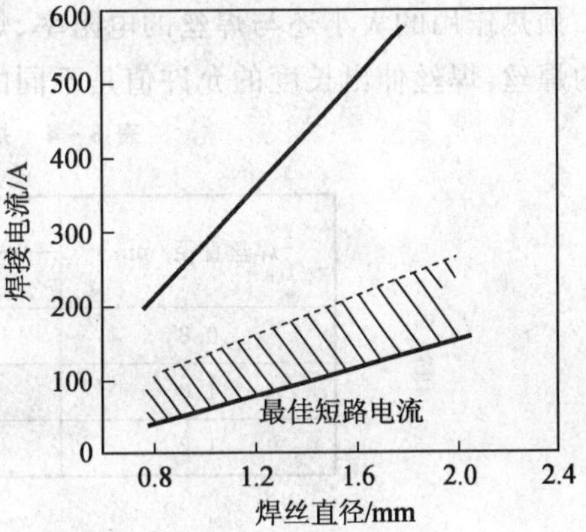

图 6 - 13　不同直径焊丝适用的焊接电流范围

3. 电弧电压

电弧电压必须与焊接电流配合恰当。它的大小会影响到焊缝成形、熔深、飞溅、气孔及焊接过程的稳定性。短路过渡焊接时,电弧电压与焊接电流的关系如图 6 - 14 所示。通常电弧电压在 16～24 V 范围内;颗粒状过渡焊接时,电弧电压随着焊接电流增大而相应增高。对于直径为 1.2～3.0 mm 的焊丝,电弧电压可在 25～36 V 范围内选择。

4. 焊接速度

在一定的焊丝直径、焊接电流和电弧电压条件下,焊速增加,焊缝的熔宽与熔深减小。焊速过快,容易产生咬边及未熔合等缺陷,且气体保护效果变差,可能出现气孔;但焊速过慢,则焊接生产率降低,焊接变形增大,一般 CO_2 半自动焊时的焊接速度在 15～30 m/h。

5. 焊丝伸出长度

焊丝伸出长度是指从导电嘴端部到焊丝端头间的距离,一般约等于焊丝直径的 10 倍,且

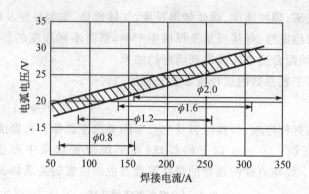

图 6 - 14　短路过渡时电弧电压与焊接电流的关系

不超过 15 mm。保持焊丝伸出长度不变是保证焊接过程稳定的基本条件之一。这是因为 CO_2 气体保护焊采用的电流强度较高,焊丝伸出长度越大焊丝的预热作用越强。

　　预热作用的强弱将影响焊接参数和焊接质量。当送丝速度不变时,若焊丝伸出长度增加,则预热作用增强,焊丝熔化加快,电弧电压升高,焊接电流减小,熔滴与熔池温度降低,将造成热量不足,容易引起未焊透、未熔合等缺陷。相反,若焊丝伸出长度减小,将使熔滴与熔池温度升高,在全位置焊时可能会引起熔池液体的流失。

　　预热作用的大小还与焊丝的电阻率、焊接电流和焊丝直径有关系。对于不同直径、不同材料的焊丝,焊丝伸出长度的允许值是不同的,通常可按表 6 - 4 选择。

表 6 - 4　焊丝伸出长度的允许值

mm

焊丝直径/mm	焊丝牌号	
	H08Mn2Si	H06Cr19Ni9Ti
0.8	6~12	5~9
1.0	7~13	6~11
1.2	8~15	7~12

　　焊丝伸出长度对焊缝成形的影响如图 6 - 15 所示。焊丝伸出长度过小时会妨碍观察电弧,影响焊工操作,还容易因导电嘴过热而夹住焊丝,甚至烧毁导电嘴,影响焊接过程正常进行。焊丝伸出长度太大时,因焊丝端头摆动,电弧位置变化较大,保护效果变坏,将使焊缝成形不好,容易产生焊接缺陷。

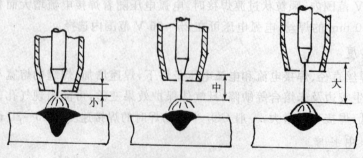

图 6 - 15　焊丝伸出长度对焊缝成形的影响

6. CO_2 气体流量

CO_2 气体流量应根据焊接电流、焊接速度、焊丝伸出长度及喷嘴直径等进行选择。当焊接电流越大、焊接速度越快、焊丝伸出越长时，CO_2 气体流量应大些。一般 CO_2 气体流量约为 $8\sim25$ L/min。通常在细丝 CO_2 焊时，气体流量约为 $8\sim15$ L/min；粗丝 CO_2 焊时，CO_2 气体流量约在 $15\sim25$ L/min。

若 CO_2 气体流量太大，由于 CO_2 气体在高温下的氧化作用，就会加剧合金元素的烧损，减弱硅、锰元素的脱氧还原作用，在焊缝表面往往会出现较多的二氧化硅和氧化锰的渣层，并使焊缝容易产生气孔等缺陷。若 CO_2 气体流量太小，则气体流层挺度不够，对熔池和熔滴的保护效果不好，容易使焊缝产生气孔等缺陷。

7. 电流极性

为减少飞溅，保证焊接电弧的稳定性，CO_2 焊应选用直流反接。

8. 回路电感

焊接回路的电感值应根据焊丝直径和电弧电压来选择。不同直径焊丝的合适电感值如表 6-5 所列。电感值通常随焊丝直径增大而增加，并可通过试焊的方法来确定，若焊接过程稳定，飞溅很少，则此电感值是合适的。

CO_2 保护焊的焊接工艺参数应按细丝焊与粗丝焊，及半自动焊与自动焊的不同形式而确定，同时，要根据焊件厚度、接头形式和焊缝空间位置等因素，来正确选择适用的焊接工艺参数。

表 6-5 不同直径焊丝的合适电感值

焊丝直径/min	0.8	1.2	1.6
电感值/mH	$0.01\sim0.08$	$0.1\sim0.16$	$0.30\sim0.70$

(二) 焊接过程中各种因素对 CO_2 焊质量的影响

焊接过程中各种因素对 CO_2 焊质量的影响汇总如图 6-16 所示。上述焊接参数中，有些参数基本上是固定的，如极性、焊丝伸出长度和气体流量等。因此，其焊接参数的选择主要是对焊丝直径、焊接电流、电弧电压、焊接速度等的选用，这几个参数的选择要根据焊件厚度、接头形式和施焊位置以及所需的熔滴过渡形式等实际条件综合考虑。

三、工作过程——CO_2 气体保护焊的操作

(一) CO_2 气体保护焊的基本操作技术

CO_2 气体保护焊的质量是由焊接过程的稳定性决定的。而焊接过程的稳定性除通过调节设备选择合适的焊接参数保证外，更主要的是取决于焊工实际操作的技术水平。因此每个焊工都必须熟悉 CO_2 气体保护焊的注意事项，掌握基本操作手法，才能根据不同的实际情况灵活地运用这些技能，获得满意的效果。

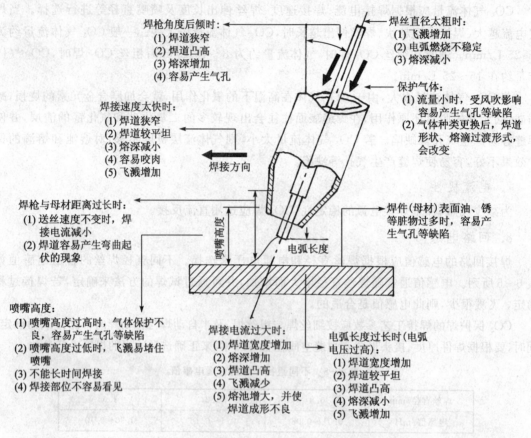

焊枪角度后倾时:
(1) 焊道狭窄
(2) 焊道凸高
(3) 熔深增加
(4) 容易产生气孔

焊丝直径太粗时:
(1) 飞溅增加
(2) 电弧燃烧不稳定
(3) 熔深减小

焊接速度太快时:
(1) 焊道狭窄
(2) 焊道较平坦
(3) 熔深减小
(4) 容易咬肉
(5) 飞溅增加

焊接方向

保护气体:
(1) 流量小时,受风吹影响容易产生气孔等缺陷
(2) 气体种类更换后,焊道形状、熔滴过渡形式,会改变

焊枪与母材距离过长时:
(1) 送丝速度不变时,焊接电流减小
(2) 焊道容易产生弯曲起伏的现象

喷嘴高度

电弧长度

焊件(母材)表面油、锈等脏物过多时,容易产生气孔等缺陷

喷嘴高度:
(1) 喷嘴高度过高时,气体保护不良,容易产生气孔等缺陷
(2) 喷嘴高度过低时,飞溅易堵住喷嘴
(3) 不能长时间焊接
(4) 焊接部位不容易看见

焊接电流过大时:
(1) 焊道宽度增加
(2) 熔深增加
(3) 焊道凸高
(4) 飞溅减少
(5) 熔池增大,并使焊道成形不良

电弧长度过长时(电弧电压过高)
(1) 焊道宽度增加
(2) 焊道较平坦
(3) 焊道凸高
(4) 熔深减小
(5) 飞溅增加

图 6-16 焊接过程中各种因素对 CO_2 焊质量的影响

1. 操作注意事项

(1) 选择正确曲持枪姿势

由于 CO_2 气体保护焊焊枪比焊条电弧焊焊钳重,而且焊枪后面又拖了一根沉重的送丝导管,因此焊工体力上是较累的,为了能长时间坚持生产,应根据焊接位置选择正确的持枪姿势。

正确的持枪姿势应满足以下条件:

① 操作时用身体的某个部位承担焊枪的重量,通常要使手臂处于自然状态,手腕能灵活带动焊枪平移或转动,不感到太累。

② 焊接过程中,软管电缆最小的曲率半径应大于 300 mm,焊接时可随意拖动焊枪。

③ 焊接过程中,能维持焊枪倾角不变,还能清楚、方便地观察熔池。

④ 将送丝机放在合适的地方,保证焊枪能在需要的范围内自由移动。

如图 6-17 所示为焊接不同位置焊缝时的正确持枪姿势。

(2) 控制好焊枪与焊件的相对位置

CO_2 气体保护焊及所有熔化极气体保护焊过程中,控制好焊枪与焊件的相对位置,不仅可以控制焊缝成形,而且还可以调节熔深,对保证焊接质量有特别重要的意义。

所谓控制好焊枪与焊件的相对位置,包括以下三方面内容:控制好喷嘴高度、焊枪倾斜角

(a) 蹲位平焊　　(b) 坐位平焊　　(c) 立位平焊　　(d) 站位立焊　　(e) 站位仰焊

图 6-17　正确的持枪姿势

度、电弧的对中位置和摆幅。

1) 控制好喷嘴高度

在保护气流量不变的情况下,喷嘴高度越大保护效果越差。若焊接电流和电弧电压都已经调整好,送丝速度和电源外特性曲线也都调整好了,这种情况称为给定情况,实际的生产过程一般都是这种情况。开始焊接前,焊工都预先调整好了焊接参数,焊接时是很少再调节这些参数的,但操作过程中随着坡口钝边和装配间隙的变化需要调节焊接电流。在给定情况下,可通过改变喷嘴高度、焊枪倾角等办法来调整焊接电流和电弧功率分配,以控制熔深和焊接质量。

这种操作方法的原理是通过控制电弧的弧长,改变电弧静特性曲线的位置,改变电弧稳定燃烧工作点,达到改变焊接电流的目的。弧长增加时,电弧的静特性曲线左移,电弧稳定燃烧的工作点左移,焊接电流减小,电弧电压稍提高,电弧功率减小,熔深减小;弧长降低时,电弧的静特性曲线右移,电弧稳定燃烧工作点右移,焊接电流增加,电弧电压稍降低,电弧的功率增加,熔深增加。

由此可见,在给定情况下,焊接过程中通过改变喷嘴高度不仅可以改变焊丝的伸出长度,而且可以改变电弧的弧长。随着弧长的变化可以改变电弧静特性曲线的位置,改变电弧稳定燃烧的工作点、焊接电流、电弧电压和电弧的功率,达到控制熔深的目的。

若喷嘴高度增加,焊丝伸出长度和电弧会变长,焊接电流减小,电弧电压稍提高,热输入减小,熔深减小;若喷嘴高度降低,焊丝伸出长度和电弧会变短,焊接电流增加、电弧电压稍降低,热输入增加,则熔深变大。

由此可见,在给定情况下,除了可以改变焊接速度外,还可以用改变喷嘴高度的办法调整熔深。

在焊接过程中若发现局部间隙太小、钝边太大的情况,可适当降低焊接速度,或降低喷嘴高度,或二者同时降低增加熔深以保证焊透。若发现局部间隙太大、钝边太小时,可适当提高焊接速度,或提高喷嘴高度,或二者同时提高。

2) 控制焊枪的倾斜角度

焊枪的倾斜角度不仅可以改变电弧功率和熔滴过渡的推力在水平和垂直方向的分配比例,还可以控制熔深和焊缝形状。

由于 CO_2 气体保护焊及熔化极气体保护焊的电流强度比焊条电弧焊大得多(20 倍以上)即电弧的能量大,因此,改变焊枪倾角对熔深的影响也比焊条电弧焊大得多。

操作时需要注意以下问题:

① 由于前倾焊时电弧永远指向待焊区,预热作用强,焊缝宽而浅,成形较好。因此 CO_2

气体保护焊及熔化极气体保护焊都采用左向焊,自右向左焊接。平焊、平角焊、横焊都采用左向焊。立焊则采用自下向上焊接。仰焊时为了充分利用电弧的轴向推力,促进熔滴过渡,采用右向焊。

② 前倾焊时 $\alpha>90°$(即左焊法时),α 角越大,熔深越浅;后倾焊(即右焊法时)$\alpha<90°$,α 角越小,熔深越浅。

3）控制好电弧的对中位置和摆幅

电弧的对中位置实际上是摆动中心,和接头形式、焊道的层数和位置有关。具体要求如下:

① 对接接头电弧的对中位置和摆幅。

单层单道焊与多层单道焊。当焊件较薄、坡口宽度较窄、每层焊缝只有一条焊道时,电弧的对中位置是间隙的中心,电弧的摆幅较小,摆幅以与熔池边缘和坡口边缘相切为最好。此时焊道表面稍下凹,焊趾处为圆弧过渡为最好,如图 6-18(a)所示。若摆幅过大导致坡口内侧咬边且容易引起夹渣,如图 6-18(b)所示。

最后一层填充层焊道表面比焊件表面低 1.5~2.0 mm。不准熔化坡口表面的棱边。焊盖面层时焊枪摆幅可稍大,保证熔池边缘超过坡口棱边每侧 0.5~1.5 mm,如图 6-19 所示。多层多道焊时应根据每层焊道的数目确定电弧的对中位置和摆幅。每层有两条焊道时电弧的对中位置和摆幅如图 6-20 所示。每层 3 条焊道时电弧的对中位置和摆幅如图 6-21 所示。

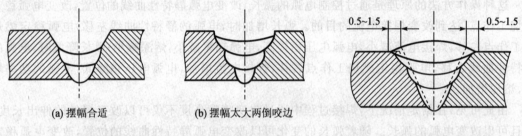

(a) 摆幅合适 (b) 摆幅太大两倒咬边

图 6-18 每层一条焊道时电弧的对中位置和摆幅 图 6-19 盖面层焊道的摆幅

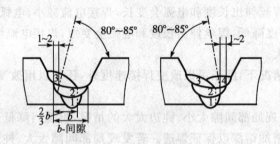

图 6-20 每层两条焊道时电弧的对中位置和摆幅

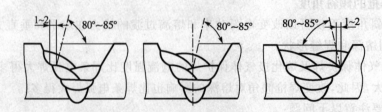

图 6-21 每层三条焊道时电弧的对中位置和摆幅

② T形接头角焊缝电弧的对中位置和摆幅。电弧的对中位置和摆幅对顶角处的焊透情况及焊脚的对称性影响极大。

焊脚尺寸 $K \leqslant 5$ mm，单层单道焊时，焊丝直径 $\phi 1.2$ mm，焊接电流 $200 \sim 250$ A，电弧电压 $24 \sim 26$ V，电弧对准顶角处，如图 6-22 所示，焊枪不摆动。

单层单道焊焊脚尺寸 $K = 6 \sim 8$ mm 时，焊丝直径 $\phi 1.2$ mm，焊接电流 $260 \sim 300$ A，电弧电压 $26 \sim 32$ V，电弧的对中位置，如图 6-23 所示。

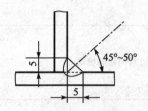 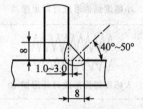

图 6-22 $K \leqslant 5$ mm 时电焊的对中位置　　图 6-23 $K = 6 \sim 8$ mm 时电弧的对中位置

焊脚尺寸 $K = 10 \sim 12$ mm 两层三道是电弧的对中位置，如图 6-24 所示。焊脚尺寸 $K = 12 \sim 14$ mm，两层四道焊道时，电弧的对中位置如图 6-25 所示。

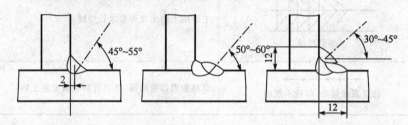

图 6-24 $K = 10 \sim 12$ mm 两层三道时电弧的对中位置

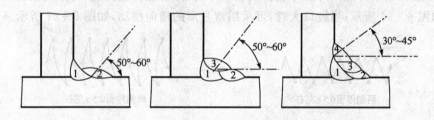

图 6-25 $K = 12 \sim 14$ mm 时电弧的对中位置

（3）保持焊枪匀速向前移动

整个焊接过程中必须保持焊枪匀速前移才能获得满意的焊缝。通常焊工应根据焊接电流大小、熔池形状、焊件熔合情况、装配间隙、钝边大小等情况调整焊枪前移动速度，力争匀速前进。

（4）保持摆幅一致的横向摆动

像焊条电弧焊一样，为了控制焊缝的宽度和保证熔合质量，CO_2 气体保护焊焊枪也要做横向摆动，焊枪的摆动形式及应用范围如表 6-6 所列。

表 6 - 6　焊枪的摆动形式及应用范围

摆动形式	用　途
直线运动,焊枪不摆动	薄板及中厚板打底层焊道
小幅度锯齿形成月牙形摆动	坡口小时及中厚板打底层焊道
大幅度锯齿形成月牙形摆动	焊厚板第二层以后的横向摆动
圆圈形摆动	填角焊或多层焊时的第一层
三角形摆动	主要用于向上立焊要求长焊缝
往复直线运动,焊枪不摆动	焊薄板根部有间隔、坡口有钢垫板或施工物

为了减少热输入、减小热影响区、减小变形,通常不鼓励采用大的横向摆动来获得宽焊缝,提倡采用多层多道窄焊道来焊接厚板。当坡口小时,如焊接打底焊缝,可采用锯齿形较小的横向摆动,如图 6 - 26 所示;当坡口大时,可采用弯月形的横向摆动,如图 6 - 27 所示。

两侧停留0.5 s左右

图 6 - 26　锯齿形横向摆动

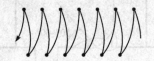
两侧停留0.5 s左右

图 6 - 27　弯月形横向摆动

2. CO_2 气体保护焊基本操作

跟焊条电弧焊相同,CO_2 气体保护焊的基本操作技术也是引弧、收弧、接头、焊枪摆动等。由于没有焊条送进运动,焊接过程中只需控制弧长,并根据熔池情况摆动和移动焊枪就行了,因此 CO_2 气体保护焊操作比焊条电弧焊容易掌握。

虽然在讲述 CO_2 气体保护焊工艺时,已讨论过焊接参数对焊缝成形的影响,也介绍了调整焊接参数的方法,但那些都是理论上的。进行基本操作之前,每个焊工都应调好焊接参数,并积累根据试焊结果判断焊接参数是否合适的经验。

（1）引 弧

CO_2 气体保护焊与焊条电弧焊引弧的方法稍有不同，一般不采用划擦式引弧，主要是碰撞引弧，但引弧时不能抬起焊枪。具体操作步骤如下：

① 引弧前先按遥控盒上的点动开关或按焊枪上的控制开关，点动送出一段焊丝，焊丝伸出长度小于喷嘴与工件间应保持的距离，超长部分应剪去，如图 6-28 所示。若焊丝的端部呈球状，必须预先剪去，否则引弧困难。

② 将焊枪按要求（保持合适的倾角和喷嘴高度）放在引弧处，注意此时焊丝端部与焊件未接触，喷嘴高度由焊接电流决定，如图 6-29 所示。若操作不熟练时，最好双手持枪。

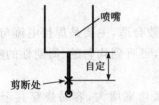

图 6-28 引弧前剪去超长的焊丝

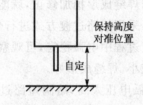

图 6-29 准备引弧对准引弧位置

③ 按焊枪上的控制开关，焊机自动提前送气，当焊丝碰撞焊件短路后，自动引燃电弧。短路时焊枪有自动顶起的倾向，如图 6-30，故引弧时要稍用力下压焊枪，防止因焊枪抬起太高、电弧太长而熄灭。

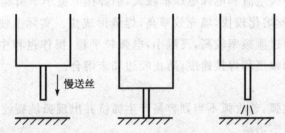

准备引弧→短路压住焊枪→电弧引燃保持距离并对准引弧位置

图 6-30 引弧过程

（2）焊 接

引燃电弧后通常都采用左向焊法，焊接过程中焊工的主要任务是保持焊枪合适的倾角、电弧对中位置和喷嘴高度，沿焊接方向尽可能地匀速移动，当坡口较宽时，为保证两侧熔合好焊枪还要做横向摆动。

焊工必须能够根据焊接过程判断焊接参数是否合适。像焊条电弧焊一样，焊工主要依靠在焊接过程中看到的熔池的情况、坡口的熔化和熔合情况、电弧的稳定性、飞溅的大小以及焊缝成形的好坏来选择焊接参数。当焊丝直径不变时，实际上使用的焊接参数只有两组。其中一组的焊接参数用来焊薄板、空间焊缝或打底层焊道，另一组的焊接参数用来焊中厚板或盖面层焊道。下面讨论这两组焊接参数在焊接过程中的特点。

1）焊薄板、空间焊缝或打底层焊的焊接参数

这组焊接参数的特点是焊接电流较小，电弧电压较低。在这种情况下由于弧长小于熔滴自由成形时的熔滴直径，频繁地引起短路，熔滴为短路过渡，焊接过程中可观察到周期性的短路。电弧引燃后,在电弧热的作用下熔池和焊丝都熔化,焊丝端头形成熔滴并不断地增大,弧长变短,电弧电压降低,最后熔滴与熔池发生短路,电弧熄灭。电压急剧下降,短路电流逐渐增大,在电磁收缩力的作用下,短路熔滴形成缩颈并不断变细。当短路电流达到一定值后,细颈断开,电弧又重新引燃,如此不断地重复,这就是短路过渡的全过程。保证短路过渡的关键是电弧电压必须与焊接电流相匹配,对于 $\phi0.8$ mm、$\phi1.0$ mm、$\phi1.2$ mm、$\phi1.6$ mm 的焊丝,短路过渡时的电弧电压在 20 V 左右。采用多元控制系统的焊机进行焊接时,要特别注意电弧电压的配合。

采用一元化控制的焊机进行焊接时,如果选用小电流,控制系统会自动选择合适的低电压,只需根据焊缝成形稍加修正,就能保证短路过渡。

请注意:采用短路过渡方式进行焊接时,若焊接参数合适,主要是焊接电流与电弧电压配合好,则焊接过程中电弧稳定,可观察到周期性的短路,可听到均匀的、周期性的啪啪声,熔池平稳,飞溅较小,焊缝成形好。

如果电弧电压太高,熔滴短路过渡频率降低,电弧功率增大,容易烧穿甚至熄弧。若电压太低,可能在熔滴很小时就引起短路,焊丝未熔化部分插入熔池后产生固体短路,在短路电流作用下这段焊丝突然爆断,使气体突然膨胀从而冲击熔池产生严重的飞溅,破坏焊接过程。

2) 焊接中厚板填充层和盖面层焊道的焊接参数

这组焊接参数的焊接电流和电弧电压都较大,但焊接电流小于引起喷射过渡的临界电流,由于电弧功率较大,焊丝熔化较快,填充效率高,焊缝形成快。实际上使用的是半短路过渡或小颗粒过渡,熔滴较细,过渡频率较高,飞溅小,电弧较平稳,操作过程中应根据坡口两侧的熔合情况掌握焊枪的摆动幅度和焊接速度,防止咬边和未熔合。

(3) 收 弧

焊接结束前必须收弧,若收弧不当则容易产生弧坑并出现弧坑裂纹(火口裂纹)、气孔等缺陷。操作时可以采取以下措施。

① CO_2 气体保护焊机有弧坑控制电路,则焊枪应在收弧处应停止前进,同时接通此电路。焊接电流与电弧电压自动变小,待熔池填满时断电。

② 若气体保护焊机没有弧坑控制电路或因焊接电流小没有使用弧坑控制电路时。在收弧处焊枪停止前进,并在熔池未凝固时反复断弧、引弧几次,直至弧坑填满为止。操作时动作要快,若熔池已凝固才引弧,则可能产生未熔合及气孔等缺陷。

不论采用哪种方法收弧,操作时需特别注意收弧时焊枪除停止前进外不能抬高喷嘴,即使弧坑已填满,电弧已熄灭,也要让焊枪在弧坑处停留几秒钟后才移开。因为灭弧后控制线路仍保证一段时间延迟送气,以使熔池凝固时能得到可靠的保护,若收弧时抬高焊枪,则容易因保护不良引起缺陷。

(4) 接 头

CO_2 气体保护焊不可避免地要接头,为保证接头质量,可按下述步骤操作。

① 将待焊接头处用角向磨光机打磨成斜面,如图 6-31 所示。

② 在斜面顶部引弧,引燃电弧后,将电弧移至斜面底部,转一周返回引弧处后再继续向左焊接。如图 6-32 所示。

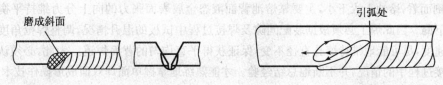

图 6-31　焊缝接头处的准备　　　　图 6-32　焊缝接头处的引弧操作

注意,这个操作很重要!引燃电弧后向斜面底部移动时要注意观察熔孔,若未形成熔孔则接头处背面焊不透;若熔孔太小,则接头处背面产生缩颈;若熔孔太大,则背面焊缝太宽或焊漏。

(5) 定位焊

由于 CO_2 气体保护焊时热量较焊条电弧焊大,因此要求定位焊缝有足够的强度。通常定位焊缝都不磨掉,仍保留在焊缝中,焊接过程中很难全部重熔,因此应保证定位焊缝的质量,定位焊缝既要熔合好保证根部焊透,且余高不能太高,还不能有缺陷,要求焊工像正式焊接那样焊接定位焊缝。定位焊缝的长度和间距应符合下述规定。

① 中厚板对接时的定位焊缝,如图 6-33 所示,焊件两端应装引弧、收弧板。

② 薄板对接时的定位焊缝,如图 6-34 所示。

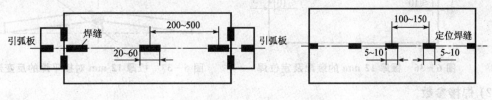

图 6-33　中厚板的定位焊缝　　　　图 6-34　薄板对接时的定位焊缝

(二) 典型焊接接头——板-板对接焊接

1. 板对接平焊

本节讲述水平位置各种厚度的平板对接焊缝的单面焊双面成形的焊接方法。

相对而言,平板对接是比较好掌握的,它是掌握空间各种位置焊接技术的基础,是锅炉压力容器、压力管道焊工应掌握的基本焊接技术,是焊工取证实际考试的必考项目。焊工无论是初试或是复试都必须考试平板对接平焊试板,有的部门甚至规定了这个项目考试不合格者不发给焊工合格证。因此,必须体会并掌握操作要领,熟练地掌握单面焊双面成形的操作技能。平焊打底层焊道时熔池的形状如图 6-35 所示。

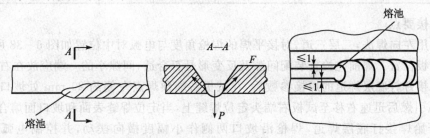

F—表面张力;P—重力

图 6-35　打底层焊道与熔池

从横剖面看,熔池上大下小,主要靠熔池背面液态金属表面张力的向上分力维持平衡,支持熔融金属不下漏。因此焊工必须根据装配间隙及焊接过程中试板的温升情况,调整焊枪角度、摆动幅度和焊接速度,尽可能地维持熔孔直径不变,保证获得平直均匀的背面焊道。为此,必须认真、仔细地观察焊接过程中的情况,并不断地总结经验。才能熟练地掌握单面焊双面成形操作技术。

(三) CO_2 气体保护焊焊接实例

1. 板对接平焊

(1) 实例1——板厚 12 mm 的 V 形坡口对接平焊

1) 装配及定位焊

装配间隙及定位焊如图 6-36 所示,试件对接平焊的反变形如图 6-37 所示。

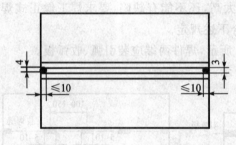

图 6-36 板厚 12 mm 的装配及定位焊

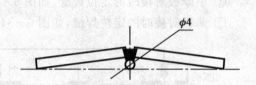

图 6-37 板厚 12 mm 对接平焊的反变形

2) 焊接参数

具体焊接参数见表 6-7,介绍了两组参数。第一组参数用 $\phi1.2$ mm 焊丝,较难掌握,但适用性好;第二组用 $\phi1.0$ mm 焊丝,比较容易掌握,但因 $\phi1.0$ mm 焊丝应用不普遍,适用性较差,使用受到限制。

表 6-7 板厚 12 mm 对接平焊的焊接参数

组别	焊道层次位置	焊丝直径/mm	焊丝伸出长度/mm	焊接电流/A	焊接电压/V	气体流量/(L·min⁻¹)	层数
第一组	打底层	$\phi1.2$	20~25	90~110	18~20	10~15	3
	填充层			220~240	24~26	20	
	盖面层			230~250	25	20	
第二组	打底层	$\phi1.0$	15~20	90~95	18~20	10	3
	填充层			110~120	20~22		
	盖面层			110~120	20~22		

3) 焊接要点

① 采用左向焊法,三层三道,对接平焊的焊枪角度与电弧对中位置如图 6-38 所示。

② 试板位置。焊前先检查装配间隙及反变形是否合适,间隙小的一端应放在右侧。

③ 调接好打底层焊道的焊接参数后,在试板右端预焊点左侧约 20 mm 处坡口的一侧引弧,待电弧引燃后迅速右移至试板右端头定位焊缝上,当定位焊缝表面和坡口面熔合出现熔池后,向左开始焊接打底层焊道,焊枪沿坡口两侧作小幅度横向摆动,并控制电弧在离底边 2~3 mm 处燃烧,当坡口底部熔孔直径达到 4~5 mm 时转入正常焊接。

焊打底层焊道时应注意以下事项:

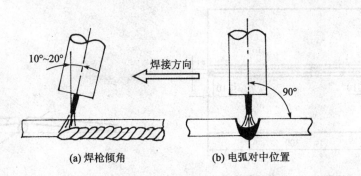

(a) 焊枪倾角　　　　　(b) 电弧对中位置

图 6 - 38　对接平焊焊枪角度与电弧对中位置

第一,电弧始终对准焊道的中心线在坡口内作小幅度横向摆动,并在坡口两侧稍微停留,使熔孔直径比间隙大 1~2 mm。焊接时要仔细观察熔孔,并根据间隙和熔孔直径的变化调整焊枪的横向摆动幅度和焊接速度,尽可能地维持熔孔的直径不变,以保证获得宽窄和高低均匀的反面焊缝。

第二,依靠电弧在坡口两侧的停留时间,保证坡口两侧熔合良好,使打底层焊道两侧与坡口结合处稍下凹,焊道表面保持平整,如图 6 - 39 所示。

第三,焊打底层焊道时,要严格控制喷嘴的高度,电弧必须在离坡口底部 2~3 mm 处燃烧。保证打底层焊道厚度不超过 4 mm。

④ 调试好填充层焊道的参数后,在试板右端开始焊填充焊道层,焊枪的倾斜角度、电弧对中位置与打底焊相同,焊枪横向摆动的幅度较焊打底层焊道时稍大,焊接速度较慢,应注意熔池两侧的熔合情况,保证焊道表面平整并稍下凹,避免坡口两侧咬边。焊填充层焊道时要特别注意,除保证焊道表面的平整并稍下凹外,还要掌握焊道厚度,其要求如图 6 - 40 所示,焊接时不允许熔化棱边。

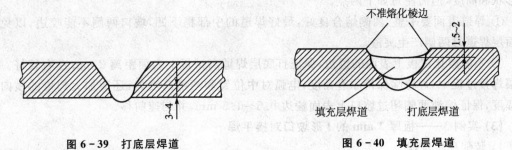

图 6 - 39　打底层焊道　　　　　　　图 6 - 40　填充层焊道

⑤ 调试好盖面层焊道的焊接参数后从右端开始焊接,焊枪的倾斜角度与电弧对中位置与打底层焊相同。但需注意以下事项。

第一,保持喷嘴高度,特别注意观察熔池边缘,熔池边缘必须超过坡口上表面棱边 0.5~1.5 mm,并防止咬边。

第二,焊枪的横向摆动幅度比焊填充层焊道时稍大,应尽量保持焊接速度均匀,使焊缝外形美观。

⑥ 收弧时要特别注意,一定要填满弧坑并使弧坑尽量要短,防止产生弧坑裂纹。

(2) 实例 2——板厚 6 mm 的 V 形坡口对接平焊

1) 装配及定位焊

装配间隙及定位焊如图 6 - 41 所示,板对接平焊的反变形如图 6 - 42 所示。

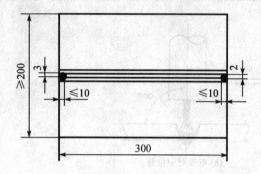

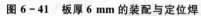

图 6-41 板厚 6 mm 的装配与定位焊

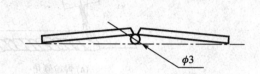

图 6-42 板厚 6 mm 的反变形

2) 焊接参数

焊接主要参数见表 6-8。

表 6-8 板厚 6mm V 形剖口对接平焊的焊接参数

焊道层 次位置	焊丝直径 /mm	焊丝伸出 长度/mm	焊接电流 /A	焊接电压 /V	气体流量 /(L·min⁻¹)
打底层	$\phi0.8$	10~15	70~80	17~18	8~10
盖面层			90~95	19~20	

3) 焊接要点

焊枪角度与焊法采用左向焊法,二层两道。试板位置焊前先检查装配间隙及反变形是否合适,试板放在水平位置,间隙小的一端放在右侧。打底层的焊接要求与 12 mm 板 V 形坡口对接平焊相同。因为只有二层焊道,焊打底层焊道时,除注意反面成形外还要掌握好正面焊道的形状和高度,但需注意如下两点。

① 焊道表面要平整,两侧熔合良好,最好焊道的中部稍下凹,坡口两侧不能咬边,以免焊盖面层焊道时两侧产生夹渣。

② 不能熔化试板上表面的棱边,保证打底层焊道离试板上表面距离 2 mm 左右较好。盖面层焊接过程中,焊枪除保持原有角度,电弧对中位置和喷嘴高度外,还应加大焊枪的横向摆动幅度,保证熔池两侧超过坡口上表面棱边 0.5~1.5 mm,并匀速前移。

(3) 实例 3——板厚 2 mm 的 I 形坡口对接平焊

1) 装配及定位焊

装配间隙及定位焊如图 6-43 所示,薄板对接平焊的反变形如图 6-44 所示。

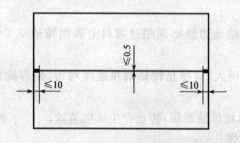

图 6-43 板厚 2 mm 的装配及定位焊

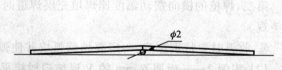

图 6-44 板厚 2 mm 对接平焊的反变形

2）焊接参数

焊接参数如表6-9所列。

表6-9　板厚2 mm对接平焊的焊接参数

焊丝直径/mm	焊丝伸出长度/mm	焊接电流/A	焊接电压/V	焊接速度/(m·min^{-1})	气体流量/(L·min^{-1})
$\phi0.8$	10~15	60~70	17~19	4~4.5	8~10

3）焊接要点

左向焊法,单层单道。焊前先检查试板间隙及反变形是否合适,若合适则将试板平放在水平位置,注意将间隙小的一端放在右侧。焊接因为是单层单道焊,焊接时既要保证焊缝背面成形又要保证正面成形,焊接时要特别小心,在试板右端引燃电弧,待左侧形成熔孔后向左焊接,焊枪可沿间隙前后摆动或做小幅度横向摆动,不能长时间对准间隙中心,否则容易烧穿。

2.板对接立焊

立焊比平焊难掌握,其主要原因是:虽然熔池的下部有焊道依托。但熔池底部是个斜面,熔融金属在重力作用下比较容易下淌,因此很难保证焊道表面平整。为防止熔融金属下淌,必须要求采用比平焊时稍小的焊接电流,焊枪的摆动频率稍快,以锯齿形节距较小的方式进行焊接,使熔池小而薄。立焊盖面层焊道时要防止焊道两侧咬边、中间下坠。立焊时熔池的形状如图6-45所示。

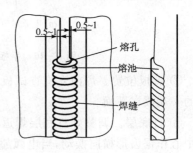

图6-45　立焊时的熔孔与熔池

(1）实例4——板厚12 mm的V形坡口对接向上立焊

1）装配与定位焊

装配与定位焊要求参见图6-36,对接立焊反变形参见图6-37。

2）焊接参数

介绍两组焊接参数,第一组用直径1.0 mm的焊丝,焊接电流较小,比较容易掌握,但适用性较差。第二组用直径为1.2 mm的焊丝,焊接电流较大,较难掌握,但适用性较好,表6-10为实际生产中使用的焊接参数。

表6-10　板厚12 mm对接立焊的焊接参数

组别	焊道层数	焊丝直径/mm	焊接电流/A	焊接电压/V	焊丝伸出长度/mm	气体流量/(L·min^{-1})
第一组	打底层	$\phi1.0$	90—95	18—20	10~15	12~15
	填充层		110—120	20—22		
	盖面层		110—120	20—22		
第二组	打底层	$\phi1.2$	90—110	18—20	15~20	12~15
	填充层		130—150	20—22		
	盖面层		130—150	20—22		

3) 焊接要点

① 焊枪角度与焊法采用向上立焊,由下往上焊,三层三道,平板对接向上立焊的焊枪角度与电弧对中位置如图 6-46 所示。

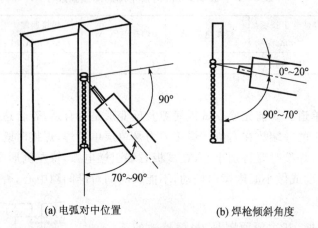

(a) 电弧对中位置   (b) 焊枪倾斜角度

图 6-46　平板对接向上立焊焊枪角度与电弧对中位置

② 试板位置。焊前先检查试板的装配间隙及反变形是否合适,把试板垂直固定好,间隙小的一端放在下面。

③ 打底层。调整好打底层焊道的焊接参数后,在试板下端定位焊缝上引弧,使电弧沿焊缝中心作锯齿形横向摆动,当电弧超过定位焊缝并形成熔孔时转入正常焊接。

注意焊枪横向摆动的方式必须正确,否则焊缝焊肉下坠,成形不好看,小间距锯齿形摆动或间距稍大的上凸的月牙形摆动焊道成形较好,下凹的月牙形摆动,使焊道表面下坠是不正确的,如图 6-47 所示。

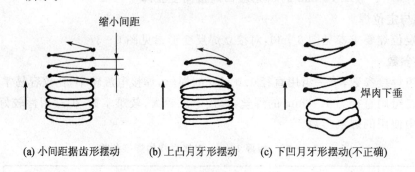

(a) 小间距据齿形摆动   (b) 上凸月牙形摆动   (c) 下凹月牙形摆动(不正确)

图 6-47　立焊时摆动手法

焊接过程中要特别注意熔池和熔孔的变化,不能让熔池太大。若焊接过程中发生断弧,则应按基本操作手法中所介绍的要点接头。先将需接头处打磨成斜面,打磨时要特别注意不能磨掉坡口的下边缘,以免局部间隙太宽,如图 6-48 所示。焊到试板最上方收弧时,待电弧熄灭、熔池完全凝固以后才能移开焊枪,以防收弧区因保护不良产生气孔。

④ 填充层。调试好填充层焊道的焊接参数后,自下向上焊填充层焊道,焊接时需注意以下事项。

焊前先清除打底层焊道和坡口表面的飞溅和焊渣。并用角向磨光机将局部凸起的焊道磨平,如图 6-49 所示。

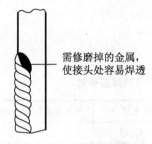

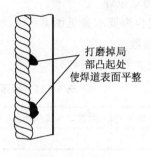

图 6-48 立焊接头处打磨要求   图 6-49 焊填充层焊道前

焊枪横向摆幅比焊打底层焊道时稍大,电弧在坡口两侧稍停留,保证焊道两侧熔合好。填充层焊道比试板上表面低 1.5～2 mm,不允许烧坏坡口的棱边。

⑤ 盖面层。调整好盖面层焊道的焊接参数后,按下列顺序焊盖面层焊道。

第一步,清理填充层焊道及坡口上的飞溅、焊渣、打磨掉焊道上局部凸起过高部分的焊肉。

第二步,在试板下端引弧,自下向上焊接,焊枪摆幅较焊填充层焊道时大,当熔池两侧超过坡口边缘 0.5～1.5 mm 时以匀速锯齿形上升。

第三步,焊到顶端收弧,待电弧熄灭、熔池凝固后才能移开焊枪,以免局部产生气孔。

(2) 实例 5——板厚 6 mm 的 V 形坡口对接向上立焊

1) 装配及定位焊

装配间隙及定位焊要求参见图 6-41,对接立焊反变形参见图 6-42。

2) 焊接参数

焊接参数如表 6-11 所列。

表 6-11 板厚 6 mm 对接立焊的焊接参数

组　　别	焊道层数	焊道直径 /mm	伸出长度 /mm	焊接电流/A	焊接电压/V	气体流量 /(L·min^{-1})
第一组	打底层	0.8	10～15	70—80	18—18	8
	盖面层			90—95	19—20	
第二组	打底层	1.2	20～25	100—110	18—19	15
	盖面层			120—130	19—20	

3) 焊接要点

① 焊枪角度与焊法。采用向上立焊,由下往上焊,两层两道。

② 试板位置。焊前先检查试板装配间隙及反变形是否合适,把试板垂直固定好,间隙小的一端应放下面。

③ 打底层。调试好打底层焊道的焊接参数后在试板下端引燃电弧,使焊枪在焊缝中心处作锯齿形横向摆动,当电弧超过定位焊缝时,产生熔孔,保持熔孔边缘比坡口边缘大 0.5～1 mm 较为合适。正确的焊枪摆动手法参见图 6-47。

④ 盖面层。调试好盖面层焊道的焊接参数后,由下向上盖面,要求焊枪的横向摆动幅度稍大些,使熔池边缘超过坡口上表面的棱边 0.5～1.5 mm,并保持匀速向上焊接。

(3) 实例 6——板厚 2 mm 的 I 形坡口对接向下立焊

1）装配与定位焊

装配与定位焊要求参见图 6-43，反变形参见图 6-44。

2）焊接参数

焊接参数表 6-12 所列。

表 6-12　板厚 2 mm 对接向下立焊的焊接参数

焊丝直径/mm	焊丝伸出长度/mm	焊接电流/A	焊接电压/V	气体流量/(L·/min^{-1})
0.8	10～15	60～70	18～20	9～10

3）焊接要点

① 焊枪角度与焊法。采用向下立焊，即从上面开始向下焊接，单层单道，薄板向下立焊的焊枪角度与电弧对中位置如图 6-50 所示。

② 试板位置。试板固定在垂直位置，间隙小的一端在上面。

③ 焊接。调试好焊接参数后在试板顶端引弧，注意观察熔池，待试板底部边缘完全熔合后开始向下焊接，焊枪不作横向摆动。

因为是单层单道焊，要同时保证正反两面焊缝都成形，难度较大，焊接时要特别注意观察熔池，随时调整焊枪角度，必须控制好焊接速度，保证熔池始终在电弧的后方。

四、拓展与延伸——药芯焊丝 CO_2 气体保护焊

药芯焊丝 CO_2 焊，就是用药芯焊丝为电极、用 CO_2 作为外加保护气的熔化极电弧焊药芯焊丝——把焊药（或金属粉）包在钢带中做成的焊丝（焊条是把焊药包覆在焊芯的外面）。

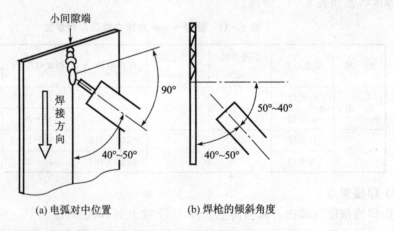

(a) 电弧对中位置　　　(b) 焊枪的倾斜角度

图 6-50　薄板向下立焊焊枪角度与电弧对中位置

药芯焊丝气体保护焊的基本工作原理与普通熔化极气体保护焊一样，是以可熔化的药芯焊丝作为一个电极（通常接正极，即直流反接），母材作为另一极。通常采用纯 CO_2 或 CO_2 + Ar 气体作为保护气体。与普通熔化极气体保护焊的主要区别在于焊丝内部装有焊剂混合物。焊接时，在电弧热作用下熔化状态的焊剂材料、焊丝金属、母材金属和保护气体相互之间发生冶金作用，同时形成一层较薄的液态熔渣包覆熔滴并覆盖熔池，对熔化金属形成了又一层的保护。实质上这种焊接方法是一种气渣联合保护的方法，如图 6-51 所示。

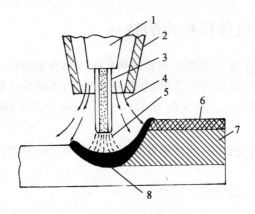

1—导电嘴；2—喷嘴；3—药芯焊丝；4—CO_2 气体；
5—电弧；6—熔渣；7—焊缝；8—熔池
图 6-51　药芯焊丝电弧焊示意图

（一）药芯焊丝 CO_2 气体保护焊分类

① 药芯焊丝按用途分可分为：自保护用（烟尘大、机械性能较低）、埋弧焊用（多用于高合金钢及堆焊）和气保用（使用广泛）。

② 按保护气成分，又可分为：CO_2 焊用（用量最大，用于焊结构钢）以及 MIG、MAG、TIG 焊用（即使被焊金属相同，不同的保护气体其药芯焊丝原则上也不能相互代用。

药芯焊丝按药粉类型分，还可分为：渣型——焊后有较多的熔渣，但易于调整焊缝化学成分；酸性—— 焊接工艺性能较好、焊缝含氢量达碱性焊条水准，如金红石型和药芯焊丝 CO_2 焊用的钛型；碱性——焊缝含氢量超低，但工艺性能稍差，如药芯焊丝自保护焊多用的高氟弱碱渣系；无渣型，即金属粉芯型——焊后熔渣较少，多层焊层间可不清渣，焊接效率更高，多用于埋弧焊、自动焊或机器人焊接以及高速 CO_2 焊）。

药芯焊丝外皮是由低碳钢或低合金钢钢皮制成的。焊丝的制作过程是将钢皮（通常为 08A）首先轧制成 U 形断面，然后将计量和配制好的材料添入已形成的 U 形钢带中，用压实辊将已添充药粉材料的 U 形钢带压成具有不同断面结构的圆形周边毛坯，并将焊剂材料压实，最后通过拉丝模拉拔，使焊丝成为符合尺寸要求的药芯焊丝。药芯焊丝截面形成如图 6-52 所示。

我国已进入国家标准的药芯焊丝有：

① 碳钢药芯焊丝：GB/T10045—2001《碳钢药芯焊丝》，如 E501T—1ML 等。

② 低合金钢药芯焊丝：GB/T17493—1998《低合金钢药芯焊丝》，如 E601T1—B3 等。

③ 不锈钢芯焊丝：GB/T17853—1999《不锈钢药芯焊丝》，如 E308MoT1—3 等。

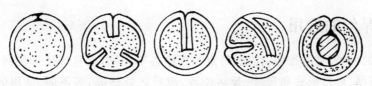

图 6-52　药芯焊丝截面形状图

(二) 药芯焊丝 CO_2 气体保护焊的特点

药芯焊丝电弧焊综合了手工电弧焊和普通熔化极气体保护焊的优点：

① 采用气渣联合保护，焊缝成形美观，电弧稳定性好，飞溅少且颗粒细小。

② 焊丝熔敷速度快，熔敷效率(大约为 85%～90%)和生产率都较高(生产率比手工焊高 3～5 倍)。

③ 焊接各种钢材的适应性强，通过调整焊剂的成分与比例可提供所要求的焊缝金属化学成分。

药芯焊丝电弧焊的主要缺点是：

① 焊丝制造过程复杂。

② 送丝较实心焊丝困难，需要采用降低送丝压力的送丝机构等。

③ 焊丝外表容易锈蚀，粉剂易吸潮，因此，需要对焊丝的保存严加管理。

药芯焊丝电弧焊既可用于半自动焊，又可用于自动焊，但通常用于半自动焊。采用不同的焊丝和保护气体相配合可以进行平焊、仰焊和全位置焊。与普通熔化极气体保护焊相比，可采用较短的焊丝伸出长度和较大的焊接电流。与手工电弧焊相比，焊接角焊缝时可得到焊角尺寸较大的焊缝，这种焊接方法通常用于焊接碳钢、低合金钢、不锈钢和铸铁。由于上述特点，这种方法是焊接钢材时代替普通手弧焊实现自动化和半自动化焊接最有前途的焊接方法。

药芯焊丝气体保护焊通常采用纯 CO_2 气体或 $Ar+25\%CO_2$ 气体作为保护气体。若焊丝是按照采用某一类保护气体设计的，在使用中应采用相应的保护气体，否则焊缝中的合金元素含量会发生变化。

(三) 药芯焊丝 CO_2 气体保护焊对焊接设备的要求

1. 对电源的要求

使用实心焊丝的设备完全可以使用药芯焊丝，但最好同时具备以下功能：

① 极性转换——不同渣系要用不同的极性，而自保护焊多用直流正接，需要转换极性。

② 电源外特性微调——以适应不同的焊药成分的要求。

③ 电弧挺度调节——以调节熔滴过渡形态(CO_2 焊也可得到喷射过渡)，减少飞溅、改善全位置焊性能。

2. 对送丝的要求

加粉系数较小的药芯焊丝可用实心焊丝送丝机；加粉系数较大的药芯焊丝，应用药芯焊丝专用送丝机，具有双主动送丝，送丝轮开 V 形槽、送 1.4 mm 以上焊丝槽内压花等功能。

(四) 药芯焊丝的选用

药芯焊丝的种类、型号很多，性能、特点和用途各不相同，而且即使焊接同一种金属，由于施工条件(如板厚、坡口形式和尺寸、焊接位置、焊后热处理等)等不同，适用的焊丝也会有所变化。

因此，焊丝的选择要根据被焊钢材种类、焊接的质量要求、焊接施工条件以及成本等因素综合考虑。其大致原则如下：

①　对强度用钢，按"等强原则"选用，对特殊用钢（如耐热钢等）则侧重考虑焊缝金属与母材化学成分的一致或相近。

②　除非对接头的力学性能有特别的要求，一般很少选用碱性焊丝，因其工艺性能差，而且一般的酸性焊丝其焊缝含氢量已很低（基本达到碱性焊条的水平），而工艺性能却要好得多。

③　即使同一型号的焊丝，由于不同厂家的焊药成分不同，其工艺等性能会有较明显的差别，应注意参考生产厂家的介绍或向其咨询。

④　在以上基础上，再考虑选用经济性好的品牌。

（五）药芯焊丝 CO_2 气体保护焊的焊接工艺参数

焊接工艺参数与实芯焊丝 CO_2 焊基本相同，焊接工艺参数对焊缝成形的影响规律亦然。

药芯焊丝 CO_2 焊的焊接工艺参数的内容与实芯焊丝的基本相同，但应注意由于焊药的存在，具体参数及它们之间的匹配与实芯焊丝 CO_2 焊的有所不同。如药芯焊丝 CO_2 焊的熔滴过渡不再是单一的短路过渡，还可以是细滴过渡甚至是喷射过渡，其焊接工艺受焊药成分的影响比较大。

药芯焊丝穿透能力强，可用较小的坡口角度（比焊条、实芯焊丝的小 $10°\sim20°$）和较大的钝边，但对坡口的加工要求稍高。同时左、右焊法均可用。

图 6-53 是药芯焊丝各种位置焊接的焊接电流范围，可供参考。

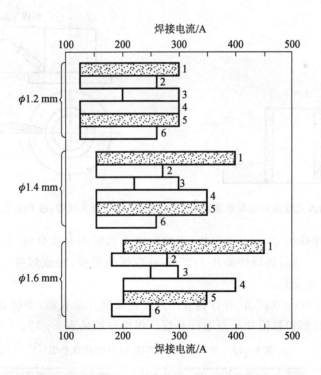

1—平焊；2—向上立焊；3—向下立焊；4—横角焊；5—横焊；6—仰焊

图 6-53　药芯焊丝各种位置焊接的焊接电流范围

任务五　CO₂气体保护焊焊接工艺的综合运用

一、任务分析

通过 CO_2 气体保护焊管－板、管－管焊接,使读者更加深入的掌握 CO_2 气体保护焊的操作要点。

二、相关知识

(一)管-板的 CO_2 气体保护焊焊接

1. 装配及定位焊

管板的焊接采用 CO_2 气体保护焊时,一般采取插入式的装配形式。

装配前,管子待焊处 20 mm 内、板件孔壁及其周围 20 mm 范围内的油污、水锈要清除干净,并露出金属光泽。其装配示意如图 6-54 所示。装配合格后进行定位焊,焊缝长度为 10～15 mm,要求焊透并且不能有各种焊接缺陷。

2. 焊接要点

焊接时,应在定位焊对面引弧,采用左焊法,即从右向左沿管子外圆进行焊接,焊枪的角度如图 6-55 所示。

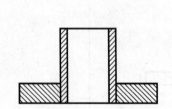

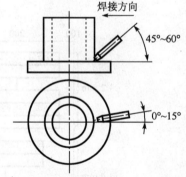

图6-54　插入式管板的装配示意图　　**图6-55　插入式管-板 CO_2 保护焊焊枪角度**

在焊至距定位焊缝约 20 mm 处收弧,用角向磨光机磨去定位焊缝,并将起弧和收弧处磨成斜面,以便于连接。然后将焊件旋转 180°,在前收弧处引弧,完成焊接。收弧时一定要填满弧坑,并使接头处不要太高。

焊后用钢丝刷清理焊缝表面,并目侧或用放大镜观察焊缝表面,不能有裂纹、气孔、咬边等缺陷,如有缺陷,需打磨掉缺陷并重新进行补焊。焊接参数见表 6-13。

表 6-13　插入式管-板 CO_2 保护焊焊接参数

管子规格 /mm	板厚 /mm	焊丝直径 /mm	气体流量 /(L·min⁻¹)	伸出长度 /mm	焊接电流 /A	电弧电压 /V
φ50×6	12	1.2	12～15	10～15	110～150	20～23

（二）管-管的 CO_2 气体保护焊焊接

1. 焊前准备及装配、定位焊

通常，管-管对接的 CO_2 气体保护焊采用单面焊双面成形工艺，同时，由于焊丝的自动给进，为配合并提高其工作效率，通常将焊件放在滚轮架上进行焊接。

管-管对接时，其坡口形式通常采用"V"形或"U"形坡口，如图 6-56 所示。装配前，要将管子坡口及其端部内外表面 20 mm 范围内的油污、水锈等清除干净，并用角向磨光机打磨至露出金属光泽。按图 6-56 的形式将管子装配合格后，进行定位焊接。定位焊在管子圆周上等分三处进行焊接。焊缝长度为 10～15 mm，定位焊要保证焊透并无缺陷，焊接后要将焊点两端用角向磨光机打磨成斜坡。

2. 焊接要点

正式焊接时，要将管子置于滚轮架上，并使其中的一个定位焊缝位于 1 点钟的位置。焊接操作采用左焊法，焊枪角度如图 6-57 所示。

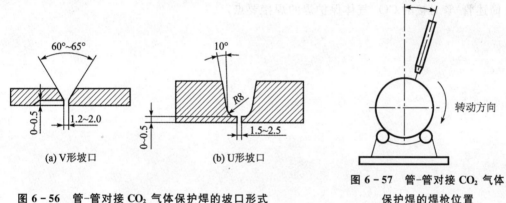

图 6-56　管-管对接 CO_2 气体保护焊的坡口形式

(a) V形坡口　　(b) U形坡口

图 6-57　管-管对接 CO_2 气体保护焊的焊枪位置

焊接同样分为打底焊、填充焊与盖面焊三个焊接步骤：

（1）打底焊

在处于 1 点钟的定位焊缝上引弧，并从右向左边转动管子边焊接。注意管子转动要使熔池保持水平位置，同平焊一样要控制熔孔的直径比根部间隙太 0.5～1 1mm，焊完后须将打底层清理干净。

（2）填充焊

同样在管子 1 点钟处引弧，可采用月牙形或锯齿形摆动方式焊接。摆动时在坡口两侧稍作停留，以保证焊道两侧熔合良好，焊道表面略微下凹和平整，并低于焊件金属表面 1～1.5 mm。操作时，不能熔化坡口边缘，焊后把焊道表面清理干净。

（3）盖面焊

同样要在管子 1 点钟处引弧并焊接。焊枪摆动幅度略大，使熔池超过坡口边缘 0.5～1.5 mm，以保证坡口两侧熔合良好。焊后要用钢丝刷清理焊缝表面，并检查焊缝表面有无缺陷，如有缺陷，要进行打磨修补。参考焊接参数见表 6-14。

表 6 - 14　管子对接的 CO_2 气体保护焊焊接参数(管子壁厚 10 mm)

焊接步骤	气体流量/(L·min⁻¹)	焊丝直径/mm	伸出长度/mm	焊接电流/A	电弧电压/V
打底焊	12~15	1.2	10~15	100~120	18~20
填充焊	12~15	1.2	10~15	120~140	19~22
盖面焊	12~15	1.2	10~15	120~150	21~23

练习与思考

1. 简述 CO_2 气体保护焊的优缺点。

2. 试分析 CO_2 气体保护电弧焊冶金过程中产生的 FeO 会造成哪些危害。

3. CO_2 气体保护电弧焊会产生哪些气孔？说出原因并指出如何防止。

4. 简述 CO_2 气体保护焊产生飞溅的原因及减少飞溅的措施。

5. 说出 CO_2 气体保护焊的供气系统的组成部分,并简述他们的作用。

6. 试分析在 CO_2 气体保护焊焊接过程中各种工艺参数对 CO_2 气体保护焊焊接质量的影响。

7. 简述 CO_2 气体保护焊基本操作要点。

8. 简述管-管对接的 CO_2 气体保护焊的焊接要点。

混合气体保护焊

◎ **知识目标**

1. 了解混合气体保护焊的特点及熔滴过渡；
2. 了解混合气体保护焊的设备组成；
3. 掌握混合气体保护焊保护气体对焊接质量的影响；
4. 掌握混合气体保护焊焊接工艺；
5. 熟悉常用材料混合气体保护焊的操作工艺要点。

任务一　混合气体保护焊的特点及熔滴过渡

一、任务分析

本任务目的是了解混合气体保护焊的工艺和熔滴过渡的特点，理解熔滴过渡对焊接质量的影响。

二、相关知识

(一)混合气体保护焊的特点

混合气体保护焊与单一气体保护焊相比有以下特点：

(1) 优　点

保护气体及熔滴过渡形式多样，参数可调范围很宽；

① 能获得最佳的保护效果、优良的电弧特性及十分稳定的熔滴过渡特性，更易得到好的焊接结果；

② 混合气体保护焊适用的金属材料更加广泛，可以焊接化学活泼性强和易形成高熔点氧化膜的镁、铝、钛及其合金；

③ 混合保护气体保护焊更适宜于薄板焊接和对接焊缝的焊根焊接；

④ 便于实现自动化焊接。

(2) 缺　点

① 所用的混合气体，特别是多元气体的混合困难；

② 焊接工艺参数复杂；

③ 焊接设备比较复杂，且价格高。

(二)混合气体保护焊的熔滴过渡

混合气体保护焊的熔滴过渡形式有:粗滴过渡、细滴过渡、短路过渡、喷射过渡和脉冲喷射过渡等,熔滴过渡形式多样。选用合适的熔滴过渡形式进行焊接,能获得稳定的焊接工艺性能和良好的焊接接头。混合气体保护焊适用于平焊、立焊、横焊和仰焊以及全位置焊等,尤其适用于碳钢、合金钢和不锈钢等黑色金属材的焊接。

混合气体保护焊得到什么熔滴过渡形式,除受电流大小、气体成分和配比的影响外,焊丝直径、焊丝伸出长度等因素也有影响,它们之间组合的结果几乎是无限的,使焊接工艺参数的调节范围大大扩展,但同时又带来工艺参数的复杂性。

在混合气体保护焊焊接中,通常会出现短弧、长弧和喷射弧。下面分别介绍一下它们的特点及应用。

1) 短 弧

短弧的主要特点是在每一次熔滴过渡时均有短暂而有限制的短路所引起的电弧的中断现象。通过焊丝接触熔池会快速交替地出现燃烧的电弧和短路中断现象。这种几乎呈周期性中断的电弧焊接可用较小的有效电流强度熔化焊丝。当电弧燃烧时,电弧开始加热熔池和焊丝端部。接着熔化的焊丝端部和熔池接触,电流密度和电压较小,不能产生自由的熔滴分离,熔化的焊丝材料流向熔池。熔滴接触工件,电压迅速降低到零,并一直延续到短路时间结束,其电压始终保持在较低状态。但与此同时由于电流骤增,电阻发热,加热过渡区。在电磁力的作用下,短路处熔滴的截面收缩,迅速减少的熔滴颈部截面受到剧烈加热,产生汽化,从而使焊丝和熔池分离。短路结束时电压升高。通过高温电极和富裕能量的物质立即再次点燃电弧。在引弧后电流强度再次降低,又形成一个新的熔池。由于这个周期快速交替地进行下去(甚至超过每秒钟 200 次),电弧连续作用的时间短,具有这种特点的电弧称为短弧。在每次熔滴过渡时由于受到不同力作用的缘故,易造成熔池振动。首先是用短弧焊接大熔敷量的下降焊缝时,熔池振动造成熔池前拥,如电流调节不当则更易于造成这种引人注目的疵病,使焊接结果明显恶化。

2) 长 弧

图 7-1 表示长弧的熔滴过渡情况。这种长弧表示熔滴自由过渡和短路过渡混在一起的状态。长弧的熔滴比喷射弧的熔滴大。

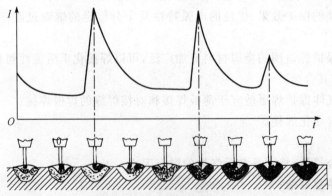

图 7-1　长弧的熔滴过程

由于长弧熔滴过渡时存在着部分短路现象,故会产生很大的电流强度峰值,飞溅损失一般较大。可采用以下措施来明显地减少飞溅损失。首先,调节特性曲线倾角,通过电子控制设备和扼流圈控制电流上升速度和短路时的电流峰值。如电源动态特性较差时,可在焊机外附加扼流圈,用滤波装置来实现对焊接参数的调节。其次,优化电弧电压减少飞溅。在较大熔敷量时若具有足够高的电压,不仅可减少飞溅,而且可得到平坦和光洁的焊道。并不是对任何熔敷量都可得到同样少的飞溅。有时尽管熔敷量不一样,但若采用合适的保护气体—焊丝搭配焊接,也可以得到较好的焊接效果。另外,高电流强度,很短的电弧,可在深的熔坑中产生熔滴过渡,让飞溅尽可能从侧壁开始。还有,可采用较短的焊丝伸出长度来减少飞溅,或者采用合适的焊接速度和正确的焊炬握持方法减少飞溅(焊接速度大时飞溅产生也多)。

3)喷射弧

喷射弧的特点是熔滴最小,材料过渡无短路,即喷射弧焊接时焊接参数不变,用微小熔滴和自由飞行的熔滴实现材料过渡。焊丝端部在焊接时被熔化成尖形或扁平状主要决定于材料、保护气体、电流密度和焊丝伸出端电阻的加热。喷射弧的熔滴过渡情况如图7-2所示。

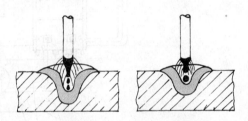

由于喷射弧焊接时熔滴很小,且熔池流动性好,不适合于全位置焊接,一般多用于水平焊缝的填充和盖面焊道的焊接。

图7-2　喷射弧的熔滴过渡

短的喷射弧适用于厚板单层水平角焊缝的焊接。可避免角焊缝垂直边上的咬边并保证熔深达到角点,若电弧过短,焊炬位置不对以及焊接速度不当,尽管电弧功率较高,仍会造成大的焊道凸起高度。尤其结合脉冲电源后,焊接电源的输出电流以一定的频率和幅值变化来控制熔滴有节奏地过渡到熔池;可在平均电流小于临界电流值的条件下获得射流(或射滴)过渡,稳定地实现一个脉冲过渡一个(或多个)熔滴的理想状态即熔滴过渡无飞溅,并具有较宽的电流调节范围。适合板厚$\delta \geqslant 1.0$ mm工件的全位置焊接,尤其对那些热敏感性较强的材料,可有效地控制热输入量,改善接头性能。由于脉冲电弧具有较强的熔池搅拌作用,可以改变熔池冶金性能,有利于消除气孔、未熔合等焊接缺陷。脉冲条件下减少层间打磨时间,焊缝成形美观。MAG可以采用不同的熔滴过渡形式,如用脉冲电流,通过数字机的精确控制,还可以获得"一脉一滴"的精确可控的脉冲射流过渡,可以满足焊接的不同要求,这是其他焊接方法所不具备的,是MAG优越性的体现,使它得到广泛的应用。

任务二　混合气体保护焊设备及保护气体

一、任务分析

通过本任务的学习了解混合气体保护焊的设备组成及各部分功能。随着实践的不断深入,认识到采用混合气体比用单一气体更能适应不同的金属材料和焊接工艺的需要,并能获得最佳的保护效果、优良的电弧特性及十分稳定的熔滴过渡特性,更易得到好的焊接结果。

二、相关知识

(一) 混合气体保护焊设备

混合气体保护焊的设备可分为自动和半自动两种类型,主要由焊接电源、焊枪、送丝系统、供水和供气系统及控制系统等组成,如图 7-3 所示。

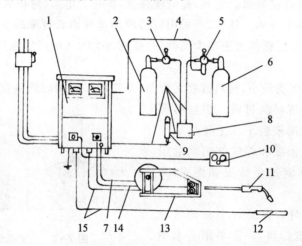

1—焊接电源;2—Ar 气瓶;3—减压器;4—预热器连线;5—带预热器的减压器;

6—CO_2 气瓶;7—送气软管;8—气体配比器;9—气体流量计;10—遥控盒;

11—焊枪;12—工件;13—送丝机;14—控制电缆;15—焊接电缆

图 7-3　混合气体保护焊设备示意图

焊接电源提供焊接所需的电能,维持焊接电弧的稳定燃烧,送丝机将焊丝从焊丝盘中拉出,并将其送给焊枪。焊丝通过焊枪时,因与导电嘴的接触而带电,导电嘴将电流由焊接电源送给电弧。供气系统提供焊接时需要的保护气体,将电弧、熔池保护起来。控制系统主要是控制和调整整个焊接程序:包括开始和停止输送保护气体,启动和停止焊接电源接触器,以及按要求控制送丝速度等。焊接过程中,电源的两端接在焊枪与工件上,盘状焊丝由送丝机构进入导电嘴内,随着焊接过程的进行,焊丝不断向熔池送进,同时,保护气体由供气系统经过焊枪喷嘴不断喷出,形成保护气流,防止空气侵入熔池和电弧区内。随着焊枪的移动,熔池金属冷却,形成焊缝,焊接被焊接在一起。

(二) 混合气体保护焊的保护气体

焊接混合气体保护焊,是近些年发展起来的一种焊接新工艺。在多年气体保护电弧焊的实践中发现,用混合气体代替单一纯气体作保护气,可以有效地细化熔滴、减小飞溅、改善成形、控制熔深、防止缺陷和降低气孔生成率,因而可以显著提高的焊接质量。

目前,工业上常用的焊接保护混合气大致可以分为二元混合气、三元混合气和四元混合气三类。常用的二元混合气有 Ar-He、Ar-N_2、Ar-H_2、Ar-O_2、Ar-CO_2、CO_2-O_2、N_2-H_2 等;常用的三元混合气有 Ar-He-CO_2、Ar-He-N_2、Ar-He-O_2、Ar-O_2-CO_2 等;四元混

合气用得比较少,主要由 Ar、He、H_2、O_2、N_2、CO_2 等配制而成。各类混合气各组分之配比可以在较大范围内变化,主要由焊接工艺、焊接材质、焊丝型号等多种因素综合决定。

一般说来,对焊缝质量要求越高,对配制混合气的各单元气体的纯度要求也越高。在欧美各国,配制混合气用的 Ar、H_2、N_2 等气体,纯度为 99.999%,He 为 99.996%,CO_2、为 99.99%,通常水分均被视为有害杂质,要求 $H_2O < 10 \ mg/m^3$。

混合气体组分不同,特性就差别很大,加入惰性气体或氧化性组分的混合气体电弧稳定性和金属过渡特性都较好,应用也较广泛。

1. 二元混合气体

(1) Ar＋He

电弧稳定,金属过渡特性好,适用 TIG 焊、MIG 焊的喷射过渡。可用于各种非铁金属焊接,主要用于铝及其合金和钛及其合金。用不同 Ar、He 组合能控制阴极斑点的位置,提高电弧电压和热量,保持 Ar 的有利特性。但 He 的体积分数小于 10% 时会影响电弧和焊缝的力学性能,与 Ar 混合的 He 的体积分数至少应在 20% 以上才能产生和维持稳定喷射电弧的效果。He 的加入量视板厚而定,板越厚加入量越大。Ar＋25%He 这种配比很少,仅用于铝焊接时需要增加熔深和对焊缝成型要求很高的场合。Ar＋75%He 广泛用于厚度 25 mm 以上铝的平位置自动焊,还可增加 6～12 mm 厚铜焊件的热输入,并减少焊缝的气孔。Ar＋90%He 用于焊接厚度为 12 mm 以上的铜和 76 mm 以上的铝,可提高热输入,改善焊缝成型。这种组合也用于高 Ni 填充金属的短路过渡焊接。铝及其合金的焊接一般优先选用 TIG 焊。在焊接 1460 型铝锂合金时,为获得无气孔、无氧化膜夹杂的优质焊接接头,采用特种喷嘴,并向其熔池补吹含 35%～45%He 的 Ar、He 混合气,以保护焊缝和近缝区,该混合气体基本上避免了焊缝成型时的氧化膜夹杂物及热裂纹。

(2) Ar＋N_2

价格便宜,氮元素能促进奥氏体化,提高接头抗点蚀和抗应力腐蚀能力,但焊接飞溅较大。主要用于碳钢、低合金钢、不锈钢、铜及其合金和镍基合金。Ar＋N_2 是促进奥氏体化的元素,在 Ar 中加 1%N_2 可使 347 不锈钢焊缝得到全奥氏体组织,加 1.5%～3%N_2 的混合气也开始采用。与 Ar＋He 比较,N_2 价格便宜,但焊接时飞溅较大,焊缝表面粗糙,外观质量较差。在厚壁紫铜板的 MIG 焊中,在 Ar 中分别加入 5%、10%、15% 的 N_2 进行射流过渡焊接。随着 N_2 比例的增加,焊道的溢流情况得到改善,堆焊焊道的熔深有明显增加,而且适当地降低紫铜试板的预热温度,仍可得到熔合良好的焊缝。而在短路过渡时,却难以产生良好的熔合,母材几乎完全不熔化。

(3) Ar＋O_2

改善熔滴细化率,电弧稳定性和金属过渡特性好,熔深较大,呈蘑菇形。主要由于碳钢、低合金钢及不锈钢的焊接。

Ar 中添加少量 O_2 可提高电弧的稳定性,降低熔滴与焊丝分离的表面张力,从而提高填充金属过渡的熔滴细化率,改善焊缝润湿性、流动性和焊缝成型,适当减轻咬边倾向,使焊道平坦。

Ar＋1%O_2 主要用于不锈钢的喷射过渡焊,1%O_2 一般足以使电弧稳定,改善熔滴细化率、与母材熔合及焊缝成型。有时,添加少量 O_2 也用于焊接非铁金属。Ar＋2%O_2 用于碳钢、低合金钢、不锈钢的喷射电弧焊,它比加 1%O_2 更能增加焊缝润湿性,且力学性能和抗腐蚀性基本不变。脉冲 MAG 焊在其它条件相同的情况下,采用含氧量分别为 1%、2%、3% 的 $Ar+O_2$ 作保护气体,得到的电弧静特性曲线以 $Ar+2\%O_2$ 时位置最低。$Ar+5\%O_2$ 熔池流动性更好,是焊接一般碳素钢最通用的 $Ar+O_2$ 混合气,焊接速度可更高。$Ar+(8\%\sim12\%)$ O_2 主要应用于单道焊,但某些多道焊应用也有报导。这种混合气体因其熔池流动性较大,喷射过渡临界电流较低,因而在有些焊接应用中更能显示其优越性。$Ar+(12\%\sim25\%)O_2$ 混合气体含氧量很高,添加约 20% 以上 O_2 时,喷射过渡变得不稳定,并偶有短路和粗粒过渡发生,因而使用有限,但焊出的焊缝气孔很少。

(4) $Ar+CO_2$

电弧稳定性和金属过渡特性好,适用于短路过渡及喷射过渡,熔深较大,呈扁平形。$Ar+CO_2$ 与加 O_2 相反,当用 CO_2 时,熔深改善,气孔较少。适当增加 CO_2 可改变焊缝组织、夹杂物分布状态和焊缝合金元素含量,大幅度降低焊缝金属的氢脆敏感性。

$Ar+(3\%\sim10\%)CO_2$ 用于各种厚度碳钢的喷射电弧及短路过渡焊。$Ar+5\%CO_2$ 普遍用于低合金钢厚板全位置脉冲焊,该混合气体使弧柱变挺,较强的电弧力更适应钢材表面氧化皮,且能更好地控制熔池。如对锅炉压力容器焊接中采用 $Ar+10\%CO_2$ 气体保护的 MAG 焊进行了焊接工艺评定。结果表明,采用 MAG 焊改善了热影响区的韧性,提高了焊缝的外观质量,焊缝表面过渡光滑,焊缝成型好。$Ar+(11\%\sim20\%)CO_2$ 已用于多种窄间隙焊、薄板全位置焊和高速 GMAW 焊,大多用于碳钢和低合金钢焊接,对薄板可达到最大的生产效率。含 20%CO_2 时习惯称为富氩 CO_2 保护气,它克服了纯 CO_2 焊中弧柱及电弧斑点强烈收缩的缺点,同时减少了飞溅。$Ar+(21\%\sim25\%)CO_2$ 是最常用于低碳钢短路过渡焊的气体,现已成为大多数实芯焊丝和常用药芯焊丝焊接的标准混合气体。该混合气体在厚板大电流情况下也很好用,且电弧稳定,熔池易于控制,焊缝美观,生产效率高。$Ar+50\%CO_2$ 用于高热输入深熔焊,薄板焊时较易焊穿,这使该气体的适应性受到限制。当大电流焊接时,金属过渡比上述混合气体更像纯 CO_2 焊,但由于加 Ar 而使飞溅略为减少。$Ar+75\%CO_2$ 用于厚壁管的焊接,与侧壁的熔合和深熔良好,加 Ar 组分提高了电弧的稳定性并减少了飞溅。

(5) $Ar+H_2$

适用于 TIG 焊。氢导热系数大,对电弧有较强的冷却作用,电弧稳定性好,对焊件热输入比纯 Ar 高,熔深较大。主要用于不锈钢,镍基合金。

(6) CO_2+O_2

具有较强的氧化性,电弧稳定性较差,但仍具有较好的金属过渡特性。主要用于碳钢,采用特殊成分的焊丝时也可用于低合金钢焊接。

2. 三元混合气体

(1) $Ar+O_2+CO_2$

具有短路、粗滴、脉冲、喷射和高密度等过渡形式,各种形式都具有多方面适应性。用于各种厚度的碳钢、低合金钢、不锈钢。

$Ar+O_2+CO_2$ 这三种气体的混合气体有可用于短路过渡、粗滴过渡、脉冲、喷射和高密度过渡的工作特性。$Ar+(5\%\sim10\%)CO_2+(1\%\sim3\%)O_2$ 混合气体主要优点在于焊接各种厚度的碳钢、低合金钢、不锈钢,不论哪种过渡形式都有很广的适应性。$Ar+(10\%\sim20\%)CO_2$

$+5\%O_2$ 混合气体可产生热短路过渡且熔池流动性好。当采用三重脱氧焊丝时，可使熔池呈惰性，且喷射电弧过渡良好。

（2）$Ar+CO_2+H_2$

少量氢可改善不锈钢脉冲 MIG 焊时焊缝的润湿性和电弧稳定性。用于不锈钢脉冲 MIG 焊。主要用于碳钢、低合金钢、高强钢及不锈钢。

$Ar+CO_2+H_2$ 不锈钢脉冲 MIG 焊时加少量 H_2（$1\%\sim2\%$），焊缝润湿性改善且电弧稳定。CO_2 量要少（$1\%\sim3\%$），使渗碳最少，并保持良好的电弧稳定性。此气体使焊缝金属含氢量过高，焊缝力学性能不好且会出现裂缝，因此不适用于低合金钢。

（3）$Ar+He+CO_2$

增加焊缝热输入，电弧稳定性和金属过渡特性好。Ar 中加 He 及 CO_2 可增加焊接热输入并改善电弧稳定性，焊道润湿性和成型更好。

$Ar+（10\%\sim30\%）He+（5\%\sim15\%）CO_2$ 主要用于碳钢和低合金钢脉冲喷射电弧焊。CO_2 含量较低时能改善电弧稳定性，低电流脉冲喷射电弧焊也可以用。（$60\%\sim70\%$）$He+$（$20\%\sim35\%$）$Ar+$（$4\%\sim5\%$）CO_2 用于高强钢，尤其适用全位置短路过渡焊，CO_2 含量要低，以保持良好的焊缝金属韧性。He 可提供熔池流动性所需的热量，He 含量不需要太高，因为熔池变得稀些容易控制。$90\%\ He+7.5\%\ Ar+2.5\%\ CO_2$ 用于不锈钢全位置短路电弧焊，CO_2 含量要低，使渗碳最少，以保证良好的耐腐蚀性，尤其是多道焊。添加 CO_2+Ar 可使电弧稳定性和熔透性好。

3. 四元混合气体

$Ar+He+CO_2+O_2$

适用于高密度金属过渡，具有良好的力学性能和操作性。主要用于低合金高强度钢。焊接过程中电弧燃烧稳定，原因是加入了 O_2 或 CO_2 后，加剧了电弧区域的氧化反应，有助于低逸出功的氧化膜形成，克服了单独用 Ar 气焊接时产生的电弧飘移现象。此外，电弧气氛中的氧化反应放出大量热量，使母材熔深增加，焊丝熔化系数提高，有利于提高生产率。大量实践还证明，在富 Ar 气体中加入氧化性气体，能减少液态金属的表面张力，有利于金属熔滴的细化，降低射流过渡的临界电流。这说明氧化性混合气体能使熔滴过渡特性变好。加入 He 的混合气体，主要是利用 He 的导热性好、电弧电压高的物理特性，提高了混合气体电弧弧柱温度，故常用于焊接中厚板或导热性好的金属，如铝及其合金。

任务三　混合气体保护焊工艺

一、任务分析

本任务介绍了混合气体保护焊焊接材料的选用和焊接工艺参数的有关知识，同时还通过实例介绍了几种典型材料的焊接操作工艺要点。通过此任务的学习，在采用混合气体保护焊焊接时能够针对不同的材料制定出更合理的工艺方案。

二、相关知识

(一) 混合气体保护焊焊接材料的选用

混合气体保护焊采用的焊接材料是焊丝和保护气体,焊丝、母材和保护气体的化学成分决定了焊缝金属的化学成分。而焊缝金属的化学成分又决定着焊件的化学成分和力学性能。保护气体和焊丝的选择受如下因素的影响:

① 母材的成分和力学性能;

② 对焊缝力学性能的要求;

③ 母材的状态和清洁度;

④ 焊接位置;

⑤ 期望的熔滴过渡形式。

1. 保护气体

保护气体在前一任务中已经介绍过,可见保护气体除了提供保护环境外,其种类及其流量将对电弧特性、熔滴过渡形式、熔深与焊道形状、焊接速度、咬边倾向、焊缝金属力学性能等产生影响。

2. 焊　丝

混合气体保护焊用焊丝的化学成分一般与母材的化学成分相近,并且具有良好的焊接工艺性能和焊缝性能。但在某些情况下,焊丝成分与母材相比有少许变化。甚至在实际应用中,为获得满意的焊接性能和焊缝性能还可能要求焊丝成分和母材成分不同。例如焊接锰青铜、铜-锌合金时,最满意的焊丝为铝青铜或铜-锰-镍-铝合金。又如在焊接高强铝合金和高强合金钢时,所选焊丝在成分上完全不同于母材。这是因为某些铝合金成分如 6A02 不适合作为焊缝填充金属。表 7-1、7-2、7-3 和 7-4 分别是混合气体保护焊不同材料适用的焊丝牌号或型号及化学成分。

表 7-1　碳钢焊丝的化学成分

焊丝型号	化学成分(质量分数)/%											其他元素总量
	C	Mn	Si	P	S	Ni	Cr	Ti	Zr	Al	Cu	
ER49-1	≤0.11	1.8~2.10	0.65~0.95	≤0.030	≤0.030	≤0.30	≤0.20	—	—	—	≤0.50	—
ER50-2	≤0.07	0.90~1.40	0.40~0.70	≤0.025	≤0.035	—	—	0.05~0.15	0.02~0.12	0.05~0.15		≤0.50
ER50-3	0.06~0.15	0.90~1.40	0.45~0.75									
ER50-4	0.07~0.15	1.00~1.50	0.65~0.85		≤0.025			—	—			
ER50-5	0.07~0.15	0.90~1.40	0.30~0.60							0.50~0.90		
ER50-6	0.06~0.15	1.40~1.85	0.80~1.15									
ER50-7	0.07~0.15	1.50~2.00	0.50~0.80									

表 7 - 2　不锈钢焊丝的化学成分

牌　　号	化学成分(质量分数)/%						
	奥氏体型						
GB 标准	C	Si	Mn	Cr	Ni	Mo	其　他
H05Cr22Ni11Mn6Mo3VN	≤0.05	≤0.90	4.00~ 7.00	20.50~ 24.00	9.50~ 12.00	1.50~ 3.00	V=0.10~0.30 N=0.10~0.30
H05Cr20Ni6Mn9N	≤0.05	≤1.00	8.00~ 10.00	19.00~ 21.50	5.50~ 7.00	≤0.75	N=0.10~0.30
H1Cr21Ni10Mn6	≤0.10	0.20~ 0.60	5.00~ 7.00	20.00~ 22.00	9.00~ 11.00	≤0.75	—
H0Cr21Ni10	≤0.08	≤0.35	1.00~ 2.50	19.50~ 22.00	9.00~ 11.00	≤0.75	—
H06Cr21Ni10	0.04~ 0.08	0.30~ 0.65	1.00~ 2.50	19.5~ 22.00	9.00~ 11.00	≤0.50	—
H03Cr21Ni10	≤0.030	≤0.35	1.00~ 2.50	19.5~ 22.00	9.00~ 11.00	≤0.75	—
H1Cr24Ni13Si	≤0.12	0.30~ 0.65	1.00~ 2.50	23.00~ 25.00	12.00~ 14.00	≤0.75	—
H1Cr24Ni13	≤0.12	≤0.35	1.00~ 2.50	23.00~ 25.00	12.00~ 14.00	≤0.75	—
H03Cr24Ni13	≤0.030	≤0.35	1.00~ 2.50	23.00~ 25.00	12.00~ 14.00	≤0.75	—
H1Cr24Ni13Mo2	≤0.12	0.30~ 0.65	1.00~ 2.50	23.00~ 25.00	12.00~ 14.00	2.00~ 3.00	
H03Cr24Ni13Si1	≤0.030	0.65~ 1.00	1.00~ 2.50	23.00~ 25.00	12.00~ 14.00	≤0.75	—
H1Cr26Ni21	0.08~ 0.15	≤0.35	1.00~ 2.50	25.00~ 28.00	20.00~ 22.50	≤0.75	
H0Cr19Ni12Mo2	≤0.08	≤0.35	1.00~ 2.50	18.00~ 20.00	11.00~ 14.00	2.00~ 3.00	
H06Cr19Ni12Mo2	0.04~ 0.08	0.30~ 0.65	1.00~ 2.50	18.00~ 20.00	11.00~ 14.00	2.00~ 3.00	
H03Cr19Ni12Mo2	≤0.030	≤0.35	1.00~ 2.50	18.00~ 20.00	11.00~ 14.00	2.00~ 3.00	—
H0Cr19Ni12Mo2Si1	≤0.08	0.65~ 1.00	1.00~ 2.50	18.00~ 20.00	11.00~ 14.00	2.00~ 3.00	
H03Cr19Ni12Mo2Cu2	≤0.030	≤0.65	1.00~ 2.50	18.00~ 20.00	11.00~ 14.00	2.00~ 3.00	Cu=1.00~2.50
H03Cr19Ni14Mo3	≤0.030	0.30~ 0.65	1.00~ 2.50	18.50~ 20.50	13.00~ 15.00	3.00~ 4.00	
H0Cr19Ni12Mo2Nb	≤0.08	0.30~ 0.65	1.00~ 2.50	18.00~ 20.00	11.00~ 14.00	2.00~ 3.00	Nb=8C~1.00
H0Cr19Ni10Ti	≤0.08	0.30~ 0.65	1.00~ 2.50	18.50~ 20.50	9.00~ 10.50	≤0.75	Ti=9C~1.00
H0Cr20Ni10Nb	≤0.08	0.30~ 0.65	1.00~ 2.50	19.00~ 21.50	9.00~ 11.00	≤0.75	Nb=10C~1.00
H0Cr20Ni10SiNb	≤0.08	0.65~ 1.00	1.00~ 2.50	19.00~ 21.50	9.00~ 11.00	≤0.75	Nb=10C~1.00

牌 号	化学成分(质量分数)/%						
奥氏体型							
GB 标准	C	Si	Mn	Cr	Ni	Mo	其 他
H02Cr27Ni32Mo3Cu	≤0.025	≤0.50	1.00~2.50	26.50~28.50	30.00~33.00	3.20~4.20	Cu=0.70~1.50
H06Cr19Ni10TiNb	0.04~0.08	0.30~0.65	1.00~2.00	18.50~20.00	9.00~11.00	≤0.25	Ti≤0.05 Nb≤0.05
H1Cr16Ni8Mo2	≤0.10	0.30~0.65	1.00~2.00	14.50~16.50	7.50~9.50	1.00~2.00	—
奥氏体+铁素体型							
H03Cr22Ni8Mo3N	≤0.030	≤0.90	0.50~2.00	21.50~23.50	7.50~9.50	2.50~3.50	N=0.08~0.20
H04Cr25Ni5Mo3Cu2N	≤0.04	≤1.00	≤1.50	24.00~27.00	4.50~6.50	2.90~3.90	Cu=1.50~2.50 N=0.10~0.25
H1Cr30Ni9	≤0.15	0.30~0.65	1.00~2.50	28.00~32.00	8.00~10.50	≤0.75	—
马氏体型							
H1Cr13	≤0.12	≤0.50	≤0.60	11.50~13.50	≤0.60	≤0.75	
H06Cr12Ni4Mo	≤0.06	≤0.50	≤0.60	11.00~12.50	4.00~5.00	0.40~0.70	
H3Cr13	0.25~0.40	≤0.50	≤0.60	12.00~14.00	≤0.60	≤0.75	—
铁素体型							
H0Cr14	≤0.60	0.30~0.70	0.30~0.70	13.00~15.00	≤0.60	≤0.75	—
H1Cr17	≤0.10	≤0.50	≤0.60	15.5~17.00	≤0.60	≤0.75	—
H01Cr26Mo	≤0.015	≤0.40	≤0.40	25.00~27.50	—	0.75~1.50	Cu≤0.75 N≤0.015
H0Cr11Ti	≤0.08	≤0.80	≤0.80	10.50~13.50	≤0.60	≤0.50	Ti=10C~1.50
H0Cr11Nb	≤0.08	≤1.00	≤0.80	10.50~13.50	≤0.60	≤0.50	Nb=10C~0.75
沉淀硬化型							
H05Cr17Ni4Cu4Nb	≤0.05	≤0.75	0.25~0.75	16.00~16.75	4.50~5.00	≤0.75	Nb=0.15~0.30 Cu=3.25~4.00

表 7-3　低合金钢焊丝的化学成分

型 号	化学成分(质量分数)/%											
	C	Mn	Si	P	S	Ni	Cr	Mo	V	Ti	Zr	Al	Cu
ER49-1	0.11	1.80~2.10	0.65~0.95	0.030	0.030	0.30	0.20	—	—	—	—	—	0.50

续表 7-3

型　号	化学成分（质量分数）/%												
	C	Mn	Si	P	S	Ni	Cr	Mo	V	Ti	Zr	Al	Cu
ER50-2	0.07	0.90~1.40	0.45~0.75	0.025	0.035	—	—		—	0.05~0.15	0.02~0.12	0.05~0.15	0.50
ER50-3	0.06~0.15	0.90~1.40	0.45~0.75	0.025	0.035	—	—	—	—	—	—		0.50
ER50-4	0.07~0.15	1.00~1.50	0.65~0.85	0.025	0.035								0.50
ER50-5	0.07~0.19	0.90~1.40	0.30~0.60	0.025	0.035							0.50~0.90	0.50
ER50-6	0.060~0.15	1.40~1.85	0.80~1.15	0.025	0.035								0.50
ER50-7	0.07~0.15	1.50~2.00	0.50~0.80	0.025	0.035								0.50
ER55-C1	0.12	1.25	0.40~0.80	0.025	0.025	0.80~1.10	0.15	0.35	0.05				0.35
ER55-C2	0.12	1.25	0.40~0.80	0.025	0.025	2.00~2.75							0.35
ER55-C3	0.12	1.25	0.40~0.80	0.025	0.025	3.00~3.75							0.35
ER55-D2-Ti	0.12	1.20~1.90	0.40~0.80	0.025	0.025	—		0.20~0.50		0.20			0.50
ER55-D2	0.07~0.12	1.60~2.10	0.50~0.80	0.025	0.025	0.15	—	0.40~0.60	—				0.50
ER69-1	0.08	1.25~1.80	0.20~0.50	0.010	0.010	1.40~2.10	0.30	0.25~0.55	0.05	0.10	0.10	0.10	0.25
ER69-2	0.12	1.25~1.80	0.20~0.60	0.010	0.010	0.80~1.25	0.30	0.20~0.55	0.05	0.10	0.10	0.10	0.35~0.65
ER69-3	0.12	1.25~1.80	0.40~0.80	0.020	0.020	0.50~1.00	—	0.20~0.55	—	0.20		0.10	0.35
ER76-1	0.09	1.40~1.80	0.20~0.55	0.010	0.010	1.90~2.60	0.50	0.25~0.55	0.04	0.10	0.10	0.10	0.25
ER83-1	0.10	1.40~1.80	0.25~0.60	0.010	0.10	2.00~2.80	0.60	0.30~0.65	0.03	0.10	0.10	0.10	0.25

表 7 - 4　铝及其合金焊丝的化学成分

型　号	化学成分(质量分数)/%											其他元素含量
	Si	Fe	Cu	Mn	Mg	C	Zn	Ti	V	Zr	Al	
纯铝												
SAl—1	Fe+ Si 1.0		0.05	0.05	—	—	0.10	0.05	—	—	≥99.0	
SAl—2	0.20	0.25	0.40	0.30	0.03	—	0.04	0.03	—	—	≥99.7	0.15
SAl—3	0.30	0.30	—	—	—	—	—	—	—	—	≥99.5	
铝镁												
SAlMg—1	0.25	0.40	0.10	0.50~1.0	2.40~3.0	0.05~0.20	—	0.05~0.20	—	—		
SAlMg—2	Fe+ Si 0.45		0.05	0.01	3.10~3.90	0.15~0.35		0.20	0.05~0.15	—	—	余量	0.15
SAlMg—3	0.40	0.40	0.10	0.50~1.0	4.30~5.20	0.05~0.25	0.25	0.15	—	—		
SAlMg—5	0.40	0.40		0.20~0.60	4.70~5.70	0.05~0.20			—	—		
铝铜												
SAlCu	0.20	0.30	5.8~6.8	0.20~0.40	0.02		0.10	0.10~0.20	0.05~0.15	0.10~0.25	余量	0.15
铝锰												
SAlMn	0.60	0.70	—	1.0~1.6							余量	0.15
铝硅												
SAlSi—1	4.5~6.0	0.80	0.30	0.05	0.05	0.05	0.10	0.20	—	—		
SAlSi—2	11.0~13.0	0.80	0.30	0.15	0.10		0.20		—	—	余量	0.15

(二) 混合气体保护焊的工艺参数

影响焊缝成形和工艺性能的参数主要有:焊接电流、电弧电压、焊接速度、焊丝伸出长度、焊丝的倾角、焊丝直径、焊接位置、极性、保护气体的种类和流量大小等。除了保护气体种类,其他参数对焊接质量的影响与熔化极氩弧焊相同。在此,以常用混合气体及其适用的焊接材料来说明一下保护气体的种类对熔滴过渡、焊缝的形状和焊接质量的影响。

1. 氩气加二氧化碳气体($Ar+CO_2$)

这种混合气体被用来焊接低碳钢与低合金钢,常用的混合比为 $Ar \geqslant 70\% \sim 80\%$,$CO_2 \leqslant 20\% \sim 30\%$。(若 CO_2 含量大于 25%,熔滴过渡失去氩弧的特征而呈现 CO_2 电弧的特征)。例如:氩气中加入 20% 二氧化碳气体所形成的混合气体,既具有氩弧的特点(电弧燃烧稳定,飞溅小,容易获得轴向喷射过渡等),又具有氧化性,克服了氩气焊接时表面张力大,液体金属粘稠,斑点易飘移等问题,同时对焊缝蘑菇形熔深有所改善。这种混合气体可用于喷射过渡电弧、短路过渡电弧和脉冲过渡电弧。表 7-5、7-6 和 7-7 分别是短路过渡、喷射过渡和脉冲过渡 Ar＋CO_2 混合气体保护焊的工艺参数。

表 7－5　短路过渡 Ar＋CO2 混合气体保护焊的工艺参数

板厚 /mm	焊接位置	接头形式	间隙 /mm	钝边 /mm	送丝速度 /(mm·s⁻¹)	焊丝直径 /mm	焊接电流 /A	焊接电压 /V	焊接速度 /(mm·s⁻¹)	焊道数
0.64	平、横、立、仰	对接、T形	0	—	47~51	0.76	45~50	13~14	8~11	1
1.6	横	对接	0.79	—	72~76	0.89	105~110	16~17	11~13	1
	横	T形	—	—	76~80	0.89	110~115	16~17	10~12	1
	立、仰	对接	0.79	—	59~63	0.89	85~90	15~16	5~8	1
	立、仰	T形	—	—	61~66	0.89	90~95	15~16	10~12	1
3.2	平	对接	0.79	—	112~116	0.89	150~155	18~20	6~8	1
	平	对接	0.79	—	63~68	1.1	160~165	18~19	6~8	1
	横	对接	0.79	—	93~97	0.89	130~135	17~18	5~8	1
	横	T形	—	—	114~118	0.89	155~160	18~20	10~12	1
	立、仰	对接	0.79	—	93~97	0.89	130~135	17~18	5~8	1
	立、仰	T形	—	—	93~97	0.89	130~135	17~19	8~10	1
4.8	平	对接	4.8	—	93~97	1.1	210~215	19~20	6~10	1
	平	V形对接	2.4	1.6	93~97	1.1	210~215	19~20	5~10	1
	横	T形	—	—	89~95	1.1	210~215	19~21	6~8	1
	横	对接	4.8	—	76~80	1.1	175~185	18~20	5~7	2
	立、仰	V形对接	2.4	1.6	85~89	0.89	120~125	17~18	4~6	2
	立、仰	T形	—	—	102~106	0.89	140~145	17~19	5~8	1
6.4	平	V形对接	2.4	1.6	99~104	1.1	220~225	20~21	5~7	2
	横	V形对接	2.4	1.6	180~190	1.1	175~185	18~20	3~5	2
	横	T形	—	—	235~245	1.1	220~225	20~21	3~5	1
	立、仰	V形对接	2.4	1.6	85~89	0.89	120~125	17~18	2~3	2
	立、仰	T形	—	—	102~106	0.89	140~145	18~19	5~7	2
	仰	T形	—	—	93~97	0.89	130~135	17~19	2~3	1
9.5	横	V形对接	2.4	1.6	76~80	1.1	175~185	18~20	5~7	4
	横	T形	—	—	99~104	1.1	220~225	20~21	3~5	1
	立	V形对接	2.4	1.6	114~118	0.89	150~155	19~20	5~7	2
	立	T形	—	—	114~118	0.89	150~155	19~20	2~3	2
	仰	V形对接、T形	2.4	1.6	123~127	0.89	165~175	19~21	4~6	3

板厚/mm	焊接位置	接头形式	间隙/mm	钝边/mm	送丝速度/(mm·s⁻¹)	焊丝直径/mm	焊接电流/A	焊接电压/V	焊接速度/(mm·s⁻¹)	焊道数
0.64	平、横、立、仰	对接、T形	0	—	47~51	0.76	45~50	13~14	8~11	1
12.7	横	X形对接	2.4	1.6	76~80	1.1	175~185	18~20	3~5	4
	横	T形	—	—	99~104	1.1	220~225	20~21	5~7	4
	立	X形对接	2.4	1.6	114~118	0.89	150~155	19~20	3~4	4
	立	T形	—	—	114~118	0.89	150~155	19~20	5~7	2
	仰	V形对接、T形	2.4	1.6	123~127	0.89	165~175	19~21	3~5	5

注：坡口角度45°~60°，采用的保护气体 $Ar+25\%CO_2$ 或 $Ar+50\%CO_2$，气体流量16~20 L/min。

表 7-6 喷射过渡 $Ar+CO_2$ 混合气体保护焊的工艺参数

板厚/mm	接头形式	焊道数	间隙/mm	钝边/mm	送丝速度/(mm·s⁻¹)	焊丝直径/mm	焊接电流/A	焊接电压/V	焊接速度/(mm·s⁻¹)
3.2	对接	1	1.6	—	148~159	0.89	190~200	26~27	8~11
3.2	T形	1	—	—	159~169	0.89	200~210	26~27	13~15
6.4	对接	1	4.8	—	78~82	1.6	310~320	26~27	3~5
6.4	V形对接	2	2.4	—	72~76	1.6	290~300	25~26	5~7
6.4	V形对接	2	2.4	—	169~180	1.1	320~330	29~31	7~9
6.4	T形	1	—	—	99~104	1.6	360~370	27~28	6~8
6.4	T形	1	—	—	180~190	1.1	330~340	30~32	6~8
9.5	V形对接	2	2.4	—	91~95	1.6	340~350	26~27	5~7
9.5	X形对接	2	1.6	2.4	154~163	1.1	330~310	29~30	5~7
9.5	X形对接	2	1.6	2.4	72~76	1.6	290~300	25~26	4~6
9.5	T形	2			87~91		300~340	26~27	4~6
12.7	V形对接	4			82~89	1.6	320~330	26~27	7~9
12.7	X形对接	4	1.6	2.4	78~82	1.6	310~320	26~27	7~9
12.7	T形	3			99~104	1.6	360~370	27~28	6~8
16	X形对接	4	1.6		82~89	1.6	320~330	26~27	5~8
16	T形	4	—		91~95	1.6	340~350	27~28	5~8
19	X形对接	4	1.6		82~89	1.6	320~330	26~27	5~7
19	T形	6	—		99~104	1.6	360~370	27~28	4~6

注：坡口角度45°~60°，采用的保护气体 $Ar+8\%CO_2$ 或 $Ar+21.65\%CO_2$，气体流量20~25 L/min。

表 7-7　脉冲过渡 Ar＋CO2 混合气体保护焊的工艺参数

板厚/mm	坡口形式	焊脚/mm	焊枪角度/(°)	焊道次序	焊接电流/A	电弧电压/V	焊接速度/(cm·min⁻¹)
6	I 形对接接头	—	—	1	170	26	30
				2	100	27	30
9	I 形对接接头	—	—	1	270	30	30
				2	290	31	30
12	X 形对接,角度 60°,钝边高度 3mm	—	—	1	280	31	40
				2	330	34	40
19	Y 形对接,角度 45°,钝边高度 3mm	—	—	根部焊道 1	300	32	45
				根部焊道 2	300	32	45
				盖面焊道 1′	340	33	45
				盖面焊道 2′	280	31	45
25	X 形对接,角度 60°,钝边高度 3mm	—	—	根部焊道 1	300	32	45
				根部焊道 2	320	33	45
				根部焊道 3	320	33	45
				盖面焊道 1′	340	33	45
				盖面焊道 2′	320	33	45
				盖面焊道 3′	320	33	45
3.2	—	3～4		1	150	27	60
4.5	—	5	30～40	1	170	27	45
6.0	—	6		1	200	28	40
8.0	—	7	30～40	1	250	30	35
12.0	—	10		1	180～200	26～27	45
				2	180～200	26～28	45
				3	180～200	26～28	45
16.0	—	12		1	220～230	26～28	45
				2	220～230	26～28	45
				3	210～220	26～28	45

注:焊丝为 H08Mn2SiA,直径 1.2mm;保护气体 Ar＋20％CO₂,气体流量 20～25 L/min。

2. 氩气加氧气($Ar+O_2$)

氩气中加入氧气所形成的混合气体的常用混合比为:Ar≥95％～99％,O_2≤1％～5％。可用于碳钢、不锈钢等高合金钢和高强钢的焊接。可以克服纯氩气保护焊接不锈钢时存在的液体金属粘度大、表面张力大、易产生气孔、焊缝金属润湿性差、易引起咬边、阴极斑点飘移而产生电弧不稳等问题。采用 Ar 比 O_2 为 4∶1 的混合气体焊接低碳钢和低合金钢,焊接接头的性能比采用 Ar 比 CO_2 为 4∶1 的混合气体焊接时要好。

3. 氩气加二氧化碳气体和氧气（$Ar+CO_2+O_2$）

采用 $Ar+CO_2+O_2$ 混合气体作为保护气体焊接低碳钢、低合金钢比采用上述两种混合气体作为保护气体焊接的焊缝成形、接头质量、金属熔滴过渡和电弧稳定性好。

例如：在一些结构件的生产中为了达到某些要求，需要在焊接中采用混合气体保护焊，来改善焊接质量。如在机械冷藏车生产中，有些工序如车体大组装、侧墙密封焊要求有较好的焊缝外观质量和密封性，有些重要部件如枕梁、牵引梁则要求有高的焊缝内在质量，以承受车辆运行中的各种复杂受力状况等。

① 混合气体配比：$80\%Ar+20\%CO_2$，在目前无市售混合气体情况下，采用 $Ar+CO_2$ 分别供气，然后通过配比器配气。当单气压力≤015 MPa 时应停止供气。

② 焊丝：采用 H08Mn2SiA 。

③ 焊丝杆伸出长度：相对于 CO_2 气体保护焊稍小一些，一般以 12~15 mm 为宜。

④ 接法：直流反接法。

⑤ 焊接电流：平焊 120~150 A ，横焊 90~130 A，立焊 90~120 A，立焊为向下焊。

⑥ 电弧电压：相对 CO_2 气体保护焊低 1~2 V，一般取 25~27 V。

三、工作过程——混合气体保护焊的操作工艺要点

在介绍不同的材料混合气体保护焊的操作工艺要点之前，有必要了解一下其操作规程：

① 正确使用劳动防护用品，作业前必须穿戴好面罩、护套、脚套。不熟悉设备者禁止使用。

② 操作前，必须确认作业现场无易燃易爆物品，设备完好。焊机电源线、引出线及各接线点是否良好，罩壳齐全，焊机接地良好。

③ 推电源闸刀开关时，身体要斜偏一些，且要一次推到位，然后开启焊机；停机时，应先关电焊机，后关控制电源闸刀开关。

④ 开启气瓶阀门时，要用专用工具，动作要缓慢，操作者面部不要面对减压阀，但要仔细观察压力表的指针是否灵敏正常，移动氩保气瓶时，避免压坏焊机电源线，以免漏电事故发生。

⑤ 禁止使用没有减压阀的氩保气瓶；气瓶用压力表、减压阀必须按规定定期送交理化室进行校验，如不合格，必须立即更换，严禁再使用。

⑥ 氩保气瓶中的氩保气严禁全部用完，氩保气瓶至少应留有不小于 1 MPa 的剩余压力，并挂上"空瓶"标识。

⑦ 在人多的地方焊接时，应设焊接保护屏；如无保护屏，则应提醒周围人员不要直视弧光。

⑧ 操作过程中，要密切注意焊缝的质量，发现问题要及时处理，焊接完后，切勿用手直接触及焊缝及其周围区域、以防烫伤。

⑨ 焊接时，尤其是在容器内作业，如环境潮湿、空间狭窄及夏天出汗较多或阴雨天的情况下，应加强保护，严禁触电。

⑩ 工作结束后，立即关闭氩保气瓶上的阀门，先关闭焊机。后切断电源，把焊接送丝机构小车放回原处，并清扫工作现场。

（一）低合金钢的混合气体保护焊

下面以低合金高强钢和低合金低温钢为例说明一下低合金钢的混合气体保护焊操作工艺要点。

1. 低合金高强钢混合气体保护焊的操作工艺要点

低合金高强钢的碳含量及合金元素含量均较低,因此其焊接性总体较好,但由于这类钢中含有一定量的合金元素及微合金化元素,焊接过程中如果工艺不当,也存在着焊接热影响区脆化、热应变脆化及产生焊接裂纹的危险。在焊接过程中要掌握其焊接特点和规律,制定正确的焊接工艺,保证焊接质量。

① 焊件材料为工程机械常用焊接材料:Q345A,焊件尺寸为 350 mm×250 mm×16 mm,如图 7-4 所示。

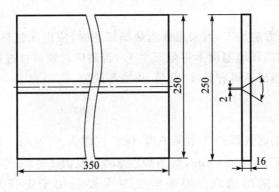

图 7-4　焊件尺寸示意图

② 焊丝型号及规格:ER50-6,焊丝直径为 1.2 mm;保护气体:瓶装 80%Ar+20%二氧化碳混合气体。

③ 焊接方法采用混合气体保护焊,焊接时先打开保护气体,再引弧焊接,带坡口侧焊缝分 3 层焊接完成,背面用碳弧气刨清根 3~4 mm,再补焊一层,补焊层的焊接方向与第一道焊接方向相反。焊完后先息弧再停止送气。鉴于低合金高强钢的特点,焊接热输入不能过大,粗晶区将因晶粒严重长大或出现魏氏体组织等而降低韧性;但焊接热输入过小,由于粗晶区组织中马氏体比例增大而降低韧性。因此,焊接时,热输入应在 14~30 kJ/cm 之间。因 Q345A 钢的焊接性良好,所以焊接不需要预热和焊后热处理,焊接规范见表 7-8。

表 7-8　焊接参数

焊接层数	焊接电流/A	焊接电压/V	焊接速度/(mm·min^{-1})	气体流量 Q/(L·min^{-1})
1	260~280	28~30	300~350	15~20
2	300~320	32~34	300~350	15~20
3	300~320	32~34	300~350	15~20
4(背面)	300~320	32~34	300~350	15~20

混合气体保护焊焊缝表面光滑,成形美观,焊接过程中飞溅小,与手工电弧焊和二氧化碳气体保护焊相比减少了焊缝的未熔合和裂纹倾向。

2. 低合金低温钢混合气体保护焊的操作工艺要点

下面是的低温压力容器筒体纵缝混合气体保护焊焊接工艺

(1) 焊件材质

09MnNiDR,焊件尺寸为 200 mm×400 mm,板厚板厚为 10～14 mm ,坡口尺寸如图 7-5 所示。

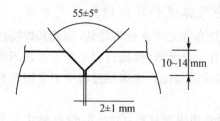

图 7-5　立焊坡口形式与尺寸

(2) 坡口加工要求

坡口面宜采用机械方法加工,当采用氧乙炔焰切割时,应清除过热层和氧化层,并将表面打磨平滑。火焰切割时的环境温度不得低于 0 ℃,否则应对坡口处进行预热。坡口面加工后应进行外观检查,坡口表面不得有裂纹、分层、夹渣等缺陷。

(3) 焊　接

1)焊接工艺方法

焊接方法选用:手工电弧焊和气体保护焊,保护气体为 80％Ar＋20％CO$_2$。焊接施工中焊条采用低温钢焊条 W707,Φ3.2 mm,焊条焊前 350℃保温 1～2 h 烘干,使用时放入 100～150 ℃焊条保温筒中,随用随取。焊条电弧焊主要是用于定位焊。气体保护焊采用 H09MnNiDR Φ1.2 mm 焊丝,用于全部焊缝的焊接。表 7-9 和 7-10 所列为焊接工艺参数。

表 7-9　手工电弧焊的工艺参数

焊接电流/A	电弧电压/V	焊接速度/(mm·min^{-1})
120～150	20～22	240

表 7-10　气体保护焊的工艺参数

焊接电流/A	电弧电压/V	焊接速度/(mm·min^{-1})	焊丝干伸长度/mm	气体流量/(L·min^{-1})	焊道间温度/℃
150～200	24～28	250	10～15	25	110～150

2)操作技术要求

① 焊接必须采用全焊透工艺,并严格按照焊接工艺说明书的要求进行。

② 为避免焊缝金属及近缝区形成粗大组织而使焊缝及热影响区的韧性恶化,焊枪尽量不摆动,采用窄焊道,多道多层焊,焊接电流不宜过大,宜用快速多道焊以减轻焊道过热,并通过多层焊的重热作用细化晶粒。多道焊时,要控制层间温度。焊接过程必须严格控制焊接线能量,要求在焊接工艺说明书规定的范围内选用较小的焊接线能量,一般在 2.5 kJ/mm 左右。

③ 焊件表面严禁有电弧擦伤。焊接时,不得在焊件表面引弧、收弧和试验电流。焊接收弧时应将弧坑填满,并用砂轮磨去弧坑缺陷。多层焊时各层间的接头应错开。

(4) 焊缝检验

1) 焊缝外观检查

① 焊缝表面不得有裂纹、气孔、夹渣、咬边、弧坑。

② 对接焊缝余高不得大于焊件厚度的 10%,且不大于 1 mm,超高部分应磨平。

③ 焊缝表面不允许的缺陷应用砂轮打磨,打磨部位应与母材圆滑过渡。消除缺陷的深度,不应超过材料标准规定的负偏差。否则应进行补焊。

2) 无损检测

无损检测方法:焊缝采用 X 射线探伤法,Ⅱ级焊缝合格。

检测比例:纵缝(A 类焊缝)检测比例 100%。

3) 焊缝返修焊缝返修

① 必须严格执行焊缝返修工艺措施,返修工艺应与原工艺基本相同。

② 要求焊后热处理的焊缝,返修应在焊后热处理前进行。若热处理后需返修,则返修后应重新进行热处理。

③ 返修部位应按原检测方法及合格标准重新进行检测。

④ 焊缝同一部位的返修次数不得超过两次,超过两次返修时,应经技术负责人批准。返修次数、部位和返修情况应做详细返修施焊记录。

(二) 耐热钢的混合气体保护焊

碳素结构钢的强度性能随着工作温度的提高而急剧下降,其极限工作温度为 350℃。在更高的温度下必须采用含有一定量合金元素的合金钢,这些合金钢统称耐热钢。这类钢常应用在常规热电站、核动力装置、石油精炼设备、加氢裂化装置、合成化工容器、煤化工装置、宇航器械以及其他高温加工设备中,可以保证高温高压设备长期工作的可靠性和经济性。在使用过程中,耐热钢焊接接头的性能应该达到哪些基本要求。为了保证耐热钢焊接结构在高温,高压和各种复杂介质下长期安全的运行,焊接接头的性能必须相应满足一下几点要求:

1) 接头的等强度和等塑性

耐热钢焊接接头不仅应具有与母材基本相等的室温和高温短时强度,而且更重要的应具有与母材相当的高温持久强度。耐热钢制焊接部件大多需经冷作,热冲压成形以及弯曲等加工,焊接接头也将经受较大的塑性变形,因而具有与母材相近的塑性变形能力。

2) 接头的抗氢性和抗氧化性

耐热钢焊接接头应具有与母材基本相同的抗氢性和抗高温氧化性。为此,焊缝金属的合金成分质量分数应与母材基本相等。

3) 接头的组织稳定性

耐热钢焊接接头在制造过程中,特别是厚壁接头将经受长时间多次热处理,在运行过程中则处于长期的高温,高压作用下,为确保接头性能稳定,接头各区的组织不应产生明显的变化及由此引起的脆变或软化。

4) 接头的抗脆断性

虽然耐热钢制焊接结构均在高温下工作,但对于压力容器和管道,其最终的检验通常是在常温下以工作压力 1.5 倍的压力做液压试验或气压试验。高温受压设备准备投运或检修后，都要经历冷起动过程。因此耐热钢焊接接头应具有一定的抗脆断性。

5）低合金耐热钢接头的物理均匀性

低合金耐热钢焊接接头应具有与母材基本相同的物理性能，接头材料的热膨胀系数和导热率直接决定了接头在高温运行过程中的热应力，过高的热应力将对接头的提前失效产生不利影响。

混合气体保护焊是一种低氢焊接方法，焊接耐热钢时可以降低预热温度。焊接时，不同焊接位置采用不同的熔滴过渡形式，平焊时，采用熔敷率较高的射流过渡，全位置焊时，可采用脉冲射流过渡或短路过渡，尤其适用于厚壁大直径耐热钢管道的自动焊接。

低合金耐热钢焊接材料的选配原则是焊缝金属的合金成分与强度性能基本符合母材标准规定的下限值或达到产品技术条件规定的最低性能指标。如焊件焊后需经退火、正火或热成形，则选择合金成分和强度级别较高的焊接材料。为提高焊缝金属的抗裂性，通常焊接材料中的碳含量应低于母材的碳含量。中合金耐热钢焊接材料可以选用高铬镍奥氏体焊材，也可以选用与母材合金成分基本相同的中合金钢焊材。具体要根据实际生产的需要选择。高合金耐热钢有马氏体型、铁素体型、奥氏体型和弥散硬化型四类。因其焊接性有所不同，所以焊接材料的选择也有差别。马氏体耐热钢焊接通常要求采用铬含量和母材基本相同的同质填充焊丝。铁素体耐热钢填充金属基本有三类：一是，合金成分基本与母材匹配的高铬钢填充材料；二是，奥氏体铬镍高合金钢；三是，镍基合金。对于在高温下长时间运行的焊件，不推荐采用奥氏体钢作填充金属。奥氏体耐热钢焊接填充材料的选择原则首先要保证焊缝的致密性，无裂纹和气孔等缺陷，同时应使焊缝金属的热强性基本与母材等强。弥散硬化耐热钢焊接时，如果要求接头达到与母材相等的高强度，则填充材料的合金成分应与母材基本相同。对于弥散硬化奥氏体耐热钢，由于存在焊接裂纹问题，不强求填充材料成分与母材完全一致。在一般情况下，可以采用奥氏体耐热钢或镍基合金填充金属。

下面介绍一个应用实例。

某化工厂动力车间从锅炉到汽轮机及锅炉内部运行过程中蒸汽温度较高，压力较大。为满足工艺条件要求，安装一套降温减压装置，将锅炉生产的 $P_1 = 9.81$ MPa，$T_1 = 540℃$ 的一次蒸汽降温降压为 $P_2 = 4.5$ MPa，$T_2 = 400℃$ 的二次蒸汽，供生产装置使用。该降温减压装置中输送一次蒸汽的管道、阀门材质全部为 12Cr2Mo 低合金耐热钢，为此制定合理的焊接工艺是保证施工质量的关键。

1）焊前准备

选用直径为 2.5 mm 的 H08CrMoA 焊丝，保护气体为 Ar＋10%He＋5%CO$_2$，坡口形式及组对情况如图 7－6 所示。用角向磨光机将坡口表面及坡口两侧打磨至露出金属光泽，去除毛刺，坡口及焊丝表面用丙酮或酒精脱脂。

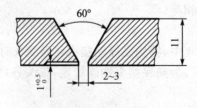

图 7－6　坡口形式

2）工艺参数

氧乙炔火焰预热 250～300℃。焊接工艺参数见表 7 - 11 所示。

表 7 - 11　焊接工艺参数

位　置	方　法	焊接材料	焊材直径 /mm	焊接电流 /A	电弧电压 /V	焊速 /(cm·min^{-1})	气体流量 /(L·min^{-1})
根焊	混合气体保护焊	H08CrMoA	2.5	95～120	6～10	3～6	8～12
填充焊	焊条电弧焊	R317	3.2	90～110	25～27	9～11	—
盖面焊	焊条电弧焊	R317	4.0	110～140	25～27	9～11	—

3）后热及热处理

对于 12Cr2Mo 钢，每一焊道焊接应该一次完成，如果一次不能完成，则必须进行后热，一般加热温度 560～600℃保温 1 小时后石棉被覆盖缓冷。焊后，要进行焊后热处理，加热温度 700～720℃，升温速度小于 120℃/h，达到温度后保温 1 小时；降温速度小于 180℃/h，降到 300℃后覆盖石棉被缓冷。

在 12Cr2Mo 钢管对接焊操作过程中，混合气体保护焊根焊是整个焊接操作过程的关键，必须保证全焊透，同时还要防止产生气孔，减少焊接次数以提高焊接质量，保证 100% 探伤合格。

混合气体保护焊根焊的操作要点为：

① 直流反接；定位焊缝长度 5 mm。

② 在仰焊位置最低点前 10 mm 处引弧，并由此处开始向最低点焊接，过最低点后逐步爬坡焊，焊接示意图如图 7 - 7 所示。

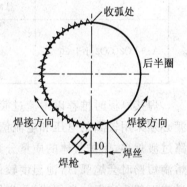

图 7 - 7　焊接示意图

③ 采用二点法焊接，控制弧长 2～3 mm。对坡口根部两侧同时加热，连续送丝，使焊丝端头始终在气体保护范围内。

④ 前半圈焊到水平位置即最高点时，必须将弧坑填满；后半圈在焊接前将接头处打磨出斜面并露出金属光泽，从仰焊位置起焊至平焊位置结束。

⑤ 收弧时，在息弧前向熔池连送两滴填充金属，将熔池移至坡口一侧，收弧。息弧后，仍继续送气并将喷嘴罩住熔池，使高温焊缝及热影响区处于混合气体的保护下，待冷却变暗红后移开。

⑥ 每半圈焊接一次完成，如中间停顿，再焊接时需对原焊缝打磨并使焊缝重叠。

（三）奥氏体不锈钢的混合气体保护焊

奥氏体型不锈钢是不锈钢中最重要的一类，其产量和用量占不锈钢总量的 70%。钢中主要合金元素为铬和镍，钛、铌、钼、氮、锰也作为添加的合金元素。这类钢韧性高，具有良好的耐蚀性和高温强度、较好的抗氧化性、良好的压力加工性能和焊接性能，缺点是强度和硬度偏低，且不能采用热处理方式强化。与其他不锈钢相比，奥氏体不锈钢的焊接是比较容易的，焊接时不需要采用特殊的工艺措施。但若焊接工艺选择不当,容易引起晶间腐蚀和热裂纹等缺陷。

奥氏体不锈钢的焊接,通常采用同质焊接材料,为了满足焊缝金属的某些性能(如耐蚀性)也采用超合金化的焊接材料,如采用 00Cr18Ni12Mo2 类型的焊接材料焊接 00Cr19Ni10 钢板。

奥氏体不锈钢采用熔化极氩弧焊时,若使用纯氩气作为保护气体会引起一系列困难:

① 液体金属的粘度及表面张力较大,易产生气孔;焊缝金属润湿性差,焊缝两侧易产生咬边。

② 电弧阴极斑点不稳定,产生所谓阴极飘移现象,使焊缝的成形很差。如厚度为 3 mm 的不锈钢焊后焊缝宽约 4 mm,而余高竟超过 3 mm,因此没有得到推广应用。解决上述现象的方法是采用氧化性混合气体作保护气体,即在纯氩气中加入少量氧气或 CO_2 气体。

表 7-12 所列为奥氏体不锈钢混合气体保护焊的保护气体选用。

表 7-12 为奥氏体不锈钢混合气体保护焊的保护气体选用

保护气体	熔滴过渡形式	应 用	说 明
Ar+O2(O2 小于 5%)	射流过渡	平焊	焊道表面有硬氧化膜,故进行多层焊时应及时清除熔渣,以免产生层间未焊透。采用高 Si 系列焊丝,氧化膜比较少。
	短路过渡	平、立、封底焊	
	脉冲射流过渡	全位置焊接	
Ar+CO2(CO2 小于 20%)	短路过渡	焊接薄板,全位置、打底焊	焊缝含碳量较高,不宜用于焊接有耐蚀要求的工件,也不适于拘束度大的工件和厚板。

焊接厚板时推荐以射流过渡焊接,保护气体的质量分数为 Ar98%+O₂2%。由于射流过渡必须采用较高的电压和电流值,熔池流动性好,故只适于平焊和横焊;焊接薄板时推荐以短路过渡焊接,保护气体的质量分数 97.5%Ar+2.5%CO₂。短路过渡时电压和电流值均较低,熔滴短路时会熄弧,熔池温度较低容易控制成形,因此适用于任意位置的焊接。为防止背面焊道表面氧化和保持良好成形,底层焊道的背面应附加氩气保护。

采用混合气体保护焊焊接奥氏体不锈钢时,可获得良好熔滴过渡形式的部分焊接工艺参数如表 7-13 所列。

表 7-13 可获得良好熔滴过渡的焊接工艺参数

过渡形式	焊丝直径/mm	焊接电流/A	焊接电压/V
短路过渡	1.2	150~200	15~18
射流过渡	1.2	250~300	24~28
	1.6	330~350	28~31
脉冲射流过渡	1.2	100~200	22~26

下面介绍一个应用实例。

某化工机械公司用 0Cr18Ni9Ti 奥氏体不锈钢焊接多台直径为 2 800 mm,长度为 12 000 mm,

板厚:12～14 mm 的卧式储罐。纵缝及环缝采用熔化极气体保护全自动焊工艺,人孔、接管、支座加强板采用熔化极气体保护半自动焊工艺。

1) 焊前准备

简体及封头焊前机械加工坡口,切削单边坡口为 20～22°,钝边高度为 1～2 mm,组对间隙 2～2.5 mm,对接头打底焊道基本达到单面焊双面成形。用角向磨光机将坡口表面及坡口两侧打磨至露出金属光泽,去除毛刺,坡口及焊丝表面清理干净。选用直径为 1.2 mm 的 H00Cr19Ni9 焊丝。保护气体:采 $Ar98\% + O_2 2\%$。

2) 焊接工艺

焊接工艺参数如表 7 - 14 所列。

表 7 - 14　焊接工艺参数

焊道次序	焊接电流 /A	电弧电压 /V	焊接速度 /(cm·min⁻¹)	焊丝干伸长度/mm	气体流量 /(L·min⁻¹)
打底焊	150～180	17～20	56～75	10～15	9～14
填充焊	170～200	19～22	65～85	10～15	9～14
盖面焊	180～220	19～22	65～90	10～15	9～14

3) 操作技术要点

采用左向焊法(即前进法,由右向左 焊),焊枪行走角度 80～85°,工作角 90°,打底层焊道以焊透为基准,调定焊接电流和焊接速度处于最佳配合参数。如果背面未焊透,可适当加大焊接电流或降低焊接速度。背面均匀焊透,免去了背面清根的工艺要求(不锈钢清根工艺难度较大,打磨量大,效率低,质量难于保证,并容易污染容器内表面,造成耐蚀性能下降)。容器内焊缝最后焊。

练习与思考

1. 试述混合气体保护焊的特点。

2. 混合气体保护焊的熔滴过渡形式主要有哪些？简要说明不同熔滴过渡形式对焊接质量的影响。

3. 混合气体可分为哪几类？

4. 混合气体保护焊的主要工艺参数有哪些？

5. 分别简述低合金钢、不锈钢和奥氏体钢的混合气体保护焊的操作工艺要点。

学习情境八

等离子弧焊接与切割

知识目标

1. 了解等离子弧的特点及产生原理；
2. 熟悉各类型等离子弧及适用范围；
3. 了解等离子弧焊的设备及材料；
4. 掌握等离子弧焊的焊接参数及各参数对焊接质量的影响；
5. 熟悉大电流及微束等离子弧焊的焊接工艺；
6. 熟悉高温合金、铝合金及钛合金等离子弧焊接工艺的操作要点；
7. 了解等离子弧切割的有关知识。

任务一　等离子弧的特点、类型及适用范围

一、任务分析

前面介绍的各类电弧焊，其电弧都属于自由电弧，自由电弧弧区内的气体尚未完全电离，能量未高度集中。而在此任务中将介绍一种弧区内的气体完全电离，能量高度集中，能量密度很大的电弧——等离子弧。通过此任务将了解到等离子弧的特点、类型和适用范围。

二、相关知识

(一) 等离子弧的特点

等离子弧焊是利用等离子弧作为热源的焊接方法。在钨极与喷嘴之间或钨极与工件之间加一较高电压，经高频振荡使气体电离形成自由电弧，而自由电弧在高速通过水冷喷嘴时受到压缩，增大能量密度和离解度，形成等离子弧。图 8-1 是自由电弧与压缩电弧示意图。电弧受下列三个压缩作用形成等离子弧。

1) 机械压缩效应

电弧经过有一定孔径的水冷喷嘴通道，使电弧截面受到拘束，不能自由扩展，产生机械压缩效应。

2) 热压缩效应

当通入一定压力和流量的氩气或氮气时，冷气流均匀地包围着电弧，使电弧外围受到强烈冷却，迫使带电粒子流(离子和电子)往弧柱中心集中，弧柱被进一步压缩，产生热压缩效应。

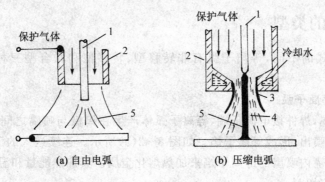

(a) 自由电弧　　　　　　　(b) 压缩电弧

1—钨极；2—喷嘴；3—冷气套；4—热气套；5—弧柱

图 8-1　自由电弧与压缩电弧

3）电磁收缩效应

定向运动的电子、离子流就是相互平行的载流导体，在弧柱电流本身产生的磁场作用下，产生的电磁力使弧柱进一步收缩，产生热压缩效应。

自由电弧弧区内的气体尚未完全电离，能量未高度集中；而等离子弧弧区内的气体完全电离，能量高度集中，能量密度很大，可达 $10^5 \sim 10^6$ W/cm^2，电弧温度可高达 24 000 ～ 5 000 K（一般自由状态的钨极氩弧焊最高温度为 10 000 ～ 20 000 K，能量密度在 10^4 W/cm^2 以下）能迅速熔化金属材料，可用来焊接和切割。电弧经过以上三种压缩效应后，能量高度集中在直径很小的弧柱中，弧柱中的气体被充分电离成等离子体，故称等离子弧。

当喷嘴直径小，气体流量大和电流增大时，等离子焰自喷嘴喷出的速度很高，具有很大的冲击力，这种等离子弧称为"刚性弧"，主要用于切割金属。反之，若将等离子弧调节成温度较低、冲击力较小时，该等离子弧称为"柔性弧"，主要用于焊接。

由于等离子电弧具有较高的能量密度、温度及刚直性，因此与一般电弧焊相比，等离子电弧焊具有以下优点。

① 能量密度大、电弧方向性强、熔透能力强，在不开坡口、不加填充焊丝的情况下可一次焊透厚度 8 ～ 10 mm 的不锈钢板。与钨极氩弧焊相比，在相同的焊缝熔深情况下，等离子弧焊接速度要快得多。

② 焊缝质量对弧长的变化不敏感，这是由于等离子弧的形态接近圆柱形，发散角很小（约5°），且挺直度好，弧长变化时对加热斑点的面积影响很小，易获得均匀的焊缝形状。工件上受热区域小，热影响区窄，因而薄板焊接时变形小。

③ 钨极缩在水冷铜喷嘴内部，不可能与工件接触，因此可避免焊缝金属产生夹钨现象。电弧搅动性好，熔池温度高，有利于熔池内气体的释放。

④ 等离子电弧由于压缩效应及热电离度较高，电流较小时仍很稳定。配用新型电子电源，焊接电流可以小到 0.1 A。这样小的电流也能达到电弧稳定燃烧，特别适合于焊接微型精密零件。

⑤ 可产生稳定的小孔效应，通过小孔效应，正面施焊时可获得良好的单面焊双面成形。

缺点是电源及电气控制线路较复杂，设备费用约为钨极氩弧焊的 2 ～ 5 倍，工艺参数的调节匹配较复杂，喷嘴的使用寿命短。

（二）等离子弧的类型

按电源连接方式的不同,等离子弧有非转移型、转移型和联合型三种形式,如图 8 - 2 所示。

（1）非转移型等离子弧

钨极接电源负端,焊件接电源正端,等离子弧体产生在钨极与喷嘴之间,在等离子气体压送下,弧柱从喷嘴中喷出,形成等离子焰。如图 8 - 2(a)所示。连续送入的工作气体穿过电弧空间之后,成为从喷嘴内喷出的等离子焰来加热熔化金属。其加热能量和温度较低,故不宜用于较厚材料的焊接与切割。

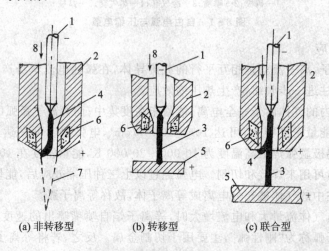

(a) 非转移型　　　　(b) 转移型　　　　(c) 联合型

1—钨极;2—喷嘴;3—转移弧;4—非转移弧;5—焊件;
6—冷却水;7—等离子焰;8—等离子气体

图 8 - 2　等离子弧的类型

（2）转移型等离子弧

钨极接电流负端,焊件接电流正端,等离子弧产生在钨极和焊件之间。因为转移弧能把更多的热量传递给焊件,所以金属焊接、切割几乎都是采用转移型等离子弧。如图 8 - 2(b)所示,高温的阳极斑点在焊件上,提高了热量的有效利用率,可用作切割、焊接和堆焊的热源。

为建立转移型等离子弧,应将钨极接电源负极,喷嘴和焊件同时接正极,图 8 - 3 为转移型弧示意图。

首先接通钨极与喷嘴之间的电路,引燃钨极与喷嘴之间的电弧,接着迅速接通钨极和焊件之间的电路,使电弧转移到钨极和焊件之间直接燃烧,同时切断钨极和喷嘴之间的电路,转移型等离子弧就正式建立。在正常工作状态下,喷嘴不带电,在开始引燃时产生的等离子弧,只是作为建立转移弧的中间媒介。

（3）联合型等离子弧

工作时非转移弧和转移弧同时并存,故称为联合型等离子弧。如图 8 - 2(c)所示。非转移弧起稳定电弧和补充加热的作用,转移弧直接加热焊件,使之熔化进行焊接。主要用于微束等离子弧焊和粉末堆焊。

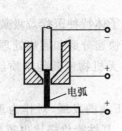

图8-3 转移型等离子弧示意图

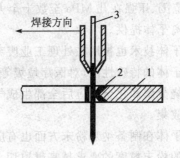

1—焊缝金属；2—熔化金属；3—钨极

图8-4 小孔型等离子焊接示意图

常用的等离子弧焊基本方法有小孔型等离子弧焊、熔透型等离子弧焊和微束等离子弧焊三种。

(1) 小孔型等离子弧焊

使用较大的焊接电流，通常为50～500 A，转移型弧。施焊时，压缩的等离子焰流速度较快，电弧细长而有力，为熔池前端穿透焊件而形成一个小孔，焰流穿过母材而喷出，称为"小孔效应"，图8-4为其示意图。随着焊枪的前移，小孔也随着向前移动，后面的熔化金属凝固成焊缝。由于等离子弧能量密度的提高有一定限制，因此小孔型等离子弧焊只能在有限厚板内进行焊接，如表8-1所列。

表8-1 小孔型等离子弧焊一次焊透厚度

不锈钢	钛及钛合金	镍及镍合金	低合金钢	低碳钢
≤8	≤12	≤6	≤7	≤8

(2) 熔透型等离子弧焊

等离子气流量较小、弧柱压缩程度较弱时，此种等离子弧在焊接过程中只熔化焊件而不产生小孔效应，焊缝成形原理与钨极氩弧焊相似，称为熔透型等离子弧焊，主要用于厚度小于2～3 mm的薄板单面焊双面成形及厚板的多层焊。

(3) 微束等离子弧焊

焊接电流30 A以下熔透型焊接称为微束等离子弧焊。采用小孔径压缩喷嘴($\phi0.6$ mm～$\phi1.2$ mm)及联合型弧，当焊接电流小至1A以下，电弧仍能稳定地燃烧，能够焊接细丝和箔材。

(三) 等离子弧焊的适用范围

等离子弧焊广泛用于工业生产，主要运用于设备制造业中对各种型式的接头进行焊接、医疗设备、真空装置、薄板加工、波纹管、仪表、传感器、汽车部件、化工密封件等。特别是航空航天等军工和尖端工业技术所用的铜及铜合金、钛及钛合金、合金钢、不锈钢、钼等金属的焊接，如钛合金的导弹壳体，飞机上的一些薄壁容器等。

近年来，将等离子体技术应用到电子、能源、环保、材料等现代工业的各个领域，是发展迅猛的一项新技术。当今化学和工艺开发的主要趋势是以极高温度、高速反应为运行条件的应用，其基本新工艺和经济有效方法的开发需要温度在10^3～1.5×10^4 K 范围、反应时间在10^{-5}

~10^{-2} s 范围、压强在几 MPa 至数十个大气压范围内进行的物理和化学过程,这些条件只能由低温等离子体提供。

等离子体技术也被用在处理工业废弃物方面,如等离子体特种医疗垃圾焚烧炉处理技术。利用等离子体的特殊性能,对医疗垃圾等固体废弃物进行快速分解和燃烧处理,废弃物中的有机物经燃烧分解和化合反应后全部生成气态物质被排放,无机物或其他杂质经高温灭毒灭菌减容后被收集。

等离子体在制备纳米粉末方面也有应用。随着现代工业的发展,对作为重要粉体原材料和添加剂的粉末粒度的要求越来越迫切,颗粒粒径越细化,其性能价格比也越高。利用等离子体方法制备各种材料的纳米技术已大量应用于化学工艺流程中。主要是因为常规方法有效率低、工艺过程复杂、工艺条件要求苛刻、生产成本高等缺点,而利用等离子体技术制备纳米粉末,具有比常规的物理和化学方法更为明显的优势。

任务二　等离子弧焊设备及材料

一、任务分析

本任务主要介绍等离子弧焊的设备组成及各部分功能,随后介绍等离子弧焊的焊接材料,提供一些参考知识。

二、相关知识

(一) 等离子焊设备

等离子弧焊工艺按照操作方式可以分为手工操作、自动操作及机器人操作三种。设备分为手工焊设备及自动焊设备,如图 8-5 所示。手工等离子弧焊接系统由控制系统、焊接电源、引弧装置、焊枪、离子气及保护气源、焊枪冷却循环水装置和一些辅助部件气体流量计及电流遥控盒等组成。

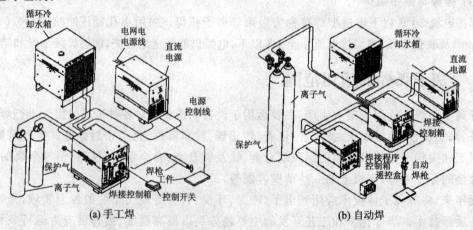

(a) 手工焊　　　　　　　　　　　　　　(b) 自动焊

图 8-5　等离子焊接设备

1. 等离子弧焊接控制系统

等离子弧焊接工艺的主要控制由控制系统完成。控制系统与焊接电源集成在一起,但也可以单独做成一个控制箱。一个典型的等离子控制系统的主要功能包括:设定离子气流量、保护气流量、维弧电流、主弧电流等。一个独立的控制箱通常还包括水流、气流量的调节,一个用于引燃维弧的高频引弧器及一个维弧电源。除此之外,控制系统还可能提供对离子气流量、离子气上升速率及下降速率的控制,从而可以更方便地实现熔透法或小孔法的焊接工艺。对离子气上升速率的控制是为了打开小孔,对离子气下降速率的控制是为了关闭小孔。有些控制箱具有对离子气上升速率及下降速率的编程控制功能,以便根据不同的焊接条件打开及关闭小孔。大多数控制系统还具有实现保护功能的用于检测水流或气流的传感器,当水流或气流过低时,传感器发出信号中断主弧电流或维弧电流以防止焊枪被损坏。许多控制箱都集成了循环水系统。典型的控制箱见图 8-6。

图 8-6　典型的等离子弧焊控制箱

2. 焊接电源

目前,等离子供电电源有直流电源、直流脉冲电源和交流变极性电源三种。供电电源应具有陡降或垂降特性,电源最好具有电流递增及电流衰减等功能,以满足起弧及收弧的工艺要求。

(1) 直流电源

直流电源是等离子弧焊接使用最多的电源,电流范围从 0.1~500 A。其中 0.1~30 A 的微束等离子弧常采用联合弧需两套电源供电,如图 8-7 所示。图 8-7 中维弧电源 2 的输出电流是不可调的,一般为 2~5 A,而焊接电源 1 的输出电流可以在 0.1~30 A 范围内调节。大电流等离子弧采用转移型弧,只需一个电源,如图 8-8 所示。

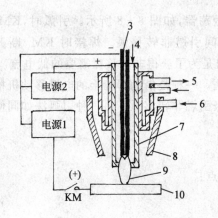

1,2—电源;3—钨极;4—离子气;
5—冷却水;6—保护气;7—喷嘴;
8—保护气罩;9—等离子弧;10—工件

图 8-7　微束等离子弧焊系统示意图

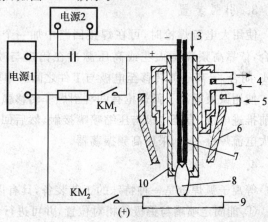

1—焊接电源;2—高频振荡器;3—离子气;4—冷却水;
5—保护气;6—保护气罩;7—钨极;
8—等离子弧;9—工件;10—喷嘴

图 8-8　大电流等离子弧焊系统示意图

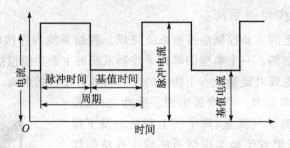

图 8 – 9　脉冲电流波形

（2）脉冲电源

等离子弧脉冲电源与 TIG 脉冲电源相似。电源输出电流波形如图 8 – 9 所示，输出电流在脉冲电流与基值电流之间转换。脉冲电流期间，母材熔化；基值电流期间，熔化金属凝固成焊缝。脉冲焊接法可降低焊接热输入、控制焊缝成形、减少热影响区宽度及焊接变形。图 8 – 9 中，基值电流、脉冲电流、脉冲电流时间及基值电流时间都是可调节的。

（3）变极性交流方波电源

变极性交流方波电源输出正（工件接正）、负（工件接负）半周电流幅值及正、负半周电流持续时间均可调节的交流矩形波电流，电流波形如图 8 – 10 所示。变极性交流方波电源主要用于小孔法工艺焊接铝合金。在铝合金焊接工艺中，焊前表面处理一般包括表面除油垢及清理氧化膜。然而，在变极性交流铝合金焊接工艺中，由于负半周的电流具有较强的清理氧化膜的功能，焊接大多数种类的铝合金时，不需用机械法清除氧化膜。

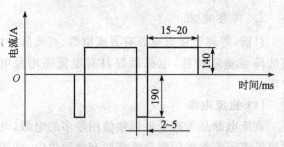

图 8 – 10　典型变极性电流波形

3．引弧装置

使用大电流焊枪时，可在焊接回路中加一个高频振荡器，如图 8 – 8 所示。引弧时，KM_1 闭合，依靠高频高压火花或高压脉冲在钨极与喷嘴之间引燃非转移弧。焊接时 KM_1 断开 KM_2 闭合，等离子弧转移至电极与工件之间。串联电阻是为了获得非转移弧需要的低电流。

使用微束等离子弧焊枪有两种引燃非转移弧的方法。一种是借助焊枪上的电极移动机构向前推进电极，直至电极与压缩喷嘴接触，然后回抽电极引燃非转移弧。另一种引弧法如同使用大电流焊枪一样，采用高频振荡器。

4．焊　枪

等离子弧焊枪是一种特殊的工艺装备，具有以下特点：

① 能固定喷嘴与钨极的相对位置，并可进行调节；

② 对喷嘴和钨极进行有效的冷却；

③ 喷嘴与钨极之间要绝缘，以便在钨极和喷嘴内壁间引燃小弧；

④ 能导入离子气流和保护气流；

⑤ 便于加工和装配，特别是喷嘴应便于更换；

⑥ 尽可能轻巧，以提高工艺可达性。

图 8-11 所示为等离子弧焊枪的示意图。等离子弧焊接采用双气路焊枪，在内腔中流动的气体称做"离子气"或"工作气"，在外层气道中流动的是保护气。由于受到等离子弧焊接工艺冷却方式的影响，等离子弧焊枪普遍较大。

压缩喷嘴是等离子弧焊枪中产生等离子弧的关键零件之一，它对电弧直径起机械压缩作用，它是一个铜质的水冷喷嘴。压缩喷嘴结构、类型和尺寸对等离子弧性能起决定性作用。等离子弧焊常用的喷嘴结构类型如图 8-12 所示。图中(a)和(b)其压缩孔道为圆柱形，在等离子弧焊中应用最广。(c)、(d)和(e)收敛扩散型喷嘴适用于大电流、厚板焊接。三孔型的喷嘴有助于提高焊接速度及降低焊缝宽度。

表 8-2 是常用等离子弧电流与喷嘴孔径之间的关系。

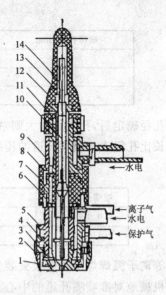

1—喷嘴；2—保护套外环；3、4、6—密封面；5—下枪体；7—绝缘柱；8—绝缘套；9—上枪体；10—电极夹头；11—套管；12—螺帽；13—胶木管；14—钨极

图 8-11　等离子弧焊枪的示意图

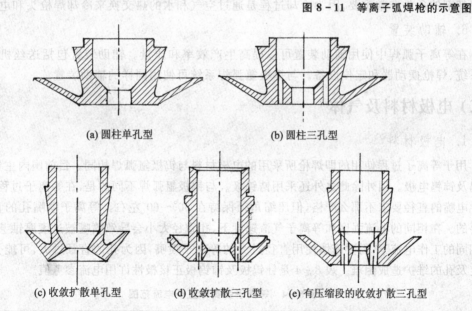

图 8-12　等离子弧焊常用的喷嘴结构类型

表 8-2　等离子弧电流与喷嘴孔径之间的关系

喷嘴孔径/mm	等离子弧电流/A	离子气流量 Ar/(L·min⁻¹)
0.8	1~25	0.24
1.6	20~75	0.47
2.1	40~100	0.94

喷嘴孔径/mm	等离子弧电流/A	离子气流量 Ar/(L·min⁻¹)
2.5	100～200	1.89
3.2	150～300	2.36
4.8	200～500	2.83

孔径确定后,孔道长增大则对等离子弧的压缩作用增大,同时也容易出现双弧,常以喷嘴孔道长比孔径表示喷嘴孔道的压缩特征,称孔道比。孔道比推荐值如表 8 - 3 所列。

表 8 - 3　喷嘴孔道比

喷嘴孔径/mm	孔道比	压缩角	等离子弧类型
0.6～1.2	2.0～6.0	25°～45°	联合弧
1.6～3.5	1.0～1.2	60°～90°	转移弧

等离子弧焊焊枪的电极夹装置可以由各种各样的铜合金做成。大部分焊枪的电极夹能使电极机械地对准喷嘴孔道的中心。

5. 冷却系统

等离子弧焊需要液态冷却系统。它一般由冷却液体储存罐、散热器、泵、流量传感器和控制开关组成。与冷却液体接触的表面必须涂有防腐材料。在等离子弧焊的操作中,冷却系统和冷却剂的条件非常重要,因为冷却过程是通过空气和水的热交换来冷却焊枪头和电缆的。

6. 辅助装置

在等离子弧焊中使用辅助装置可以提高生产效率和质量。辅助装置包括送丝机、弧压控制系统、焊枪摆动器和定位设备。与钨极氩弧焊系统可使用同样的辅助装置。

(二) 电极材料及气体

1. 电极材料

用于等离子过程使用的即焊枪所采用的电极材料与钨极氩弧焊相同。目前国内主要采用含钍钨及铈钨电极。国外除此之外还采用锆钨极。与钨极氩弧焊不同的是,在等离子过程中,对电极导电嘴的直径要求不那么严格,但压缩角须保持在 30°～60° 左右。等离子喷嘴孔的直径是很重要的。在相同的电流强度和等离子气流速度下,孔直径太小会导致喷嘴被过度腐蚀甚至熔化。在相同的工作电流下,需要谨慎使用直径过大的等离子喷嘴,因为孔的直径过大,可能会对弧的稳定及孔的维护造成困难。表 8 - 4 是钍钨极及铈钨极正接极性许用电流参考值。

表 8 - 4　等离子弧钨棒直径电流范围

电极直径/mm	电流范围/A	电极直径/mm	电流范围/A
0.25	≤15	2.4	150～250
0.50	5～20	3.2	250～400
1.0	15～80	4.0	400～500
1.6	70～150	—	—

常见的电极端部形状如图 8 - 13 所示。图中(a)、(b)和(c)为了便于引弧和提高电弧稳定性,直流正接焊接时,电极端部磨成 20°～60° 的夹角。在直流正接大电流焊接中,为保持电极

端部形状及降低钨极烧损程度,电极端部磨成锥球形或球形,如图 8-13(d)和(e)所示。

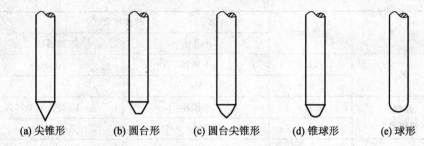

(a) 尖锥形　　(b) 圆台形　　(c) 圆台尖锥形　　(d) 锥球形　　(e) 球形

图 8-13　常见电极端部形状

在安装电极时应注意的是,钨极安装位置所确定的电极内缩长度一般取为孔道长度±0.2 mm,安装电极与喷嘴时应使两者保持同心。

2. 气　体

等离子弧焊接气体有离子气和保护气。等离子气体可以是纯氩气,也可以是其他成分的气体。应用最广的离子气为氩气,适用于所有金属。针对不同的金属可加入 He、H_2 等气体。用氦气做等离子气体,由于它温度较高,会降低喷嘴的电流上升率。氢气含量越少,进行小孔型等离子焊接就越困难。

大电流焊接时,离子气和保护气体相同,气体选择如表 8-5 所列。

表 8-5　大电流等离子弧焊接用气体选择[1]

金　属	厚度/mm	焊接方法	
		小孔法	熔透法
碳　钢 (铝镇静)	<3.2	Ar	Ar
	>3.2	Ar	He75%+Ar25%
低合金钢	<3.2	Ar	Ar
	>3.2	Ar	He75%+Ar25%
不锈钢	<3.2	Ar,Ar92.5%+$H_2$7.5%	Ar
	>3.2	Ar,Ar95%+$H_2$5%	He75%+Ar25%
铜	<2.4	Ar	He75%+Ar25%,He
	>2.4	不推荐[2]	He
镍合金	<3.2	Ar,Ar92.5%+$H_2$7.5%	Ar
	>3.2	Ar,Ar95%+$H_2$5%	He75%+Ar25%
活性金属	<6.4	Ar	Ar
	>6.4	Ar+He(He50%~75%)	He75%+Ar25%

注:[1] 气体选择是指等离子气体和保护气体两者;[2] 由于底部焊道成形不良,这种技术只能用于铜锌合金焊接。

小电流焊接时,离子气一律用 Ar 气。保护气体成分可与之相同也可不相同。气体选择见表 8-6。有时焊接低碳钢和低合金钢时,用 Ar+(5%~20%)CO_2 作为保护气体。

表8-6 小电流等离子弧焊接用保护气体选择

金　属	厚度/mm	焊接技术	
		小孔法	熔透法
铝	<1.6	不推荐	Ar,He
	>1.6	He	He
碳钢（铝镇静）	<1.6	不推荐	Ar,He25%+Ar75%
	>1.6	Ar,He75%+Ar25%	Ar,He25%
低合金钢	<1.6	不推荐	Ar,He,Ar+H2(H₂1%~5%)
	>1.6	He75%+Ar25% Ar+H₂(H₂1%~5%)	Ar,He,Ar+H2(H₂1%~5%)
不锈钢	所有厚度	Ar,He75%+Ar25% Ar+H₂(H₂1%~5%)	Ar,He,Ar+H2(H₂1%~5%)
铜	<1.6	不推荐	He25%+Ar75% H₂75%+Ar25%,He
	>1.6	He75%+Ar25%,He	He
镍合金	所有厚度	Ar,He75%+Ar25%, Ar+H₂(H₂1%~5%)	Ar,He,Ar+H2(H₂1%~5%)
活性金属	<1.6	Ar,He75%+Ar25%,He	Ar
	>1.6	Ar,He75%+Ar25%,He	Ar,He75%+Ar25%

任务三　等离子弧焊工艺

一、任务分析

本任务的主要内容有等离子弧焊工艺参数、强流等离子弧焊工艺、微束等离子弧焊工艺、等离子弧焊常出现的焊接缺陷和常用等离子弧焊接材料的操作工艺要点。理解和掌握这些知识能够对等离子弧焊接工艺有个全面的认识。

二、相关知识

（一）等离子弧焊工艺参数

等离子弧焊工艺参数主要有焊接电流，焊接速度，喷嘴离工件的距离，等离子气及流量等。

1. 焊接电流

焊接电流是根据板厚或熔透要求来选定的。焊接电流过小，难以形成小孔效应。焊接电流增大，等离子弧穿透能力增大，但电流过大会造成熔池金属因小孔直径过大而坠落，难以形成合格焊缝，甚至引起双弧，损伤喷嘴并破坏焊接过程的稳定性。因此，在喷嘴结构确定后，为了获得稳定的小孔焊接过程,焊接电流只能在某一个合适的范围内选择,而且这个范围与离子气的流量有关。

2. 焊接速度

焊接速度应根据等离子气流量及焊接电流来选择。其他条件一定时,如果焊接速度增大,焊接热输入减小,小孔直径随之减小,直至消失,失去小孔效应。如果焊接速度太低,母材过热,小孔扩大,熔池金属容易坠落,甚至造成焊缝凹陷、熔池泄漏现象。因此,焊接速度、离子气流量及焊接电流等这三个工艺参数应相互匹配。

3. 喷嘴离工件的距离

喷嘴离工件的距离过大,熔透能力降低;距离过小,易造成喷嘴被飞溅物堵塞,破坏喷嘴正常工作。喷嘴离工件的距离一般取 3~8 mm。与钨极氩弧焊相比,喷嘴距离变化对焊接质量的影响不太敏感。

4. 等离子气及流量

等离子气及保护气体通常根据被焊金属及电流大小来选择。大电流等离子弧焊接时,等离子气及保护气体通常采取相同的气体,否则电弧的稳定性将变差。小电流等离子弧焊接通常采用纯氩气作等离子气。这是因为纯氩气的电离电压较低,可保证电弧引燃容易。

等离子气流量决定了等离子流力和熔透能力。等离子气的流量越大,熔透能力越大。但等离子气流量过大会使小孔直径过大而不能保证焊缝成形。因此,应根据喷嘴直径、等离子气的种类、焊接电流及焊接速度选择适当的离子气流量。利用小孔法焊接时,应适当降低等离子气流量,以减小等离子流力。

保护气体流量应根据焊接电流及等离子气流量来选择。在一定的离子气流量下,保护气体流量太大,会导致气流紊乱,影响电弧稳定性和保护效果。而保护气体流量太小,保护效果又不好。因此,保护气体流量应与等离子气流量保持适当的比例。

小孔型焊接保护气体流量一般在 15~30 L/min 范围内。采用较小的等离子气流量焊接时,电弧的等离子流力减小,电弧的穿透能力降低,只能熔化工件,形不成小孔,焊缝成形过程与 TIG 焊相似。这种方法称为熔入型等离子弧焊接,适用于薄板、多层焊的盖面焊及角焊缝的焊接。

等离子弧焊接时,当确定了焊炬的压缩喷嘴的尺寸和保护气体种类以后,主要的参数是焊接电流、离子气流量和焊接速度。而且这三个参数要互相搭配合适。以焊接 6 mm 不锈钢为例,从图 8-14 可以明确地察观到,当离子气流量较小时,焊接电流要大一些,而在焊接速度增加时也需要相应地增加焊接电流。

(二)强流等离子弧焊工艺

大电流等离子弧焊的一种先进熔焊方法。它具有能量大、密度高、弧柱比较细,穿透能力强,焊缝窄,热影响区小,熔深大,单面施焊,两面成型等许多优点。大电流等离子弧焊设备常采用转移弧,设备中只有一套电源供电。

大电流等离子弧焊可以焊直缝和管状环焊缝,允许最大使用电流 500 A;不用开坡口,一次焊透,可焊厚度达 10 mm;可以焊接不锈钢、30CrMnSi 钢、钛合金等各种高强钢和特种钢材料。

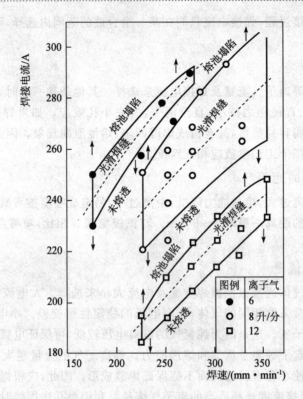

图8-14 不同的离子气流量时,焊接电流与焊接速度的关系

大电流等离子弧焊可分为小孔型和熔透型两种。

1. 小孔型等离子弧焊

小孔型焊又称穿孔、锁孔或穿透焊。利用等离子弧能量密度大、和等离子流力强的特点,将工件完全熔透并产生一个贯穿工件的小孔。被熔化的金属在电弧吸力、液体金属重力与表面张力相互作用下保持平衡。焊枪前进时,小孔在电弧后方锁闭,形成完全熔透的焊缝。小孔型等离子弧焊使用较大的焊接电流,通常为50~500 A,转移型弧。施焊时,压缩的等离子焰流速度较快,电弧细长而有力,为熔池前端穿透焊件而形成一个小孔,焰流穿过母材而喷出,称为"小孔效应",如图8-15所示。随着焊枪的前移,小孔也随着向前移动,后面的熔化金属凝固成焊缝。

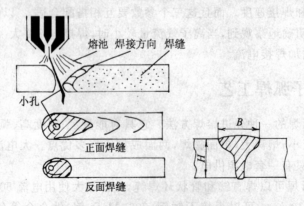

图8-15 等离子弧焊的小孔效应

小孔效应只有在足够的能量密度条件下才能形成。板厚增加:所需能量密度也增加。由于等离子弧能量密度的提高有一定限制,因此小孔型等离子弧焊只能在有限板厚内进行。

表8-7　小孔等离子弧焊一次焊透的厚度

材　料	不锈钢	钛及其合金	镍及其合金	低合金钢	低碳钢	铜及其合金
焊接厚度范围/mm	3~8	≤12	≤6	2~8	2~8	≈2.5

2. 熔透型等离子弧焊

当离子气流量较小、弧抗压缩程度较弱时,这种等离子弧在焊接过程中只熔化工件而不产生小孔效应。焊缝成形原理和钨极氢弧焊类似,此种方法即熔透型等离子弧焊,也称熔入型或熔蚀法等离子弧焊。主要用于厚度小于2~3 mm的薄板单面焊双面成形及厚板的多层焊。

表8-8列出不同材料与板厚并用带有两个辅助小孔的多孔型喷嘴焊接时采用的等离子弧焊典型规范参数。

表8-8　等离子弧焊接工艺参数

焊件材料	板厚/mm	焊速/(mm·min⁻¹)	电流/A	电压/V	气体流量/(L·h⁻¹) 种类	离子气	保护气	坡口形式	工艺特点
低碳钢	3.175	304	185	28	Ar	364	1680	I	穿孔
低合金钢	4.168	254	200	29	Ar	336	1680	I	穿孔
	6.35	354	275	33	Ar	420	1680	I	穿孔
不锈钢	2.46	608	115	30	Ar+5%H2	168	980	I	穿孔
	3.175	712	145	32	Ar+5%H2	280	980	I	穿孔
	4.218	358	165	36	Ar+5%H2	364	1260	I	穿孔
	6.35	354	240	38	Ar+5%H2	504	1260	I	穿孔
	12.7	270	320	26	Ar		1400	I	穿孔
钛合金	3.175	608	185	21	Ar	224	1680	I	穿孔
	4.218	329	175	25	Ar	504	1680	I	穿孔
	10.0	254	225	38	Ar+75%He	896	1680	I	穿孔
	12.7	254	270	36	Ar+50%He	756	1680	I	穿孔
	14.2	178	250	39	Ar+50%He	840	1680	V	穿孔
铜	2.46	254	180	28	Ar	280	1680	I	穿孔
	3.175	254	300	33	He	224	1680	I	熔入
	6.35	508	670	46	He	140	1680	I	熔入
黄铜	2.0	508	140	25	Ar	224	1680	I	穿孔
	3.175	358	200	27	Ar	280	1680	I	穿孔
镍	3.175	—	200	30	Ar+5%H2	280	1200	I	穿孔
	6.35	—	250	30	Ar+5%H2	280	1200	I	穿孔

(三) 微束等离子弧焊工艺

焊接电流在 30 A 以下的等离子弧焊接,称为微束等离子弧焊接。在小电流条件下,无论是等离子弧的形态、稳定性及其对电源,设备的要求,还是焊接工艺过程及其操作方法,都有一系列的特殊性。

1. 微束等离子弧焊的特点

微束等离子焊接是一种小电流(通常小于 30 A)熔入型焊接工艺,为了保持小电流时电弧的稳定,一般采用小孔径压缩喷嘴(0.6～1.2 mm)及联合型电弧。即焊接时会存在两个电弧,一个是燃烧于电极与喷嘴之间的非转移弧,另一个为燃烧于电极与焊件之间的转移弧,前者起着引弧和维弧作用,使转移弧在电流小至 0.5 A 时仍非常稳定,后者用于熔化工件。

微束等离子弧是等离子弧的一种。在产生普通等离子弧的基础上采取提高电弧稳定性措,进一步加强电弧的压缩作用,减小电流和气流,缩小电弧室的尺寸。这样,就使微小的等离子焊枪喷嘴喷射出小的等离子弧焰流,甚至如同缝纫机针一般细小。与钨极氩弧焊相比,微束等离子弧焊接的优点是:可焊更薄的金属,最小可焊厚度为 0.01 mm;弧长在很大的范围内变化时,也不会断弧,并能保持柱状特征,且焊接速度快、焊缝窄、热影响区小、焊接变形小。

2. 获得微束等离子弧的基本条件

获得微束等离子弧,必须满足以下三个基本条件。

(1) 微束等离子弧发生器

微束等离子弧发生器是产生微束等离子弧的器件,也称为等离子枪。它是以等离子电弧室为主体组成的。产生微束等离子弧的第一要素是要有一个良好的等离子枪,要求不漏气、不漏水、不漏电,电极对中且调整更换方便,喷嘴耐用又便于更换。

电弧室由上下两体构成,中间加以绝缘。上枪体的主要功能是:夹持钨极并使之接入电源负极,以使钨极尖端能产生电弧放电的阴极斑点;将电弧放电产生在钨极区的热量及时排出;钨极应能始终保持对准下枪体的喷嘴孔径中心,且应能调整极尖的高度和更换新钨极,导入惰性压缩气体。这样,上枪体应有电、气、水三个导入孔道和一个水的出口。下枪体上安装可经常更换的喷嘴,要接电源的正极,要有进出冷却水的散热系统。有的微束等离子弧焊枪上设有保护气系统,也设置在下枪体上。

(2) 直流电源

作为微束等离子弧的电源,除了普通等离子弧的直流电源、下降伏安特性、电流可以细微调节等要求外,还有一个重要的特殊要求,即高空载电压。一般直流电源的空载电压是 80～100 V,微束等离子弧的电源空载电压应是 120～160 V,有时还要高达 200V。因为微束等离子弧的电流小(<30 A),电弧气体介质质点的电离、发射作用弱,为便于引弧和稳弧,就需要提高空载电压来加强场致发射作用,所以微束等离子弧焊的电源需要特制专用。

微束等离子弧焊电源使用时是采用正极性接法,即将焊枪钨极接电源负端,电源的另端通过接触器开关接焊枪的喷嘴。同时,电源的正极端还要并联一个电路,即通过接触器并联到工件上。

就微束等离子弧的直流电源的供电连续性来说,可以有两种电源:一种是连续直流供电,得到的焊接电流是连续的直流电,这就是通常所说的直流电源;另一种是可以有规律地进行断续供电的电源,即脉冲电源。脉冲电流的主要优越性在于,除了能像连续直流那样能调节电流的大小以外,它的通电时间和间隙时间可以调节。因此,脉冲电源优于普通直流电源。

(3) 惰性气体源

在等离子枪的电弧室里,电弧柱是在三个压缩效应(机械压缩效应、热收缩效应和磁压缩效应)的作用下形成等离子弧的。三个效应中有两个是惰性气体所为。微束等离子弧所使用的惰性气体,一般都是氩气,使用工业用瓶装压缩氩气即可。使用时要接装减压表和流量计,以便能精细地调节压力和流量这两个参数。

3. 微束等离子弧焊的工艺参数

微束等离子弧焊的工艺参数,主要是焊接电流、焊接速度、工作气体流量、保护气体流量、电弧长度、喷嘴直径、喷嘴通道比和钨极的内缩量等,它们对焊缝的形状和焊接质量都有影响。

典型的微束等离子弧焊的工艺参数如表 8-9 所列。

表 8-9 典型微束等离子弧焊的工艺参数

材料	板厚/mm	焊接电流/A	电弧电压/V	焊接速度/(mm·min^{-1})	离子气 Ar/(L·min^{-1})	保护气/(L·min^{-1})	喷嘴孔径/mm	备注
不锈钢	0.025	0.3	—	127	0.24		0.75	
	0.075	1.6		152	0.24	12(Ar+H$_2$5%)		
	0.125	2.0		127	0.24			手工对接
	0.25	6.0		203	0.25			
	0.75	10	—	127	0.25			
镍合金	0.15	5	22	30.0	0.4	5Ar	0.6	
	0.56	4~6	—	15.0~20.0	0.28	7(Ar+H$_2$8%)	0.8	
	0.71	5~7	—	15.0~20.0	0.28	7(Ar+H$_2$8%)	0.8	对接焊
	0.91	6~8	—	12.5~17.5	0.33	7(Ar+H$_2$8%)	0.8	
	1.2	10~12	—	12.5~15.0	0.38	7(Ar+H$_2$8%)	0.8	
钛	0.75	3		15.0	0.2	8Ar	0.75	
	0.2	5		15.0	0.2	8Ar	0.75	
	0.37	8		12.5	0.2	8Ar	0.75	手工对接
	0.55	12	—	25.0	0.2	8(He+Ar5%)	0.75	
哈斯特洛依合金	0.125	4.8		25.0	0.28	8Ar	0.75	
	0.25	5.8		20.0	0.28	8Ar	0.75	
	0.5	10		25.0	0.28	8Ar	0.75	对接焊
	0.4	13		50.0	0.66	4.2Ar	0.9	
紫铜	0.025	0.3	—	12.5	0.28	9.5(Ar+H$_2$0.5%)	0.75	卷边对接
	0.075	10	—	15.0	0.28	9.5(Ar+He75%)	0.75	
不锈钢丝	φ0.75	1.7	—	—	0.28	7(Ar+H$_2$15%)	0.75	搭接时间 1 s
	φ0.75	0.9	—	—	0.28	7(Ar+H$_2$15%)	0.75	端接时间 0.6 s
镍丝	φ0.12	0.1	—	—	0.28	7Ar	0.75	
	φ0.37	1.1	—	—	0.28	7Ar	0.75	搭接热电偶
	φ0.37	1.0	—	—	0.28	7(Ar+H$_2$2%)	0.75	
钽丝与镍丝	φ0.5	2.5	—	焊一点为 0.2 s	0.2	9.5Ar	0.75	点焊

4. 微束等离子弧焊的技术要点

(1) 接头形式

接头形式根据板厚来选择,厚度在 0.05～1.6 mm 之间时,通常采用微束等离子弧进行焊接。微束等离子弧焊主要用于焊接薄件或薄件与厚件的连接件,所以微束等离子弧的接头形式和尺寸有其独特之处。微束等离子弧的接头不开坡口,对于板厚 0.2 mm 的对接接头,通常都采用卷边的接头形式。板厚小于 0.8 mm 的微束等离子弧焊的常用接头形式如图 8 - 16 所示。

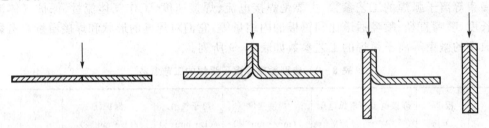

图 8 - 16　板厚小于 0.8 mm 的微束等离子弧焊的常用接头形式

(2) 夹具和金属垫板

微束等离子弧焊接为了保证精确的装配和获得高质量的焊缝,必须使用装配夹具或装配——焊接联合夹具。夹具的尺寸要求精密,装卸要求方便,焊缝周围的夹具零件要用非磁性材料(黄铜、不锈钢)制造,防止焊接时电弧产生偏吹。

为了保证焊缝背面的良好成形,焊道背面要放上金属垫板。一般的金属垫板上均有成形槽,形状可以是倒三角形、矩形或半椭圆形,成形槽宽度可为 2～3 mm,槽深 0.2～0.5 mm。当焊件板厚小于 0.3 mm 时,可以使用无槽的光垫板。金属垫板的材料大多选用紫铜。一般情况下,金属垫板常和装配—焊接夹具结合在一起。

(3) 增强保护效果

一般的微束等离子弧焊枪都带有保护气罩装置(喷嘴)。但在有些情况下,如受焊缝的形式和位置所限,或焊件的结构和尺寸所限,焊枪的保护气罩对焊缝的保护并不完全有效。这时焊接夹具应加设特殊的保护装置,增强保护效果。

保护装置的结构和方式因焊件而异,是多种多样的。如装在正面焊缝两侧附近的反射屏(保护气挡板可将散失的保护气折回,改善保护条件)。再如,焊接管状结构件(或小型容器)时,可向管(或容器)内部充保护气,保护背面焊道。对某些焊件也可以设计专用保护喷嘴,如保护卷边对接焊缝的专用喷嘴。

通常增强保护的装置都是与焊接夹具制造在一起,使夹具具有多种功能。

(4) 点固焊

不使用焊接夹具的焊件,焊缝较长时,要每隔 3～5 mm 设置一个定位焊点,使其点固,否则焊接时要发生变形。点固焊使用的工艺参数可与焊接时相同或略小一些。使用夹具的焊件焊接,焊前不用点固焊。

(5) 焊件焊前清理

工件焊接接头待焊处及端边焊前均要净化处理,除去油污、锈蚀等,其方法(化学的或机械的)与一般焊接的焊前处理相似,只不过是因薄件对污物敏感而应更严格一些。

(6) 焊机准备

焊接前要将待用的微束等离子弧焊机准备好,并应做以下检查。

① 检查微束等离子弧焊枪,内容包括:焊枪的气、水路要密封并畅通,钨极、喷嘴的调整和更换要方便,能保证电极的同心度和内缩量并可调,焊枪的控制按钮应好用,焊枪的手柄可靠地绝缘。

② 检查微束等离子弧焊机的电源,即包括电源的空载电压能满足要求,极性的接法正确,焊接电流又能均匀地调节,则电源合格。

③ 检查微束等离子弧焊机的控制系统,内容包括:气路(分工作气和保护气)应密封和畅通,流量应能精细调节,气阀电路的控制应可靠。水路要保证畅通和密封,有水流开关的设备要检查水流开关韵灵敏度。控制系统的电路主要检查高频引弧电路的点火(引弧)可靠性,提前送气和滞后断气的控制可靠性。电流衰减电路应工作可靠和速度可调,完整的焊接过程程序控制的可靠性等。有启动行走焊车的微束等离子弧焊机,还应检查焊接小车的调速系统及其控制程序。

④ 焊枪电极最好选用铈钨电极,其直径应按工艺参数中的电流选择。电流较大时选直径 1.2 mm 的电极。电流较小时可选用直径 0.8 mm 的电极。电极尖端磨成 $10°\sim15°$ 的圆锥角。电极的磨尖最好使用专用的电极磨尖机磨制,以保证度数和不偏心。

⑤ 调整钨极对中时为了便于观察,可以在焊机电源不接通的情况下只打高频火花,从喷嘴观察火花。若火花在孔内圆周分布达到 $1/2\sim2/3$ 时,就认为对中正确。长时间地使用高频火花对中,也会使钨极少量烧损,可以放少量氩气保护。

⑥ 检查焊机循环水的冷却效果。焊机在额定状态下正常运行,冷却水的出口水温以 $40\sim50℃$ 为宜或以手感比体温稍高些即可。焊机不通冷却水不可使用。

⑦ 附有工件放大镜的焊机,焊前要将放大镜焦距调好,这对细小零件焊接时十分必要,若焊机不附放大镜,则可以自选 $5\sim10$ 倍的放大镜临时固定在距焊缝的适当位置处,以供使用。

⑧ 按工艺技术文件规定的焊接工艺参数调节好焊机,经试焊确实无误后予以固定,等待使用。

(7) 焊接操作

① 微束等离子弧焊使用的电弧形态是联合弧,即维弧、工作弧同时存在。

② 当焊缝间隙稍大,出现焊缝余高不够或呈现下陷时,说明焊缝金属填充不够,应该使用填充焊丝。填充焊丝要选用与母材金属同成分的专用焊丝,也可以使用从母材上剪下来的边条。

③ 焊接时,转移弧产生后不要立即移动焊枪,要在原地维持一段时间使母材熔化,形成熔池后开始填丝并移动焊枪。另外,焊枪在运行中要保持前倾,手工焊时前倾角保持在 $60°\sim80°$,自动焊时前倾角应为 $80°\sim90°$。

④ 微束等离子弧的焊接是采用熔池无小孔效应的熔透型焊接法,即用微弧将工件焊接处熔化到一定深度或熔透成双面成形的焊缝。

⑤ 焊接时喷嘴中心孔与待焊焊缝的对中要求高,偏差应尽可能小,否则会焊偏或产生咬边。

⑥ 焊接过程中的电弧熄灭或焊接结束时的熄弧,焊枪均要在原处停留几秒,使保护气继续保护高温的焊缝,以免氧化。

此外,微束等离子弧焊电源空载电压高,易使操作者触电,应注意防止。由于微束等离子弧焊枪体积小,在换喷嘴、换电极或电极对中时,都极易发生电极与喷嘴的接触,这时若误触动焊枪手把上的微动按钮,便会发生电极与喷嘴的电短路(打弧),损坏喷嘴和电极,因此在更换电极、喷嘴或电极对中时,应将电源切断才能保证安全进行。

(四) 等离子弧焊的焊接缺陷

等离子焊接最常见的缺陷为咬边和气孔。咬边是指由于焊接参数选择不当或操作方式不正确,沿着焊缝表面与母材交界处的母材部位产生的沟槽或凹陷。气孔是焊接时熔池中的气体在金属凝固之前未能来得及逸出,而在焊缝金属中(内部或表面)残留下来所形成的孔穴。

1. 咬 边

不加填充焊丝时最易出现咬边,出现咬边的主要原因有:

① 电流过大。焊接时采用大电流是为了提高焊接速度,但焊接速度的上限应以不出现咬边为基准。

② 焊枪喷嘴轴线与焊缝的对中性不好,即焊枪向焊缝一侧倾斜。等离子弧柱细,电弧刚度大,焊缝成形对弧长不敏感,但对电弧对中性敏感,所以要求焊枪能够更严格地对准焊缝。

③ 装配错边。坡口两侧边缘高低不平,则高位置一侧出现咬边。

防止措施是调整焊接规范,电极对准焊缝,改进错边和正确地连接电缆。

2. 气 孔

等离子弧焊气孔常见于焊缝根部。出现气孔的主要原因有:

① 焊接速度过快。

② 焊前工件或填充丝表面没有清理干净。焊铝合金时,焊前应严格清洗工件及填充焊丝,否则很容易再现气孔。

③ 使用的气体成分不合适。氩氢混合气体是焊接奥氏体不锈钢或耐热合金的常用气体,但氢含量过多会产生气孔。熔透法焊接时,$\varphi(H_2) \leqslant 7\%$。而穿透型等离子弧焊时,一般应控制 $\varphi(H_2)$ 在 10% 以下。

防止措施是调整规范参数和焊枪适当后倾角度。

(五) 常用等离子弧焊接材料的操作工艺要点

1. 高温合金的等离子弧焊操作工艺要点

用等离子弧焊焊接固溶强化和 Al、Ti 含量较低的时效强化高温合金时,可以填充焊丝也可以不加焊丝,均可以获得良好质量的焊缝。一般厚板采用小孔型等离子弧焊,薄板采用熔透型等离子弧焊,箔材用微束等离子弧焊。焊接电源采用陡降外特性的直流正极性,高频引弧,焊枪的加工和装配要求精度较高,并有很高的同心度。等离子气流和焊接电流均要求能递增和衰减控制。

焊接时,采用氩和氩中加适量氢气作为保护气体和等离子气体,加入氢气可以使电弧功率增加,提高焊接速度。氢气加入量一般在 5% 左右,要求不大于 15%。焊接时是否采用填充焊丝根据需要确定。选用填充焊丝的牌号与钨极惰性气体保护焊的选用原则相同。

高温合金等离子弧焊的工艺参数与焊接奥氏体不锈钢的基本相同,应注意控制焊接热输入。在焊接过程中应控制焊接速度,速度过快会产生气孔,还应注意电极与压缩喷嘴的同心度。高温合金等离子弧焊接接头力学性能较高,接头强度系数一般大于 90%。

几种高温合金典型的等离子生产工艺参数如表 8 - 10 所列。

表 8 - 10　几种高温合金典型的等离子弧焊参数

母材牌号	母材厚度 /mm	焊接电流 /A	电弧电压 /V	焊接速度 /(m·min⁻¹)	离子流量 /(L·min⁻¹)	保护气流量 /(L·min⁻¹)	孔道比	钨极内缩长 /mm	预热
GH3039	8.5	310	30	0.22	5.5	20	4.0	4.0	—
GH2132	7.0	300	30	0.20	4.5	25	3.0/2.8	3.0	—
GH3536	0.25	58	—	0.20	20	48			预热
GH1140	0.50	10	—	0.25	20	48			
	1.0	20	—	0.28	36	36			

注：均为平对接头；后三个参数为微束等离子弧焊特有。

2. 铝及铝合金的等离子弧焊操作工艺要点

等离子弧是以钨极作为电极，等离子弧为热源的熔焊方法。焊接铝合金时，采用直流反接或交流。铝及铝合金交流等离子弧焊接多采用矩形波交流焊接电源，用氩气作为等离子气和保护气体。对于纯铝、防锈铝，采用等离子弧焊，焊接性良好；硬铝的等离子弧焊接性尚可。

为了获得高质量的焊缝应注意以下几点。

① 焊前要加强对焊件、焊丝的清理，防止氢溶入产生气孔，还应加强对焊缝和焊丝的保护。

② 交流等离子弧焊的许用等离子气流量较小，流量稍大，等离子弧的吹力过大，铝的液态金属被向上吹起，形成凸凹不平或不连续的凸峰状焊缝。为了加强钨极的冷却效果，可以适当加大喷嘴孔径或选用多孔型喷嘴。

③ 当板厚大于 6 mm 时，要求焊前预热 100～200℃。板厚较大时用氦作等离子气或保护气，可增加熔深或提高效率。

④ 需用的垫板和压板最好用导热性不好的材料制造（如不锈钢）。垫板上加工出深度 1 mm、宽度 20～40 mm 的凹槽，以使待焊铝板坡口近处不与垫板接触，防止散热过快。

⑤ 板厚不大于 10 mm 时，在对接的坡口上每间隔 150 mm 点固焊一点；板厚大于 10 mm 时，每间隔 300 mm 点固焊一点。点固焊采用与正常焊接相同的电流。

⑥ 进行多道焊时，焊完前一道焊道后应用钢丝或铜丝刷清理焊道表面至露出纯净的铝表面为止。

几种铝合金等离子弧焊的工艺参数如表 8 - 11 所列。

表 8 - 11　铝合金交流等离子弧焊接的工艺参数

焊接状态	平　焊	横　焊	立　焊
板厚/mm	6.4	6.4	6.4
铝合金牌号	2 219	3 003	1 100
填充焊丝直径/mm	1.6	1.6	1.6
填充焊丝牌号	2 319	4 043	4 043
正极性电流/A	140	140	170
正极性电流时间/ms	19	19	19

焊接状态	平 焊	横 焊	立 焊
反极性电流/A	190	200	250
反极性电流时间/ms	3	4	4
起弧离子气流量/(L·min^{-1})	Ar0.9	Ar1.2	Ar1.2
焊接离子气流量/(L·min^{-1})	Ar2.4	Ar2.1	Ar2.4
保护气流量/(L·min^{-1})	Ar14	Ar19	Ar21
钨电极直径/mm	3.2	3.2	3.2
焊接速度/(mm·s^{-1})	3.4	3.4	3.2

3. 钛及钛合金的等离子弧焊操作工艺要点

等离子弧焊能量密度高、线能量大、效率高。厚度 2.5~15 m 的钛及钛合金板材采用"小孔型"方法可一次焊透,并可有效地防止产生气孔;"熔透型"方法适于各种板厚,但一次焊透的厚度较小,3 mm 以上一般需开坡口。钛的弹性模量仅相当于铁的 1/2,因此在应力相同的条件下,钛及钛合金焊接接头将发生比较显著的变形。等离子弧的能量密度介于钨极氩弧和电子束之间,用等离子弧焊接钛及钛合金时,热影响区较窄,焊接变形也较易控制。目前微束等离子弧焊已经成功地应用于薄板的焊接。采用 3~10 A 的焊接电流可以焊接厚度为 0.08~0.6 mm 的板材。

由于液态钛的密度较小,表面张力较大,利用等离子弧的小孔效应可以单道焊接厚度较大的钛和钛合金,保证不致发生熔池坍塌,焊缝成形良好。通常单道钨极氩弧焊时工件的最大厚度不超过 3 mm,并且因为钨极距离熔池较近,可能发生钨极熔蚀,使焊缝渗入钨的夹杂物。等离子弧焊接时,不开坡口就可焊透厚度达 15 mm 的接头,不可能出现焊缝渗钨现象。

钛材等离子弧焊接的工艺参数如表 8 - 12 所列。

表 8 - 12 钛材等离子弧焊典型焊接工艺参数

厚度 /mm	喷嘴直径 /mm	电流强度 /A	电弧电压 /V	焊接速度 /(m·min^{-1})	送丝速度 /(m·min^{-1})	焊丝直径 /mm	氩气流量/(m·min^{-1})			
							离子气	保护气	拖罩	背面
0.2	0.8	5	—	7.5	—	—	0.25	10		2
0.4	0.8	6	—	7.5	—	—	0.25	10		2
1	1.5	35	18	12	—	—	0.5	12	15	2
3	3.5	150	24	23	60	1.5	4	15	20	6
6	3.5	160	30	18	68	1.5	7	15	25	15
8	3.5	172	30	18	72	1.5	7	20	25	15
10	3.5	250	25	9	46	1.5	7	20	25	15

注:以上均是在直流正接下焊接参数。

焊接航天工程中应用的 TC4 钛合金高压气瓶的研究结果表明,等离子弧焊接头强度与氩弧焊相当,强度系数均为 90%,但塑性指标比氩弧焊接头高,可达到母材的 75%。根据 30 万吨合成氨成套设备的生产经验,用等离子弧焊接厚度 10 mm 的 TA1 工业纯钛板材,生产率可比钨极氩弧焊提高 5~6 倍,对操作的熟练程度要求也较低。

　　纯钛等离子弧焊的气体保护方式与钨极氩弧焊相似,可采用氩弧焊拖罩,但随着板厚的增加、焊速的提高,拖罩要加长,使处于350℃以上的金属得到良好保护。背面垫板上的沟槽尺寸一般宽度和深度各为2.0～3.0 mm,同时背面保护气体的流量也要增加。厚度15 mm以上的钛板焊接时,开6～8 mm钝边的V形或U形坡口,用"小孔型"等离子弧焊封底,然后用"熔透型"等离子弧填满坡口。用等离子弧封底可以减少焊道层数,减少填丝量和焊接角变形,提高生产率。"熔透型"多用于厚度3 mm以下薄件的焊接,比钨极氩弧焊容易保证焊接质量。

　　例如:年产24万吨尿素设备中的CO_2汽提塔在高温、高压和腐蚀条件下工作,衬里材料为TAl工艺纯钛,厚5 mm和10 mm。采用自动等离子弧焊进行焊接。可不开坡口,一次焊成,焊缝成形好。热影响区晶粒虽然较粗,但接头力学性能及耐蚀性均符合要求。采用水冷保护滑块进行后拖保护,其优点是冷却效果好,可以缩短高温停留时间,提高保护效果,氩气用量还能比一般托罩节省40%。

　　60°的收敛扩散型单孔喷嘴降低了压缩程度,扩大了获得优质焊缝的参数范围,可以提高焊接速度,缺点是焊接电流较大,消耗能源较多。

　　焊前清理采用机械清理。先用丙酮去除坡口两侧各100 mm内的油污,用砂布去除两侧各5 mm的氧化层,至露出金属光泽,用棉纱蘸丙酮擦洗2～3遍。10 mm钛板焊接工艺参数如表8-13所列。5 mm钛板焊接工艺参数如表8-14所列。

表8-13　10 mm钛板焊接工艺参数

参　数	数　值
喷嘴孔径/mm	3.2
钨极直径/mm	5
钨极内缩/mm	1.2
焊接电流/A	250
焊接电压/V	25
焊接速度/(m·h^{-1})	9
填充丝速度/(m·h^{-1})	96
填充丝直径/mm	1.0
离子气/(L·h^{-1})	350
熔池保护气/(L·h^{-1})	1 200
拖罩保护气/(L·h^{-1})	1 500
背面保护气/(L·h^{-1})	1 500

表8-14　5 mm钛板焊接工艺参数

参　数	数　值
喷嘴形式	60°
喷嘴孔径/mm	3.0
钨极直径/mm	5.0
钨极内缩/mm	2.8
焊接电流/A	250
焊接电压/V	25

参　数	数　值
焊接速度/(m·h⁻¹)	20
填充丝速度/(m·h⁻¹)	96
填充丝直径/mm	1.0
离子气/(L·h⁻¹)	350

任务四　等离子弧切割

一、任务分析

现代工业需要对重型金属以及合金进行加工；日常活动所必需的工具及运输载体的制造都离不开金属。例如，起重机、汽车、摩天大楼、机器人以及悬索桥都是由精确加工成型的金属零部件构成的。原因很简单：金属材料非常坚固和耐久，对于大多数制造而言，特别是在满足大型和/或坚固性方面，金属材料自然成为合理的选择。

但有趣的是，金属材料的坚固性同时也是它的缺点：由于金属非常不容易损坏，要将其加工成特定的形状就非常困难。当人们需要加工一个大小和强度与飞机机翼一样的部件时，如何实现精确的切割与成型呢？绝大多数情况下，这都需要求助于等离子切割机。本次任务就将介绍等离子弧切割的原理、特点及工艺。

二、相关知识

（一）等离子弧切割的工作原理

等离子切割机是一种新型的热切割设备，其工作原理是以压缩空气为工作气体，以高温高速的等离子弧为热源，将被切割的金属局部熔化，并同时用高速气流将已熔化的金属吹走，形成狭窄切缝，如图 8－17 所示。等离子切割可用于不锈钢、铝、铜、铸铁、碳钢等各种金属材料切割，具有切割速度快、切缝狭窄、切口平整、热影响区小、工件变形量小、操作简单等优点，而且具有显著的节能效果。该设备适用于各种机械、金属结构的制造、安装和维修，作中、薄板材的切断、开孔、挖补、开坡口等切割加工。

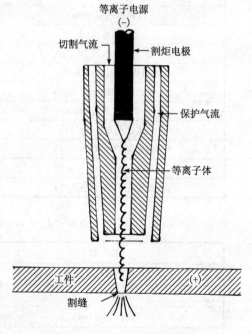

图 8－17　等离子弧切割原理

（二）等离子弧切割的特点

等离子切割具有以下特点：

① 切口质量好。等离子弧切割切口接近于激光切割，如碳素钢切割面的平均粗糙度在 40 μm 以下。

② 切口宽度窄。如用工作电流 30 A 切割，普通等离子弧切割的切口宽度为 1.54 mm，而高精度等离子弧切割为 0.64～0.76 mm。

③ 切割的零件尺寸精度高。等离子弧切割的零件尺寸精度稍低于激光切割，如切割厚 4.8 mm，零件的尺寸精度为±0.38 mm，切割厚 9.5 mm 时为±0.51 mm。

④ 切割速度低于气割，但接近激光切割。

⑤ 电极的寿命较长。

（三）等离子弧切割工艺

各种等离子弧切割工艺参数，直接影响切割过程的稳定性、切割质量和效果。下面主要介绍一下等离子弧切割工艺参数及其切割质量的有关内容。

1. 等离子弧切割工艺参数

离子弧切割工艺参数包括切割电流、切割电压、切割速度、气体流量以及喷嘴距工件的高度等。各种不同厚度材料的等离子弧切割工艺参数如表 8-15 所列。

表 8-15　各种不同厚度材料的等离子弧切割工艺参数

材　料	工件厚度/mm	喷嘴孔径/mm	空载电压/V	切割电流/A	切割电压/V	氮气流量/(L·h⁻¹)	切割速度/(L·h⁻¹)
不锈钢	8	3	160	185	120	2100～2300	45～50
	20	3	160	220	120～125	1900～2200	32～40
	30	3	230	280	135～140	2700	35～40
	45	3.5	240	340	145	2500	20～25
铝及合金	12	2.8	215	250	125	4400	784
	21	3.0	230	300	130	4400	75～80
	34	3.2	240	350	140	4400	35
	80	3.5	245	350	150	4400	10
紫铜	5	—	—	310	70	1420	94
	18	3.2	180	340	84	1660	30
	38	3.2	252	304	106	1570	11.3
低碳钢	50	7	252	300	110	1050	10
	85	10	252	300	110	1230	5
铸铁	5	—	—	300	70	1450	60
	18	—	—	360	73	1510	25
	35	—	—	370	100	1500	8.4

(1) 切割电流

电流和电压决定了等离子弧的功率。随等离子弧功率的提高,切割速度和切割厚度均可相应增加。一般依据板厚及切割速度选择切割电流。提供切割设备的厂家都向用户说明某一电流等级的切割设备能够切割板材的最大厚度。

对于确定厚度的板材,切割电流越大,切割速度越快。但切割电流过大,易烧损电极和喷嘴,且易产生双弧,因此对一定的电极和喷嘴有一定合适的电流。切割电流也影响切割速度和割口宽度,切割电流增大会使弧柱变粗,致使切口变宽,易形成 V 形割口。表 8 - 16 列出等离子弧切割电流与割口宽度的关系。

表 8 - 16   等离子弧切割电流与割口宽度的关系

切割电流/A	20	60	120	250	500
割口宽度/mm	1.0	2.0	3.0	4.5	9.0

(2) 空载电压

虽然可以通过提高电流增加切割厚度及切割速度,但单纯增加电流使弧柱变粗,切口加宽,所以切割大厚度工件时,提高切割电压的效果更好。空载电压高,易于引弧。可以通过增加气体流量和改变气体成分来提高切割电压,但一般切割电压超过空载电压的 2/3 后,电弧就不稳定,容易熄弧。因此,为了提高切割电压,必须选用空载电压较高的电源,所以等离子弧切割电源的空载电压不得低于 150 V,是一般切割电压的 2 倍。

切割大厚度板材和采用双原子气体时,空载电压相应要高。空载电压还与割枪结构、喷嘴至工件距离、气体流量等有关。

(3) 切割速度

切割速度是切割过程中割炬与工件间的相对移动速度,是切割生产率高低的主要指标。切割速度对切割质量有较大影响,合适的切割速度是切口表面平直重要条件。在切割功率不变的情况下,提高切割速度使切口表面粗糙不平直,使切口底部熔瘤增多,清理较困难,同时热影响区及切口宽度增加。切割速度决定于材质板厚、切割电流、气体种类及流量、喷嘴结构和合适的后拖量等。在同样的功率下,增加切割速度将导致切口变斜。切割时割炬应垂直工件表面,但有时为了有利于排除熔渣,也可稍带一定的后倾角。一般情况下允许倾斜角不大于3°,所以为提高生产率,应在保证切透的前提下尽可能选用大的切割速度。

(4) 气体流量

气体流量要与喷嘴孔径相适应。气体流量大,利于压缩电弧,使等离子弧的能量更为集中,提高了工作电压,有利于提高切割速度和及吹除熔化金属。但当气体流量过大时,会因冷却气流从电弧中带走过多的热量,反而使切割能力下降,电弧燃烧不稳定,甚至使切割过程法正常进行。适当地增大气体流量,可加强电弧的热压缩效应,使等离子弧更加集中,同时由于气体流量的增加,切割电压也会随之增加,这对提高割能力和切割质量是有利的。

(5) 喷嘴距工件高度

喷嘴到工件表面间的距离增加时,电弧电压升高,即电弧的有效功率提高,等离子弧柱显露在空间的长度将增加,弧柱散失在空间的能量增加。结果导致有效热量减少,对熔融金属的吹力减弱引起切口下部熔瘤增多,切割质量明显变坏,同时还增加了出现双弧的可能性。

当距离过小时,喷嘴与工件间易短路而烧坏喷嘴,破坏切割过程的正常进行。在电极内缩量一定(通常为 2～4 mm)时,喷嘴距离工件的高度一般在 6～8 mm,空气等离子切割和水再压缩等离子弧切割的喷嘴距离工件高度可略小于 6～8 mm。除了正常切割外,空气等离子弧切割时还可以将喷嘴与工件接触,即喷嘴贴着工件表面滑动,这种切割方式称为接触切割或笔式切割,切割厚度约为正常切割时的一半。

(6) 钢板表面预处理

钢板从钢铁厂经过一系列的中间环节到达切割车间,在这段时间里,钢板表面难免产生一层氧化皮。再者,钢板在轧制过程中也产生一层氧化皮附着在钢板表面。这些氧化皮熔点高,不容易熔化,降低了切割速度;同时经过加热,氧化皮四处飞溅,极易对割嘴造成堵塞,降低了割嘴的喷嘴、电极使用寿命。所以,在切割前,很有必要对钢板表面进行除锈预处理。

常用的方法是抛丸除锈,然后喷导电漆防锈。即将细小铁砂用喷丸机喷向钢板表面,靠铁砂对钢板的冲击力除去氧化皮,再喷上阻燃、导电性好的防锈漆。

钢板切割之前的除锈喷漆预处理已成为金属结构生产中一个不可缺少的环节。

2. 等离子弧切割质量

切口质量主要以切口宽度、切口垂直度、切口表面粗糙度、切纹深度、切口底部熔瘤及切口热影响区硬度和宽度来评定。等离子弧切口的表面质量介于氧－乙炔切割和带锯切割之间,当板厚在 100 mm 以上时,因较低的切割速度下熔化较多的金属,往往形成粗糙的切口。

良好切口的标准是:其宽度要窄,切口横断面呈矩形,切口表面光洁,无熔渣或挂渣,切口表面硬度应不妨碍切后的机加工。

(1) 切口宽度和平面度

切口宽度是指由切割束流造成的两个切割面在切口上缘的距离。在切口上缘熔化的情况下,指紧靠熔化层下两切割面的距离。

等离子弧往往自切口的上部较下部切去较多的金属,使切口端面稍微倾斜,上部边缘一般呈方形,但有时稍呈圆形。等离子弧切割的切口宽度比氧－乙炔切割的切口宽度宽 1.5～2 倍,随板厚增加,切口宽度也增加。对板厚在 25 mm 以下的不锈钢或铝,可用小电流等离子弧切割,切口的平直度是很高的,特别是切割厚度 8 mm 以下的板材,可以切出小的棱角,甚至不需加工就可直接进行焊接,这是大电流等离子弧切割难以得到的。这对薄板不规则曲线下料和切割非规则孔提供了方便。切割面平面度是指所测部位切割面上的最高点和最低点、按切割面倾角方向所作两条平行线的间距。

等离子弧切口表面存在约 0.25～3.80 mm 厚的熔化层,但切口表面化学成分没有改变。如切割含 Mg5% 的铝合金时,虽有 0.25 mm 厚的熔化层,但成分未变,也未出现有氧化物。若用切割表面直接进行焊接也可以得到致密的焊缝。切割不锈钢时,由于受热区很快通过 649℃ 的临界温度,使碳化铬不会沿晶界析出。因此,用等离子弧切割不锈钢是不会影响它的耐腐蚀性的。

(2) 切口熔瘤消除方法

在切割面上形成的宽度、深度及形状不规则的缺口,使均匀的切割面产生中断。切割后附着在切割面下缘的氧化铁熔渣称为挂渣。

以不锈钢为例,由于不锈钢熔化金属流动性差,在切割过程中不容易把熔化金属全部从切口吹掉。不锈钢导热性差,切口底部容易过热,这样切口内残留有未被吹掉的熔化金属,就和切口下部熔合成一体,冷却凝固后形成所谓的熔瘤或挂渣。不锈钢的韧性好,这些熔瘤十分坚韧,不容易去除,给机械加工带来很大困难。因此,去除不锈钢等离子弧切割的熔瘤是一个比较关键的问题。

在切割铜、铝及其合金时,由于其导热性好,切口底部不易和熔化金属重新熔合。这些熔瘤虽"挂"在切口下面,但很容易去除。采用等离子弧切割工艺时,去除熔瘤的具体措施如下。

① 保证钨极与喷嘴的同心度。钨极与喷嘴的对中不好,会导致气体和电弧的对称性被破坏,使等离子弧不能很好地压缩或产生弧偏吹,切割能力下降,切口不对称,引起熔瘤增多,严重时引起双弧,使切割过程不能顺利进行。

② 保证等离子弧有足够功率。等离子弧功率提高,即等离子弧能量增加,弧柱拉长,使切割过程中熔化金属的温度提高和流动性好,这时在高速气流吹力的作用下,熔化金属很易被吹掉。增加弧柱功率可提高切割速度和切割过程的稳定性,使得有可能采用更大的气流量来增强气流的吹力,这对消除切口熔瘤十分有利。

③ 选择合适的气体流量和切割速度。气体流量过小吹力不够,容易产生熔瘤。当其他条件不变时,随着气体流量增加,切口质量得到提高,可获得无熔瘤的切口。但过大的气体流量却导致等离子弧变短,使等离子弧对工件下部的熔化能力变差,割缝后拖量增大,切口呈 V形,反而又容易形成熔瘤。

(3) 避免双弧的产生

转移型等离子弧的双弧现象的产生与具体的工艺条件有关。等离子弧切割中,双弧的存在必然导致喷嘴的迅速烧损,轻者改变喷嘴孔道的几何形状,破坏电弧的稳定条件,影响切割质量;重者使喷嘴被烧损而漏水,迫使切割过程中断。为此,等离子弧切割与等离子弧焊接一样,必须从影响双弧形成的因素着手避免双弧的出现。

(4) 大厚度切割质量

生产中已能用等离子弧切割厚度 $100 \sim 200$ mm 的不锈钢,为了保证大厚度板的切割质量,应注意以下工艺特点。

① 随切割厚度的增加,需熔化的金属也增加,因此所要求的等离子弧功率比较大。切割厚度 80 mm 以上的板材,一般在 $50 \sim 100$ kW 左右。为了减少喷嘴与钨极的烧损,在相同功率时,以提高等离子弧的切割电压为宜。为此,要求切割电源的空载电压在 220V 以上。

② 要求等离子弧呈细长形,挺度好,弧柱维持高温的距离要长。即轴向温度梯度要小,弧柱上温度分布均匀。这样,切口底部能得到足够的热量保证割透。如果再采用热焓值较大、热传导率高的氮、氢混合气体就更好了。

③ 转弧时,由于有大的电流突变,往往会引起转弧过程中电弧中断、喷嘴烧坏等现象,因此要求设备采用电流递增转弧或分极转弧的办法。一般可在切割回路中串入限流电阻(约 0.4Ω),以降低转弧时的电流值,然后再把电阻短路掉。

④ 切割开始时要预热,预热时间根据被切割材料的性能和厚度确定。对于不锈钢,当工件厚度为 200 mm 时,要预热 $8 \sim 20$ s;当工件厚度为 50 mm 时,要预热 $2.5 \sim 3.5$ s。大厚度工件切割开始后,要等到沿工件厚度方向都割透后再移动割炬,实现连续切割,否则工件将切割不透。收尾时要待完全割开后才可以断弧。

切口质量评定因素与切割工艺参数有关。假若采用的切割参数合适而切口质量不理想时,则要着重检查电极与喷嘴的同心度以及喷嘴结构是否合适。喷嘴的烧损会严重影响切口质量。利用等离子切割开坡口时,要特别注意切口底部不能残留熔渣,不然会增加焊接装配的困难。

(5) 常见故障和缺陷

等离子弧切割时,由于技术不熟练或操作不当,有时会产生一些故障和切割缺陷。如产生"双弧"、"小弧"、引不燃、断弧(主要是小弧转为切割电弧时)、钨极烧损严重、喷嘴使用寿命短、喷嘴迅速烧坏、切口熔瘤、切口太宽、切割面不光洁和割不透等。解决的办法就是适当调整焊接工艺参数及提高操作技能。

练习与思考

1. 等离子弧的特点是什么?

2. 试述等离子弧产生的原理。

3. 等离子弧的类型有哪些? 各自的特点是什么?

4. 等离子弧焊的焊接工艺参数有哪些? 简述各参数对焊接质量的影响。

5. 简述等离子弧焊常见缺陷的防止措施。

6. 等离子弧焊常用于哪些材料的焊接,各自的操作要点是什么?

7. 简述等离子弧切割原理及特点。

8. 等离子弧切割的主要工艺参数有哪些?

学习情境九

其他焊接方法简介

知识目标

1. 了解电渣焊的原理、特点和分类；
2. 理解电渣焊的焊接过程并掌握电渣焊的焊接工艺；
3. 了解钎焊、电阻焊、摩擦焊、扩散焊、电子束焊和激光焊的原理、特点和应用范围。

焊接结构的类型及所用的材料品种日益增多，例如重型机械制造的大厚度工件和航空航天器中复杂结构的焊接，高熔点低塑性材料的焊接，以及金属与非金属的焊接等，若只用前述的几种焊接方法就很难保证焊接质量，甚至根本无法进行焊接，因而必须采用一些新的焊接方法。

任务一 电渣焊

一、任务分析

随着重型机械制造工业的发展，需要对许多大厚度板材进行焊接。如果采用埋弧焊，不但要开坡度，还要采用多道多层焊。这样，不但焊接生产率低，质量也难以保证。电渣焊就是为适应焊接大厚度板材的需要而迅速发展起来的。在1958年我国已应用电渣焊生产出我国第一台12000吨水压机，以后又相继成功地焊接了大型轧钢设备的机架和大型发电机的转子和机轴，在造船工业中也得到了较多的应用，使我国电渣焊技术达到了世界先进水平。

本任务将介绍电渣焊的原理、特点与分类、电渣焊过程、电渣焊焊接用材料、工艺参数的选择原则和设备。

二、相关知识

（一）电渣焊的基本原理、特点与分类

1. 电渣焊的基本原理

电渣焊是利用电流通过液体熔渣所产生的电阻热进行焊接的方法。

电渣焊的简单过程如图9-1所示，把电源的一端接在电极上另一端接在焊件上，电流经过电极并通过熔池后到达焊件。由于渣池中的液态熔渣电阻较大，通过电流时就产生大量的电阻热，将渣池加热到很高温度（1 700～2 000℃）。高温的熔渣把热量传递给电极和焊件，以

使电极及焊件与渣池接触的部位熔化,熔化的液态金属在渣池中因其比重较熔渣大,故下沉到底部形成金属熔池,而渣池始终浮与金属熔池上部。随着焊接过程的连续进行,温度逐渐降低的熔池金属在冷却滑块的作用下,强迫凝固成形而成焊缝。

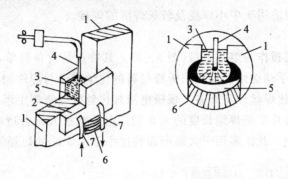

1—焊件;2—冷却滑块;3—渣池;4—电极(焊丝);

5—金属熔池;6—焊缝;7—冷却水管

图 9-1　电渣焊过程示意图

为了保证上述过程的进行,焊缝必须处于垂直位置,只有在立焊位置时才能形成足够深度的渣池,并为防止液态渣池和金属流出以及得到良好的成形,故采用强迫成形的冷却滑块。

2. 电渣焊的特点

(1) 大厚度焊件可以一次焊成

对于大厚度的焊件,可以一次焊好,且不必开坡口。电渣焊可焊的厚度从理论来上来说,是没有限度的,但在实际生产中,因受到设备和电源容量的限制,有一定的范围。通常用于焊接板厚度 40 mm 以上的焊件,最大厚度可达 2 m。还可以一次焊接焊缝截面变化大的焊件。对这些焊件而言,电渣焊要比电弧焊的生产率高得多。

(2) 经济效果好

电渣焊的焊缝准备工作简单,大厚度焊件不需要进行坡口加工,只要在焊缝出保持 20～40 mm 的间隙,就可以进行焊接,这样简化了工序,并节省了钢材。而且焊接材料消耗少,与埋弧焊相比,焊丝的消耗量减少 30%～40%,焊剂的消耗量仅为埋弧焊的 1/15～1/20。此外,由于在加热过程中。几乎全部电能都能传给渣池而转换成热能,因此电能消耗也小,比埋弧焊减少 35%。焊件的厚度越大,电渣焊的经济效果越好。

(3) 焊缝缺陷少

电渣焊时,渣池在整个过程中始终覆盖在焊缝上面。一定深度的熔渣使液态金属得到了良好的保护,以避免空气的有害作用并对焊件进行预热,使冷却速度缓慢,利于熔池中的气体、杂质有充分的时间析出,所以焊缝不易产生气孔,夹渣及裂纹等工艺缺陷。

(4) 焊接接头晶粒粗大

这是电渣焊的主要特点。由于电渣焊热过程的特点,造成焊缝和热影响区的晶粒粗大,以致焊接接头的塑性和冲击韧性降低,但是通过焊后热处理,能够细化晶粒,满足对机械性能的要求。

3. 电渣焊的类型

根据所用的电极形状不同电渣焊可分为:

（1）丝极电渣焊

这种是用焊丝作为熔化电极，根据焊件的厚度不同可以用一根焊丝（图9-1）或多根焊丝（图9-2）。在焊接时，焊丝不断送入渣池熔化，作为填充金属。为了适应厚板焊接，焊丝可作横向摆动。此方法一般适用于中小厚度及较长焊缝的焊接。

（2）板极电渣焊

用一条或数条金属板作为熔化电极（图9-3）。其特点是设备简单，不需要电极横向摆动和送丝机构（板条可以手动送给），只要求板极材料的化学成份与焊件相同或相似即可，因此可利用边料作电极，这就比焊丝经济地多。板极电渣焊比丝极电渣焊生产率高，但需要大工率焊接电源。同时要求板极长度是焊缝长度的3.5倍。由于板极太长会造成操作上的不方便，因而使焊缝长度受到限制。此法多用于大断面而长度小于1.5 m的短焊缝。

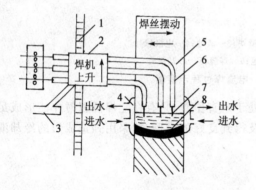

1—导轨；2—焊机机头；3—控制台；4—冷却滑块；
5—焊件；6—导电嘴；7—渣池；8—熔池

图9-2 丝极电渣焊示意图

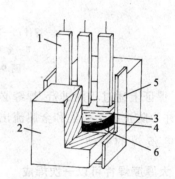

1—板极；2—焊件；3—渣池；4—熔池；
5—冷却铜块；6—焊丝

图9-3 板极电渣焊示意图

（3）熔嘴电渣焊

熔嘴电渣焊如图9-4所示，是采用板极和丝极联合组成的电极。板极的形状与焊件断面相同，固定在装配间隙内，并和焊件绝缘，板极上端接焊接电源，侧面开槽或附钢管2，焊接过程中焊丝1就通过此钢管进入渣池5，补充板极的不足，这种扳极称为熔嘴，因此熔嘴起着导电，填充金属和送丝的导向作用。熔嘴点渣的特点是设备简单，可焊接大断面的长缝和变断面的焊缝。目前可焊焊件厚度达2 m，焊缝长度达10 m以上。

（4）管状熔嘴电渣焊

管状熔嘴电渣焊如图9-5所示，是一种新的工艺方法，其原理与熔嘴电渣焊基本相同。它是用一根外面涂有药皮（即管状焊条）来代替熔嘴，电源的一极接在管状熔嘴的上端。在焊接过程中，管状熔嘴与由管内不断送给的焊丝（即丝极）都作为填充金属一起熔化，凝固后形成焊缝。熔嘴外壁所涂的药皮可起自动补充熔渣和向焊缝金属中过度一定量合金元素的作用。这不但可以方便地调节焊缝的化学成份，而且可以改善焊缝的组织（细化晶粒）和机械性能。当焊接厚度较大的焊件，可采用多根管状熔嘴，配合一台多头送丝机构送丝。这种方法适用于厚度为18～60 mm焊件的焊接，具有生产率高，焊缝质量较好的特点。

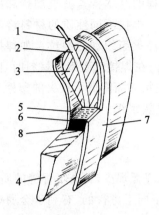
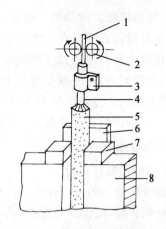

1—焊丝；2—钢管；3—焊嘴；4—焊件；
5—渣池；6—熔池；7—冷却铜块；8—焊缝

图9-4　熔嘴电渣焊示意图

1—焊丝；2—送丝滚轮；3—导电头；4—钢管；
5—涂料；6—冷却滑块；7—引出板；8—焊件

图9-5　管状熔嘴电渣焊示意图

(二) 电渣焊过程

1. 电渣焊工作过程

(1) 建立渣池

先使电极与引弧之间产生电弧,利用电弧的热量不断熔化添加的焊剂,待熔渣积累到一定深度时,电弧熄灭,转入电渣过程也有采用固体导电焊剂(焊剂170)作为过渡焊剂建立渣池,使电弧过程转入电渣电渣过程。

(2) 正常焊接过程

利用渣池的热量将焊丝焊件边缘熔化并下沉在渣池下部形成金属熔池,随着金属熔池的上升和渣池的止浮,冷却滑块相应上移(即焊接速度)下部不断形成焊缝。这时要均匀补充熔剂,保持一定的渣池深度,以保证电渣过和顺利进行。

(3) 焊缝收尾

收尾工作必须在引出板上进行,类似于铸件中的浇口,将焊缝引出焊件,此时应逐渐降低送丝速度和焊接电流,增加电压,最好在结束前断续几次送丝,以填满尾部缩孔,防止裂纹。在收尾结束后,不应将渣池完全放掉,以减慢熔池冷却速度而防止产生裂纹。

2. 电渣焊的热过程

电渣焊的热源是整个渣池。由于焊接电流主要是经过焊丝末端流入渣池的因些熔渣中在焊丝末端与金属熔池间有一堆锥体状的区域电流最大,产生电阻热最多,温度可达2 000℃上,这一区域的熔渣称为高温锥体(图9-6)它是电渣焊的热源中心,温度最高,其他区域的熔渣与这区域的对流就很激烈,将热量很快带到整个渣池,使渣池表面温度也能达到1 600~1 800℃。这样整个渣池都能不同程度地加热电极和焊件。与焊接电弧相比,渣池是一个温度低热量

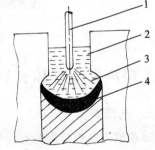

1—焊丝；2—渣池；3—离温锥体；
4—金属熔池

图9-6　渣池中的高温锥体

分散而热容量和体积都较大的热源。由此可见,电渣焊热过程的基本特点就是加热和冷却的速度都很缓慢,使焊缝的近缝区在高温停留时间较长。这对于焊接不同性质的材料将产生不同的结果,如焊接淬火在高温停留倾向较大的钢刚不易产生淬火组织和冷裂纹。如焊接铸铁则能减少产生白口的倾向,这些都是有利于保证焊接质量的。在焊接低碳钢等材料时,则会因在热量影响区产生粗大的过热组织和在焊缝中出现粗大的柱状晶而降低了接头的塑性和韧性指标。因此,重要结构焊后需经热处理,以细化晶粒及消除过热组织。

3. 电渣焊的冶金过程

电渣冶金过程的主要特点是:

① 金属熔池受到渣池的良好保护,所以焊缝的含氮量比埋弧焊少,提高了焊缝的质量。

② 由于渣池保护好,渣池冷却缓慢,而且焊缝结晶是由下向下进行的,有利于金属熔池中气体及杂质的排出,不易产生气孔和夹渣。

③ 电渣焊接时,由于热源温度低,焊剂热量少,添加量也少,因此一般很难通过焊剂渗合金,主要是通过电极直接渗合金。

④ 焊缝中熔化的基本金属比例少(只占 $10\%\sim20\%$),而一般自动焊焊缝中熔化的基本金属要大于 50%,因此由基本金属带入焊缝的有害杂质(S、P)要少得多。

⑤ 由于电渣焊接的熔池同时向两边基本金属和两个冷却滑块散热,因而晶粒是从四个方向同时向熔池中心生长的。如图 9-7(a)所示,当熔池深而窄时),柱状晶粒沿水平方向从四周向里长,在焊缝中心相遇,形成杂质较集中(偏析)的脆弱面,这就容易产生热裂纹。如图 9-7(b)所示,当熔池宽而浅,柱状晶不仅向深池中部生长,而且还向上长,弯曲的柱状晶就把杂质推向上面,最后一直推到引出板区,有利于提高焊缝的抗热裂性能。

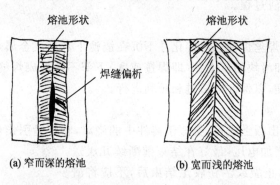

(a) 窄而深的熔池   (b) 宽而浅的熔池

图 9-7   电渣焊熔池形状与结晶方向

(三) 电渣焊用焊接材料

1. 电渣焊焊剂

目前国产电渣焊焊剂有焊剂 170 和焊剂 360 两种,除了这两种专用焊剂外,还可以选用某些埋弧焊焊剂(如焊剂 430 和焊剂 431 等)配合适当焊丝使用。各类焊剂在焊接前均须经 250℃烘焙 2 小时。

2. 电渣焊的电极材料

电渣焊的电极材料(焊丝和板极)取决于被焊材料和结构形式,只有焊接材料与焊剂配合使用,才能获得质量满意的焊接接头。

　　由于通过焊剂向焊缝过渡配合金元素比较困难,所以需要通过电极材料来解决。对焊接碳素结构钢及合金结构钢。为了减少气孔和裂纹倾向,提高焊缝机械性能,通常是依靠电极向焊缝过渡锰、硅等合金元素。生产中多采用低合金结构钢作为电极,常用焊丝有H08Mn2SiA、H10Mn2 等,板极和熔嘴的材料为 08MnA、09Mn2 等钢种。

　　对于要特殊性能的低合金钢,如低温钢、耐热钢和耐蚀钢,或者其他合金钢,可根据要求选用合适的焊丝,并配合相应的焊剂。这方面内容可查阅《焊接材料产品样本》等相关手册。

(四) 电渣焊的工艺参数选择原则

　　电渣焊的工艺参数繁多,但对焊缝成形影响比较大的主要是焊接电流(I_h)、焊接电压(U_h)、装配间隙(b)、渣池深度(h_z),它们对熔宽(c)的影响如图 9 - 8 所示。电流、电压增大,渣池热量增多,故熔宽增大;但电流过大,焊丝熔化加快,迫使渣池上升速度增加,反而会使熔宽减小。电压过大会破坏电渣焊过程的稳定性。

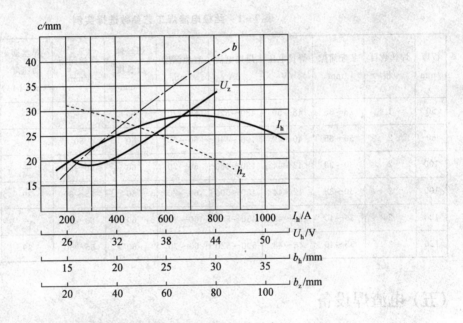

图 9 - 8　电渣焊工艺参数对熔宽的影响

　　间隙增大,渣池上升速度减慢,焊件受热增大,故熔宽加大。但间隙过大会降低焊接生产率和提高成本。间隙过小,会给焊接带来困难。

　　渣池深度增加,电极预热部分加长,熔化速度便增加,此时还由于电流分流的增加,降低了渣池温度,使焊件边缘的受热量减少,故熔宽减少。但渣池过浅,易产生电弧,从而破坏电渣焊过程。

　　上述参数不仅对熔宽有影响.而且对熔池形状也有明显的影响(参见图 9 - 9)。如果得到熔宽大、熔深小的焊缝,可以增加电压或减小电流。虽然减小渣池深度或增大间隙也可达到同样目的,但允许变化范围较小,一般均不采用。

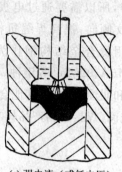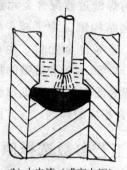

(a) 强电流（或低电压）　　　　(b) 小电流（或高电压）

图 9-9　焊接电流、电压对焊缝形状的影响

丝极电渣焊工艺参数选择实例如表 9-1 所列。

表 9-1　丝极电渣焊工艺参数选择实例

板厚/mm	焊丝数目/根	装配间隙/mm	焊接电压/V	焊接电流/A	渣池深度/mm	焊丝伸出长度/mm	焊丝间距/mm	焊丝摆动速度/(m·h⁻¹)	焊丝距滑块距离/mm	焊丝停留时间/s
50	1	28~35	48~50	480~520	60~70	60	—	—	25	—
80	2	30~35	40~42	400~440	60~70	60	50	—	15	—
100	2	30~38	42~44	420~460	60~70	60	60~65	—	15	—
100	2	30~38	42~44	450~500	60~70	60	55~60	39	10	3
120	2	35~40	46~48	450~500	60~70	60	60~65	—	20	—
120	2	35~40	46~48	500~520	60~70	60	55~60	39	10	3

（五）电渣焊设备

电渣焊一般采用专用的电渣焊机，如我国生产的 HS-100 型万能电渣焊机 HS1 000-1 型环、直两用电渣焊机。

电渣焊的电源可配用平外特性的焊接电源。因为电渣焊时，只需要开始引弧时将焊剂熔化，待渣池达到一定深度后，就由电弧过程转为电渣过程，一直到焊接结束。因此，电渣焊用的焊接电源不需要更高的空载电压，也不需要为维持电弧稳定燃烧和易于引弧的那些严格要求。所以，此类型的平特性电源不需要电抗器，从而减小了变压器的体积和重量，节约了材料，制造也可大大简化。同时，由于此类电源感抗很小，功率因数接近于 1，效率较高。目前应用较多的电渣焊专用电源是 BP1-3×100 型号弧焊变压器，它的特点是容量大（160 kV·A），二次空载电压低（38~45 V），并为三相供电，每相供电的最大焊接电流为 1000 A。

任务二 钎 焊

一、任务分析

在连接金属的方法中,钎焊已有几千年的历史,但是,在很长的时间里 ,钎焊技术没有得到大的发展。直到 20 世纪 30 年代,随着科学技术的发展和需要,在冶金和化工技术发展的基础上,钎焊技术才有了较快的发展。钎焊技术的应用范围也因此日益扩大,特别是在机电,电子工业和仪表制造及航空等工业中已成为一种重要的工艺方法。

本任务将介绍钎焊的原理、特点及分类。

二、相关知识

(一) 钎焊的原理及优缺点

1. 焊接的原理

钎焊是采用比母材熔点低的金属材料做钎料,将焊件和钎料加热到高于钎料熔点,低于母材熔点的温度,利用液态钎料润湿母材,填充接头间隙并与母材相互扩散实现连接的一种焊接工艺方法。钎焊与熔化焊相比主要不同之处有:钎焊时只有钎料熔化,而待焊金属处于固体状态,熔化的钎料依靠润湿和毛细作用吸入或保持在两焊件之间的间隙内,依靠液态钎料和固态金属相互扩散形成金属结合。

2. 钎焊的优缺点

与熔化焊相比,钎焊有如下优点:

① 钎焊时钎料熔化,被焊金属不熔化,因此对钎焊金属的各种性能影响较小。

② 钎焊时工件的变形小,尤其是在整体加热钎焊时,如炉中钎焊工件变形最小。

③ 可以连接不同金属以及金属与非金属。

④ 利用焊接能制造形状复杂的结构,可以一次完成多个零件的连接,生产率高。

⑤ 钎焊接头不平整光滑,外形美观。

然而,钎焊也有明显的缺点:钎焊接头强度较底,耐高温能力差;接头形式以搭接为主,增加了结构重量;钎焊的装配要求比熔化焊高,要严格保证间隙。

(二) 钎焊的分类

随着钎焊技术的发展,钎焊的种类越来越多,通常分类方法如下:

(1)按钎焊时加热温度分类

按钎焊时加热温度分类可分为低温钎焊(450℃以下) 中温钎焊(450～950℃) 高温钎焊(950℃以上)。通常把加热温度 450℃以下的钎焊称软钎焊;加热温度在 450℃以上的称硬钎焊。

(2)按加热方式分类

按加热方式分类可分为火焰钎焊、烙铁钎焊、电阻钎焊、感应钎焊以及浸渍钎焊等。近几年,在钎焊蜂窝壁零件时已采用了较新的加热技术,如石英加热钎焊、红外线加热钎焊以及保证钎焊零件外形精度的陶瓷摸钎焊。

任务三　电阻焊

一、任务分析

随着航空航天、电子、汽车、家用电器等工业的发展,电阻焊越来越受到重视。同时,对电阻焊的质量也提出了更高的要求。由于电子技术的发展和大功率半导体器件研制成功,给电阻焊技术提供了坚实的技术基础。这将有利于提高电阻焊质量。因此,电阻焊方法在工业生产中的应用将会越来越广泛。

本任务将介绍电阻焊的原理、特点及应用。

二、相关知识

(一) 电阻焊的原理

电阻焊是将焊件组合后通过电极施加压力,利用电流通过接头的接触面及邻近区域产生的电阻热进行焊接的方法。要形成一个牢固的永久性的焊接接头,两焊件间必须有足够量的共同晶粒。熔焊是利用外加热源使连接处熔化,凝固结晶而形成焊缝的,而电阻焊则利用本身的电阻热及大量塑性变形能量,形成结合面的共同晶粒而得到焊点,焊缝或对接接头。从连接的物理本质来看,二者都是靠焊件金属原子之间的结合力结合在一起的,但它们之间的热源不同,在接头形成过程中有无必要的塑性变形也不同,即实现接头牢固结合的途径不同,这便是电阻焊与一般熔化焊的不同之处。

与电弧焊相比,电阻焊的显著特征是:

(1) 热效率高

电阻焊是利用外部热源,从外部向焊件传导热能;而电阻焊是一种内部热源,因此热能损失比较少,热效率高。

(2) 焊缝致密

一般电弧焊的焊缝是在常压下凝固结晶的,而电阻焊的焊缝是在外界压力作用下结晶,具有锻压的特性,所以容易避免产生缩孔和裂纹等缺陷,能获得致密的焊缝。

由此可见,要进行电阻焊,必须有外加电源,并始终在压力作用下进行焊接。所以,焊接电源和电极压力是形成电阻焊接头的最基本条件。

(二) 电阻焊的特点

1. 电阻焊的优点

1) **焊接生产率高**

点焊时通用点焊机每分钟可焊 60 点,若用快速点焊机则每分钟可达 500 点以上。

2）焊接质量好

从焊接接头来说，由于冶金过程简单，且不易受空气的有害作用，所以焊接接头的化学成分均匀，并且与母材基本一致。从整体结构来看，由于热量集中，受热范围小，热影响区也很小，所以焊接变形不大，并且易于控制。此外，点焊和缝焊由于焊点处于焊件内部，焊缝表面平整光滑，因而焊件表面质量也较好。

3）焊接成本低，劳动条件好

电阻焊时不用焊接材料，一般也不用保护气体，所以在正常情况下除必需的电力消耗外，几乎没有什么损耗，因而使用成本低廉。此外电阻焊时既不会产生有害气体，也没有强光辐射，所以劳动条件比较好，而且容易实现机械化和自动化，因而工人的劳动强度比较低。

2. 电阻焊的缺点

1）稳定性较差

由于焊接过程进行得很快，若焊接时因某些工艺因素发生波动，对焊接质量的稳定性有影响时，往往来不及进行调整；同时焊后也没有很简便的无损检验方法，所以在重要的承力结构中使用电阻焊时应该慎重。

2）设备比较复杂

除了需要大功率的供电系统外，还需要精度高、刚度较大的机械系统，因而设备成本比较高。

3）焊件的局限性

焊件的厚度形状和接头形式受到一定程度的限制。如点、缝焊一般只适用于薄板搭接接头，厚度太大则受到设备功率的限制，而搭接接头又难免会增加材料的消耗，降低承载能力。对焊主要适用于紧凑断面的对接接头，而对薄板类零件焊接则比较困难。

（三）电阻焊的应用

虽然电阻焊焊件接头形式受到一定限制，但适用于电阻焊的结构和零件仍然非常广泛。例如，飞机机身、汽车车身、自行车钢圈、锅炉钢管接头、洗衣机和电冰箱的壳体等。电阻焊所适用的材料也非常广泛，不但可以焊接碳素钢、低合金钢，而且还可以焊接铝、铜等有色金属及其合金。

电阻焊发明于 19 世纪末期，随着航空航天、电子、汽车、家用电器等工业部门的发展，电阻焊越来越受到重视。同时，对电阻焊的质量也提出了更高的要求。由于电子技术的发展和大功率半导体器件研制成功，给电阻焊技术提供了坚实的技术基础。目前我国已生产了性能优良的次级整流焊机，由集成元件和微型计算机制成的控制箱已用于新焊机的配套和老焊机的改造。恒流、动态电阻、热膨胀等先进的闭环控制技术已在电阻焊机中广泛应用，这一切都将有利于提高电阻焊质量。因此，可以预测，电阻焊方法在工业生产中将会获得越来越广泛的应用。

任务四　摩擦焊

一、任务分析

早在 1956 年，人类就发明了摩擦焊。随着现代工业的发展，新材料的大量出现，摩擦焊得到了广泛的发展及前所未有的关注。自发明搅拌摩擦焊以来,摩擦焊技术在以往的连续驱动摩擦焊、惯性摩擦焊等的基础上又前进了一步,已经在航空航天、石油钻探、切削刀具、汽车制造及核能开发等高新技术领域及产业部门得到广泛的应用。

本任务将介绍摩擦焊的基本原理及摩擦焊接过程。

二、相关知识

利用焊件表面相互磨擦产生的热,使端面达到热塑性状态,然后迅速顶锻,完成焊接的方法,称为摩擦焊。

(一) 摩擦焊接的基本原理

在两个焊件的焊接端面上加一定的轴向压力,并使接触面作剧烈的摩擦运动,摩擦产生的热,把接触面加热到一定的焊接温度(一般为稍低于材料的熔点,如碳钢的焊接温度)时急速停止运动,并施以一定的顶锻压力,使两个焊件金属产生一定量的塑性变形,从而把两个焊件牢固地焊接在一起。

(二) 摩擦焊接的焊接过程

为了说明摩擦焊接的实质,结合分析焊接过程,对于同类金属的摩擦焊接可分为三个阶段:

① 两个焊件接触表面开始摩擦,首先是使表面附着的氧化物及杂质受到破坏与排除,同时接触表面凹凸不平的地方产生塑性变形,晶粒受到破坏,结果是接触面被加热,并显露出较平整的纯洁金属表面。

② 对纯洁金属的接触表面继续进行摩擦运动,使接触面温度继续升高,塑性变形增大,开始产生金属的相互"粘接"现象(即局部焊合)。随着摩擦运动的继续,焊件接触表面附近的温度迅速上升,并接近或达到焊接温度。

③ 当到达焊接温度时,金属塑性很大。在急速停止相对运动并加以很大的顶锻压力时,使两个焊件产生很大的塑性变形,接触表面金属原子更靠近,出现相互扩散和晶间连系,形成共同的重结晶、中间化合物及少量的再结晶晶粒,从而把两焊件焊接在一起。

对于异种金属的摩擦焊接,由于两金属的硬度、塑性与熔点的差异,其摩擦焊接过程的机理也有区别。例如铜铝在摩擦焊接过程中,最初是两种金属原子在摩擦热与压力作用下,相互渗透扩散。在接头表面形成两种金属的合金。这种合金和原来金属性能不同,如塑性降低,强度增高。所以最初是铜铝金属之间的摩擦,当形成极薄的合金层后,由于它的强度比铝高,在铝的一侧就成为抗剪强度最低点,所以摩擦逐渐变为合金层与铝之间的摩擦。可见铜铝摩擦焊接是以铜的摩擦面为基础成长起来的。这种概念从试验观察也可得到证实,如果摩擦到最后不施加顶锻力,即把两焊件分开,可以明显地看到在铜件上已焊上一层极薄的含铜的合金。这层合金随时间增长而变厚,并逐渐趋于纯铝,这时合金厚度就不再增长了。当然,如果最后施加了顶锻力,两者就焊在一起了。

任务五　扩散焊

一、任务分析

扩散焊很适于焊接特殊的材料或特殊的结构，因而扩散焊在航天、核能、电子等工业部门中应用很广泛。航天、核能等工程中很多零部件需要在极恶劣的环境下工作，要求耐高温、耐辐射，其结构形状一般又较特殊，如采用空心轻型结构等，它们之间的连接又多是异种材料的组合，扩散焊方法成为制造这些零部件的优先选择。

本任务将介绍扩散焊的基本原理、分类、特点及应用。

二、相关知识

在真空或保护气氛中，焊件紧密结合，在一定温度和压力下保持一段时间，使接触面之间的原子相互扩散完成焊接的一种压焊方法，称为扩散焊。

(一) 扩散焊接的基本原理

扩散焊接是近年来才出现的一种新的焊接方法。即把两个接触的金属焊件，加热到低于固相线的温度 $T_{焊}=(0.7\sim0.8)T_{熔}$，并施加一定压力，此时焊件产生一定的显微变形，经过较长时间后便由于他们的原子互相扩散而得到牢固的连接。为了防止金属接触面在热循环中被氧化污染，扩散焊接一般都在真空或惰性气体环境中进行。加热、加压产生必要的显微变形都是为金属接触面原子相互扩散创造条件，以利于原子的扩散。

扩散焊接主要分为两类：

(1) 无中间层的扩散焊接

金属的扩散连接是靠被焊金属接触面的原子扩散来完成。主要用于同种材料的焊接。对不产生脆性中间金属的异种材料也可用此法焊接。

(2) 有中间层的扩散焊接

金属的扩散连接是靠中间层金属来完成，可用于同种或异种金属的焊接。还可进行金属与非金属的焊接。

中间层可以是粉状或片状的。用真空喷涂或电镀的方法加在焊接面上。

(二) 扩散焊接的主要特点与应用

① 加热温度低，对基本金属的性能影响小，能用于连接不适于熔化焊接的材料，如钼、钨等。还可进行金属与非金属间的焊接。

② 焊接接头成份、性能都与母材金属相近似，利用显微镜也难看出接合面。

扩散焊接特别适用于要求真空密封，要求与基本金属等强度，要求无变形的小零件。它们是制造真空密封、耐热、耐振和不变形接头的唯一方法。因此在工业生产中得到广泛的应用，在电真空设备中金属与非金属的焊接，切削刀具中硬质合金、陶瓷、高速钢与碳钢的焊接，都有采用扩散焊接的方法。

任务六 电子束焊

一、任务分析

电子束焊是一种高能量密度的焊接方法。此焊接方法在工业上首先用于原子能及航天领域，继而扩大到航空、电子、汽车、电器、工程机械、医疗、石油化工、造船、能源等几乎所有的工业部门。几十年来，电子束焊创造了巨大的社会效益和经济效益。

本任务将介绍电子束焊的原理、特点和应用。

二、相关知识

(一) 电子束焊接原理

电子束焊接(EBW)是利用电子枪所产生的电子在阴阳极间的高电场作用下被拉出，并加速到很高速度，经一级或二级磁透镜聚焦后，形成密集的高速电子流，撞击在工件接缝处，其动能转化为热能，使材料迅速熔化而达到焊接的目的。

高速电子在金属中的穿透能力非常弱，如在 100 kV 加速电压下仅能穿透 1/40 mm，但电子束焊接，却能一次焊透甚至达数百毫米。这是因为焊接过程中一部分材料迅速蒸发，其气流强大的反作用力迫使底面液体向四周排开，让出新的底面，电子束继续作用，过程连续不断进行，最后形成一条又深又窄的焊缝。

(二) 电子束焊接特点

电子束焊接是一种先进的焊接方法，其主要特点如下：

1. 优 点

① 加热功率密度大。焊接用电子束电流为几十到几百毫安，最大可达 1 000 mA 以上；加速电压为几十到几百千伏；故电子束功率从几十千瓦到 100 kW 以上，而电子束焦点直径小于 1 mm。故电子束焦点处的功率密度可达 $103\sim105$ kW/cm²，比普通电弧功率密度高 100～1000 倍。

② 焊缝深宽比(H/B)大。通常电弧焊的深宽比很难超过 2，电子束焊的深宽比在 50 以上。电子束焊比电弧焊可节约大量填充金属和电能，可实现高深宽比的焊接，深宽比达 60:1，可依次焊透 0.1～300 mm 厚度的不锈钢板。

③ 焊接速度快，焊缝热物理性能好。焊接速度快，能量集中、熔化和凝固过程快. 热影响区小，焊接变形小。对精加工的工件可用作最后的连接工序，焊后工件仍能保持足够的精度。能避免晶粒长大，使焊接接头性能改善。高温作用时间短，合金元素烧损少，焊缝抗蚀性好。

④ 焊缝纯度高。真空电子束焊的真空度一般为 5×10^{-4} Pa，适合焊接钛及钛合金等活性材料。

⑤ 焊接工艺参数调节范围广，适应性强。电子束焊接的工艺参数可独立地在很宽的范围

内调节,控制灵活,适应性强,再现性好,而且电子束焊焊接参数易于实现机械化、自动化控制,提高了产品质量的稳定性。

⑥ 可焊材料多。不仅能焊金属和异种金属材料的接头,也可焊接非金属材料,如陶瓷、石英玻璃等。

2. 缺 点

① 需要高真空环境以防止电子散射,设备复杂,焊件尺寸和形状受到真空室的限制,因此非真空环境的电子束焊,是重要的研究方向;

② 由于真空室的存在,抽真空成为影响循环时间的主要障碍,目前用于齿轮焊接的单台电子束设备循环时间很难做到 60s 以内;

③ 由于电子带电,会受磁场偏转影响,即有磁偏移,故要求电子束焊工件焊前去磁处理;

④ X 射线在高压下特别强,须对操作人员实施重点保护;

⑤ 对工件装配质量要求严格,同时对工件表面清洁的要求也较高。

(三) 电子束焊接的应用

1. 电子束在压力容器中的应用

电子束焊接具有焊接热输入量小,焊缝非常窄,几乎没有热影响区,因此焊接接头的性能很好,在焊接过程中工件几乎没有收缩与变形;在真空中焊接,避免了氮、氢、氧的有害作用,可防止低合金高强度钢产生延迟裂纹;同时,由于在真空中避免了氮与氧的有害作用,使较活泼的金属也易于焊接等优点。因此,日本企业对电子束焊接应用于压力容器非常重视。

2. 在焊接齿轮上的应用

齿轮在机械工业中可算是应用最广、用量最大的部件了。常用的齿轮生产是批量化的模具铸造或锻造而成,而对于没有专用机床设备的工厂来说,往往客户订购的产品数量不多,特别是某些新产品的试制,加工的数量只有几件,在这种情况下,对于斜齿轮的加工,就不可能采用专机专刀来进行了。以往对此类型的产品,曾采用过将斜齿轮和接合齿分开加工、待齿形加工好后再用手工电弧焊的方法把两者组焊成整体,但由于电弧焊焊接时间长,发热量大,使得工件变形量较大,导致最终的成品合格率都不够理想。在总结以往加工工艺方法的基础上采用了新工艺———电子束焊接。由于电子束焊接时间极短,由发热引起的焊接变形极微小。对这批加工的产品进行了焊接前、后的检验,同样以齿轮内孔为定位基准,检验斜齿轮与接合齿的齿圈跳动量,实测结果表明,焊接前、后的齿圈跳动量误差不大于 0.025 mm。可见,利用电子束焊接加工的齿轮产品,只要控制好焊接前各组件的加工精度,焊接后的产品质量是完全能够保证的。

3. 在航空产品中的应用

近年来,为提高航空发动机气压机效率,采用钛合金、高温合金的整体焊接(电子束焊或摩擦焊)结构。英、美、法、德、俄等国的几大航空公司制造的发动机压气机转子部件上大量采用了电子束焊接技术。我国在这个领域也实现了电子束焊接的成功运用。通过分析零件的性能,零件焊接质量良好,控制焊接变形的工艺措施有效。零件加工精度较高,成功通过了地面试车,实现了预期的目标,满足了需求。

4. 在汽车行业中的应用

汽车制造中转向柱管的焊接要求变形小,焊接表面要光滑,故宜采用电子束焊接。其工艺过程是:先把切割下来的钢板卷成管子,然后焊接。设计人员可以自由选定板厚、管子直径和长度,这一点是选用圆形型材所达不到的。

配电盘凸轮必须是渗氮后焊接,用其他方法比较困难,故采用电子束焊接较为合适。由于焊缝直径很小,工件不用转动,仅以电子束沿该焊缝的圆周进行偏转即可,所以生产率相当高。

柴油机的预燃室过去一直采用钎焊,改成电子束焊后提高了质量,降低了成本。

起动电动机整流子铜环采用电子束焊接,能同时高速焊接数十个,生产率相当高,成本大幅度下降。由于电子束焊接的施焊速度非常快,不会使球接头中封装的黄油受热变质,所以此处也用电子束焊接。

把变速器齿轮改成拼合式后,用电子束焊接能改善性能、降低成本。变速器齿轮的电子束焊接,是汽车零件采用焊接结构效果最好的一种。变速器齿轮多是整件加工而成,但加工过程中受多方面的制约而难以实现。用拼合法制造这样的齿轮并应用电子束焊接最为合适。它具有强度高、变形小及质量稳定等优点。特别是在欧洲和日本生产的轻型汽车采用拼合齿轮已成为主流。

任务七　激光焊

一、任务分析

激光焊接是激光材料加工技术应用的重要方面之一。20 世纪 70 年代主要用于焊接薄壁材料和低速焊接,焊接过程属热传导型,即激光辐射加热工件表面,表面热量通过热传导向内部扩散,通过控制激光脉冲的宽度、能量、峰值功率和重复频率等参数,使工件熔化,形成特定的熔池。由于其独特的优点,已成功应用于微、小型零件的精密焊接中。高功率 CO_2 及高功率 YAG 激光器的出现,开辟了激光焊接的新领域。获得了以小孔效应为理论基础的深熔焊接,在机械、汽车、钢铁等工业领域获得了日益广泛的应用。

通过本任务将了解到激光焊接的原理、特点和几种焊接工艺方法。

二、相关知识

(一) 激光焊接原理

激光焊接是利用大功率相干单色光子流聚焦而成的激光束为热源进行的焊接。这种焊接方法通常用连续或脉冲激光束加以实现,激光焊接的原理可分为热传导型焊接和激光深熔焊接。功率密度小于 $10^4 \sim 10^5$ W/cm² 为热传导焊,此时熔深浅、焊接速度慢;功率密度大于 $10^5 \sim 10^7$ W/cm² 时,金属表面在热作用下凹成"孔穴",形成深熔焊,具有焊接速度快、深宽比大的特点。

热传导型激光焊接原理为:激光辐射加热待加工表面,表面热量通过热传导向内部扩散,通过控制激光脉冲的宽度、能量、峰功率和重复频率等激光参数,使工件熔化,形成特定的熔池。

（二）激光焊的特点

与其他焊接技术相比,激光焊接的主要优点是:

① 速度快、深度大、变形小。

② 能在室温或特殊条件下进行焊接,焊接设备装置简单。例如,激光通过电磁场,光束不会偏移;激光在真空、空气及某种气体环境中均能施焊,并能通过玻璃或其他透明材料进行焊接。

③ 可焊接难熔材料如钛、石英等,并能对异种材料施焊,效果良好。

④ 激光聚焦后,功率密度高,在高功率器件焊接时,深宽比可达 5∶1,最高可达 10∶1。

⑤ 可进行微型焊接。激光束经聚焦后可获得很小的光斑,且能精确定位,可应用于大批量自动化生产的微、小型工件的组焊中。

⑥ 可焊接难以接近的部位,施行非接触远距离焊接,具有很大的灵活性。尤其是近几年来,在 YAG 激光加工技术中采用了光纤传输技术,使激光焊接技术获得了更为广泛的推广和应用。

⑦ 激光束易实现光束按时间与空间分光,能进行多光束同时加工及多工位加工,为更精密的焊接提供了条件。

但是,激光焊接也存在着一定的局限性:

① 要求焊件装配精度高,且要求光束在工件上的位置不能有显著偏移。这是因为激光聚焦后光斑尺寸小,焊缝窄,不用填充金属材料。若工件装配精度或光束定位精度达不到要求,很容易造成焊接缺陷。

② 激光器及其相关系统的成本较高,一次性投资较大。

（三）激光焊接工艺方法

(1) 片与片间的焊接

包括对焊、端焊、中心穿透熔化焊、中心穿孔熔化焊等 4 种工艺方法。

(2) 丝与丝的焊接

包括丝与丝对焊、交叉焊、平行搭接焊、T 型焊等 4 种工艺方法。

(3) 金属丝与块状元件的焊接

采用激光焊接可以成功地实现金属丝与块状元件的连接,块状元件的尺寸可以任意。在焊接中应注意丝状元件的几何尺寸。

(4) 不同金属的焊接

焊接不同类型的金属要视可焊性与可焊参数范围决定。只有某些特定的材料组合才有可能进行不同材料之间的激光焊接。

练习与思考

1. 简述电渣焊冶金过程的特点。

2. 电渣焊的工艺参数如何选择?

3. 简述电阻焊的优缺点。

4. 简述钎焊的分类。

5. 简述扩散焊的基本原理。

6. 简述摩擦焊的焊接过程。

7. 高能束焊有什么优缺点?

学习情境十

焊接安全与防护

◎知识目标

1. 了解焊接有害因素的来源及危害;
2. 了解焊工作业人员劳动防护要求。

任务一 焊接有害因素的来源、危害及防护

一、任务分析

通过本任务了解焊接有害因素的来源、危害及防护,加强焊接过程防护。

二、相关知识

各种焊接方法都会产生某些有害因素,不同的焊接工艺,其有害因素亦有所不同,大体有弧光辐射、烟尘、有毒气体、高温、高频电磁场、射线和噪声等七类。

(一)弧光辐射来源、危害及防护

1. 来 源

焊接过程中的弧光辐射由紫外线、可见光和红外线等组成。它们是由于物体加热而产生的,属于热线谱。例如,在生产的环境中,凡是物体的温度达到 1 200℃时,辐射光谱中即可出现紫外线。随着物体温度增高,紫外线的波长变短,其强度增大。

电弧燃烧时,一方面产生高热,另一方面同时产生强光,两者在工业上都得到应用。电弧的高热可以进行电弧切割、焊接和炼钢等。然而,焊接电弧作为一种很强的光源,会产生强的弧光辐射,这种弧光辐射对人体能造成伤害。弧光波长范围如表 10 - 1 所列。

表 10 - 1　焊接弧光的波长范围

nm

红外线	可见光线		紫外线
	赤、橙、黄、绿、青、蓝、紫		
1 400~760	760~400		400~200

焊条电弧焊的弧温 5 000~6 000 K,因而可产生较强的光辐射。但由于焊接烟尘的吸收作用,使光辐射比气体保护焊及等离子弧焊弱一些。

钨极氩弧焊的烟尘量较小,因此其光辐射强度高于焊条电弧焊。熔化极氩弧焊电流密度

很大,其功率可为钨极氩弧焊功率的 5 倍多,因而它的弧温更高,光辐射强度大于钨极氩弧焊的光辐射强度。钨极氩弧焊光辐射强度为焊条电弧焊光辐射强度的 5 倍以上。熔化极氩弧焊光辐射强度约为焊条电弧焊的 20~30 倍。

等离子弧焊接与切割的弧温更高,可达 16 000~33 000℃,其光辐射强度高于氩弧焊和焊条电弧焊。

二氧化碳气体保护焊光辐射强度约为焊条电弧焊辐射强度的 2~3 倍,其主要成分为紫外线辐射。

2. 危　害

光辐射是能的传播方式。辐射波长与能量成反比关系。波长越短,每个量子所携带的能越大,对肌体的作用亦越强。

光辐射作用到人体上,被体内组织吸收,引起组织的热作用、光化学作用或电离作用,致使人体组织发生急性或慢性的损伤。

(1) 紫外线

适量的紫外线对人体健康是有益的。但焊接电弧产生的强烈紫外线的过度照射,对人体健康有一定的危害。紫外线对人体的危害主要是可能造成对皮肤和眼睛的伤害。

① 不同波长的紫外线,可为皮肤不同深度组织所吸收。皮肤受强烈紫外线作用时,可引起皮炎,弥漫性红斑,有时出现小水泡,渗出液和浮肿,有热灼感,发痒。

② 紫外线过度照射引起眼睛的急性角膜炎称为电光性眼炎。这是明弧焊直接操作和辅助工人的一种特殊职业性眼病。波长很短的尤其是 320 nm 以下的紫外线,能损害结膜与角膜,甚至伤及虹膜和网膜。

③ 焊接电弧的紫外线辐射对纤维的破坏能力很强,其中以棉织品为最甚。光化学作用的结果,可致棉布工作服氧化变质而破碎,有色印染物显著褪色。这是明弧焊工棉布工作服不耐穿的原因之一,尤其是氩弧焊、等离子弧焊等操作时更为明显。

(2) 红外线

红外线对人体的危害主要是引起组织的热作用。波长较长的红外线可被皮肤表面吸收,使人产生热的感觉。短波红外线可被组织吸收,使血液和深部组织灼伤。在焊接的过程中,眼部受到强烈的红外线辐射,立即感到强烈的灼伤和灼痛,发生闪光幻觉。长期接触可能造成红外线白内障,视力减退,严重时能导致失明,还可造成视网膜灼伤。

(3) 可见光

焊接电弧的可见光线的光度,比肉眼正常承受的光度大约高 10 000 倍,被照射后眼睛疼痛,看不清东西,通常叫电焊"晃眼",使人短时间内失去劳动能力。

3. 防　护

焊割作业人员从事明弧焊时,必须使用镶有特制护目镜片的手持式面罩或头戴式面罩(头盔)。面罩用暗色 1.5 mm 厚钢纸板制成。

护目镜片有吸收式滤光镜片和反射式防护镜片两种,吸收式滤光镜片根据颜色深浅有几种牌号,应按照焊接电流强度选用,如表 10 - 2 所列。近来研制生产的高反射式防护镜片,是在吸收式滤光镜片上镀铬—铜—铬三层金属薄膜制成的,能将弧光反射回去,避免了滤光镜片将吸收的辐射光线转变为热能的缺点。使用这种镜片,眼睛感觉较凉爽舒适,观察电弧和防止弧光伤害的效果较好,目前正在推广应用。光电式镜片是利用光电转换原理制成的新型护目滤光片,由于在起弧时快速自动变色,能消除电弧"打眼"和消除盲目引弧带来的焊接缺陷,防护效果好。

在焊接过程中如何正确合理选择滤光片,是一个重要的问题。选择焊接滤光片的遮光号如表 10-2 所列,主要是根据焊接电流的大小推荐使用滤光片的深浅。如果考虑到视力的好坏、照明的强弱、室内与室外等因素,选用遮光号的大小可上下差一个号。

表 10-2　焊接滤光片推荐使用遮光号

遮光号	电弧焊接与切割	气焊与气割
1.2	—	—
1.4	防侧光与杂散光	—
1.7		
2		
2.5	辅助工种	——
3		
4		
5	30 A 以下的电弧焊作业	——
6		
7	30~75 A 电弧焊作业	工件厚度为 3.2~12.7 mm
8		
9	75~200 A 电弧焊作业	工件厚度为 12.7 mm 以上
10		
11	200~400 A 电弧焊作业	等离子喷涂
12		
13		
14	500 A 电弧焊作业	等离子喷涂
15	500 A 以上气体保护焊作业	——
16		

如果在焊接与切割的过程中电流较大,就要使用遮光号较大(较深)的滤光片。为保护焊接工作地点其他生产人员免受弧光辐射伤害,可采用防护屏。防护屏宜采用布料涂上灰色或黑色漆制成,临近施焊处应采用耐火材料(如石棉板、玻璃纤维布、铁板)做屏面,如图 10-1 所示。

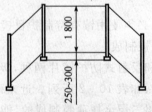

图 10-1　电焊防护屏

为防止弧光灼伤皮肤,焊工必须穿好工作服,戴好手套,系好鞋带。

(二) 焊接烟尘和有毒气体的来源、危害及防护

1. 焊接烟尘的来源及危害

(1) 来　源

焊接烟尘是由于焊接过程中液态金属的过热、蒸发、氧化和冷凝而产生的金属烟尘,其中液态金属的蒸发是主要来源。焊接电弧的温度在 3 500 K 以上(弧柱温度在 5 000 K 以上)。在这样高的温度下,尽管各种金属的沸点不同,但它们的沸点都低于电弧的温度,必然要有蒸发。

(2) 危　害

焊接烟尘的主要成分是铁、硅、锰,其中主要毒物是锰。铁、硅等的毒性虽然不大,但其尘粒极细($5\mu m$ 以下),在空中停留的时间较长,容易吸入肺内。在密闭容器、锅炉、船舱和管道内焊接,在烟尘浓度较高的情况下,如果没有相应的通风除尘措施,长期接触上述烟尘就会患上电焊尘肺、锰中毒和金属热等职业病。

① 电焊尘肺是指由于长期吸入超过规定浓度的能引起肺组织弥漫性纤维化的电焊烟尘和有毒气体所致的疾病。电焊尘肺的发病一般比较缓慢,多在接触焊接烟尘 10 年后发病,有的长达 15～20 年以上。发病主要表现为呼吸系统症状,如气短、咳嗽、咯痰、胸闷和胸痛,部分电焊尘肺患者可呈无力、食欲减退、体重减轻以及神经衰弱症候群(如头痛、头晕、失眠、嗜睡、多梦、记忆力减退等),同时对肺功能也有影响。

② 锰中毒是由于锰蒸气在空气中能很快地氧化成灰色的一氧化锰(MnO)及棕红色的四氧化三锰(Mn_3O_4),长期吸入超过允许浓度的锰及其化合物的微粒和蒸气造成的。锰的化合物和锰尘是通过主要呼吸道侵入机体的。慢性锰中毒早期表现为疲劳乏力,时常头痛头晕、失眠、记忆力减退,以及植物神经功能紊乱,如舌、眼睑和手指的细微震颤等。中毒进一步发展,神经精神症状更明显,而且转弯、跨越、下蹲等都较困难,走路时表现为左右摇摆或前冲后倒,书写时呈"小书写症"等。

③ 金属热是指焊接金属烟尘中直径在 $0.05～0.5\ \mu m$ 的氧化铁、氧化锰微粒和氟化物等,容易通过上呼吸道进入末梢细支气管和肺泡,由此引起的焊工金属热反应。主要症状是工作后发烧、寒战、口内金属味、恶心、食欲不振等。第二天早晨经发汗后症状减轻。在密闭罐、船舱内使用碱性焊条施焊者。以及焊铜和铜合金等容易得此职业病。

2. 有毒气体的来源及危害

(1) 来　源

在焊接电弧的高温和强烈紫外线作用下。在弧区周围形成多种有毒气体,其中主要有臭氧、氮氧化物、一氧化碳和氟化氢等。

1) 臭　氧

空气中的氧在短波紫外线的激发下生成臭氧(O_3),其化学反应过程如下:

$$O_2 \xrightarrow{\text{短波紫外线}} 2O$$
$$2O_2 + 2O \longrightarrow 2O_3$$

臭氧是一种有毒气体,呈淡蓝色,具有刺激性气味。浓度较高时,发出腥臭味;浓度特别高时,发出腥臭味并略带酸味。

2) 氮氧化物

氮氧化物是由于焊接电弧的高温作用引起空气中氮、氧分子离解,重新结合而形成的。氮氧化物的种类很多,在明弧焊中常见的氮氧化物为二氧化氮,二氧化氮为红褐色气体,相对密度1.539,遇水可变成硝酸或亚硝酸,产生强烈刺激作用。

3) 一氧化碳

各种明弧焊都产生一氧化碳有害气体,其中以二氧化碳保护焊产生的一氧化碳(CO)的浓度最高。一氧化碳的主要来源是由于CO_2气体在电弧高温作用下发生分解而形成的:

$$CO_2 \xrightarrow{电弧高温} CO+[O]$$

一氧化碳为无色、无臭、无味、无刺激性的气体,相对密度0.967,几乎不溶于水,但易溶于氨水,几乎不为活性炭所吸收。

(2) 危 害

1) 臭 氧

臭氧对人体的危害主要是对呼吸道及肺有强烈刺激作用。臭氧浓度超过一定限度时,往往引起咳嗽、胸闷、食欲不振、疲劳无力、头晕、全身疼痛等。严重时,特别是在密闭容器内焊接而又通风不良时,可引起支气管炎。

此外,臭氧容易同橡胶、棉织物起化学作用,高浓度、长时间接触可使橡胶、棉织品老化变性。在13 mg/m³浓度作用下,帆布可在半个月内出现变性,这是棉织工作服易破碎的原因之一。

我国卫生标准规定,臭氧最高允许浓度为0.3 mg/m³。臭氧是氩弧焊的主要有害因素,在没有良好通风的情况下,焊接工作地点的臭氧浓度往往高于卫生标准几倍、十几倍甚至更高。但只要采取相应的通风措施,就可大大降低臭氧浓度,使之符合卫生标准。

臭氧对人体的作用是可逆的。由臭氧引起的呼吸系统症状,一般在脱离接触后均可得到恢复,恢复期的长短取决于臭氧影响程度之大小以及个人的体质。

2) 氮氧化物

氮氧化物属于具有刺激性的有毒气体。氮氧化物对人体的危害,主要是对肺有刺激作用。氮氧化物的水溶性较低,被吸入呼吸道后,由于黏膜表面并不十分潮湿,对上呼吸道黏膜刺激性不大,对眼睛的刺激也不大,一般不会立即引起明显的刺激性症状。但高浓度的二氧化氮吸入到肺泡后,由于湿度增加,反应也加快,在肺泡内约可滞留80%,逐渐与水作用形成硝酸与亚硝酸($3NO_2+H_2O \rightarrow 2HNO_3+NO$;$N_2O_4+H_2O \rightarrow HNO_3+HNO_2$),对肺组织有强烈刺激作用及腐蚀作用,会增加毛细血管及肺泡壁的通透性,引起肺水肿。

我国卫生标准规定,氮氧化物(NO_2)的最高允许浓度为5 mg/m³。氮氧化物对人体的作用也是可逆的,随着脱离作业时间的增长,其不良影响会逐渐减少或消除。

在焊接实际操作中,氮氧化物单一存在的可能性很小,一般都是臭氧和氮氧化物同时存在,因此它们的毒性倍增。一般情况下,两种有害气体同时存在比单一有害气体存在时,对人体的危害作用提高15~20倍。

3) 一氧化碳

一氧化碳(CO)是一种窒息性气体,对人体的毒性作用是使氧在体内的运输或组织利用氧的功能发生障碍,造成组织、细胞缺氧,表现出缺氧的一系列症状和体征。一氧化碳(CO)经呼吸道进入体内,由肺泡吸收进入血液后,与血红蛋白结合成碳氧血红蛋白。一氧化碳(CO)与血红蛋白的亲和力比氧与血红蛋白的亲和力大 200～300 倍,而离解速度又较氧合血红蛋白慢得多(相差 3 600 倍),减弱了血液的带氧能力,使人体组织缺氧坏死。

轻度中毒时表现为头痛、全身无力,有时呕吐、足部发软、脉搏增快、头昏等。中毒加重时表现为意识不清并转成昏睡状态。严重时发生呼吸及心脏活动障碍,大小便失禁,反射消失,甚至能因窒息致死。

我国卫生标准规定,一氧化碳(CO)的最高允许浓度为 30 mg/m³。对于作业时间短暂的,可予以放宽。

3. 焊接烟尘和有毒气体防护

(1) 通风技术措施

通风技术措施的作用是把新鲜空气送到作业场所并及时排除工作时所产生的有害物质和被污染的空气,使作业地带的空气条件符合卫生学的要求。创造良好的作业环境,是消除焊接尘毒危害的有力措施。

按空气的流动方向和动力源的不同,通风技术一般分为自然通风与机械通风两大类。自然通风可分为全面自然通风和局部自然通风两类。机械通风是依靠通风机产生的压力来换气,可分为全面机械通风和局部机械通风两类。

全面通风是焊接车间排放电焊烟尘和有毒气体的辅助措施。

焊接工作地点的局部通风一般有送风与排气(又称抽风)两种方式。

局部送风是把新鲜空气或经过净化的空气,送入焊接工作地带,用于送风面罩、口罩等有良好的效果;局部机械排气,是将所产生的有害物质用机械的力量由室内(焊接区域带)排出,或将经过滤净化后的空气再送入室内。此种方法使用效果良好,操作灵活方便,设备费用低廉,应用较为普遍。

1) 局部送风

局部送风是把新鲜空气或经过净化的空气,送入焊接工作地带。它用于送风面罩、口罩等,有良好的效果。目前在有些单位生产上仍采用电风扇直接吹散电焊烟尘和有毒气体的送风方法,尤其多见于夏天。这种局部送风方法,只是暂时地将弧焊区的有害物质吹走,仅起到一种稀释作用,但是会造成整个车间的污染,达不到排气的目的。局部送风使焊工的前胸和腹部受电弧热辐射作用,后背受冷风吹袭,容易引发关节炎,腰腿痛和感冒等疾病。所以,这种通风方法不应采用。

2) 局部机械排气

局部排风是效果较好的焊接通风措施,有关部门正在积极推广。

根据焊接生产条件的特点不同,目前用于局部排风装置的结构型式较多,以下介绍可移式小型排烟机组和气力引射器。

图 10-2 为可移式小型排烟机组示意图。是由小型离心风机、通风软管、过滤器和排烟罩组成的。图 10-3 为气力引射器示意图,其排烟原理是利用压缩空气从主管中高速喷射,造成负压区,从而将电焊烟尘有毒气体吸出,经过滤净化后排出室外。它可以应用于容器、锅炉等焊接,将污染气体进口插入容器的孔洞(如人孔、手孔、顶盖孔等)即可,效果良好。

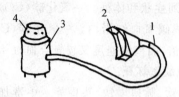
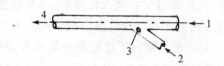

1—软管;2—吸风头;3—净化器;4—出气孔

图 10-2 风机和吸头移动式排烟系统

1—压缩空气进口;2—污染气体进口;3—负压区;4—排出口

图 10-3 气力引射器

（2）个人防护措施

加强个人防护措施,对防止焊接时产生的有毒气体和粉尘的危害具有重要意义。个人防护措施是使用包括眼、耳、口鼻、身各个部位的防护用品以达到确保焊工身体健康的目的。其中工作服、手套、鞋、眼镜、口罩、头盔和防耳器等属于一般防护用品。实践证明,个人防护这种措施是行之有效的。

（3）改革工艺、改进焊接材料

劳动条件的好坏,基本上取决于生产工艺。改革生产工艺,使焊接操作实现机械化、自动化,不仅能降低劳动强度,提高劳动生产率,并且可以大大减少焊工接触生产性毒物的机会,改善作业环境的劳动卫生条件,使之符合卫生要求。这是消除焊接职业危害的根本措施。例如,采用埋弧自动电弧焊(埋弧焊)代替焊条电弧焊,就可以消除强烈的弧光、有毒气体和烟尘的危害。

工业机械手是实现焊接过程全部自动化的重要途径。在电弧焊接中,应用各种形式的现代化专用机械已经积累了一定的经验。这些较复杂的现代化机械手,能够控制运动的轨迹,可按工艺要求决定电极的位置和运动速度。工业机械手在焊接操作中的应用,将从根本上消除焊接有毒气体和粉尘等对焊工的直接危害。

在保证产品技术条件的前提下,合理的设计与改革施焊材料,是一项重要的卫生防护措施。例如,合理的设计焊接容器结构,可减少以至完全不用容器内部的焊缝,尽可能采用单面焊双面成型的新工艺。这样可以减少或避免在容器内施焊的机会,使操作者减轻受危害的程度。

采用无毒或毒性小的焊接材料代替毒性大的焊接材料,亦是预防职业性危害的有效措施。

（三）高频电磁辐射的来源、危害及防护

随着氩弧焊接和等离子弧焊接的广泛应用,在焊接过程中存在着一定强度的电磁辐射,构成对局部生产环境的污染。因此,必须采取安全措施妥善解决。

1. 来 源

钨极氩弧焊和等离子弧焊为了迅速引燃电弧,需由高频振荡器来激发引弧。此时,振荡器要产生强烈的高频振荡,击穿钍钨极与喷嘴之间的空气隙,引燃等离子弧。另外,又有一部分能量以电磁波的形式向空间辐射,即形成高频电磁场。所以在引弧的瞬间(2~3 s)有高频电磁场存在。

在氩弧焊和等离子弧焊接时,高频电磁场场强的大小与高频振荡器的类型及测定时仪器探头放置的位置与测定部位之间距离有关。焊接时高频电磁辐射场强分布的测定结果如表10-3所列。

表 10-3　手工钨极氩弧焊时高频电场强度

V/m

操作部位	头	胸	膝	踝	手
焊工前	58~66	62~76	58~86	58~96	106
焊工后	38	48	48	20	1
焊工前 1 m	7.6~20	9.5~20	5~24	0~23	1
焊工后 1 m	7.8	7.8	2	0	1
焊工前 2 m	0	0	0	0	0
焊工后 2 m	0	0	0	0	0

2. 危　害

人体在高频电磁场的作用下。能吸收一定的辐射能量,产生生物学效应,这就是高频电磁场对人体的"致热作用"。此"致热作用"对人体健康有一定影响,长期接触场强较大高频电磁场的工人,会引起头晕、头痛、疲乏无力、记忆减退、心悸、消瘦和神经衰弱及植物神经功能紊乱。血压早期可有波动,严重者血压下降或上升(以血压偏低为多见),白血球总数减少或增多,并出现窦性心律不齐、轻度贫血等。

钨极氩弧焊时,每次启动高频振荡器的时间只有 2~3 s,每个工作日接触高频电磁辐射的累计时间在 10 min 左右。接触时间又是断续的,因此高频电磁场对人体的影响较小,一般不足以造成危害。但是,考虑到焊接操作中的有害因素不是单一的,所以仍有采取防护措施的必要。对于高频振荡器在操作过程中连续工作盼隋况,更必须采取有效和可靠的防护措施。

高频电会使焊工产生一定的麻电现象,这在高空作业时是很危险的。所以,高空作业不准使用带高频振荡器的焊机进行焊接。

3. 防　护

为了防止高频振荡器的电磁辐射对作业人员的不良影响与危害,应当采取以下安全防护措施:

① 施焊工件应良好接地,能降低高频电流,可以降低电磁辐射强度。接地点与工件愈近,接地作用则越显著,它能将焊枪对地的脉冲高频电位大幅度地降低,从而减小高频感应的有害影响。

② 在不影响使用的情况下,降低振荡器频率。

③ 减少高频电的作用时间。若振荡器旨在引弧,可以在引弧后的瞬间立即切断振荡器电路。其方法是用延时继电器,于引弧后 10 s 内使振荡器停止工作。

④ 屏蔽把线及软线。因脉冲高频电是通过空间和手把的电容耦合到人体上的,所以加装接地屏蔽能使高频电场局限在屏蔽内,可大大减少对人体的影响。其方法为采用细铜质金属编织软线,套在电缆胶管外面,一端接于焊枪,另一端接地。焊接电缆线也需套上金属编织线。

⑤ 采用分离式握枪。把原有的普通焊枪,用有机玻璃或电木等绝缘材料另接出一个把柄也有屏蔽高频电的作用,但效果不如屏蔽把线及导线理想。

⑥ 降低作业现场的温、湿度。作业现场的环境温度和湿度,与射频辐射对肌体的不良影响具有直接的关系。温度愈高,肌体所表现的症状愈突出;湿度愈大,愈不利于人体的散热,也不利于作业人员的身体健康。所以,加强通风降温,控制作业场所的温度和湿度,是减小射频电磁场对肌体影响的一个重要手段。

(四) 热辐射的来源、危害及其防护

1. 来 源

焊接过程是应用高温热源加热金属进行连接的,所以在施焊过程中有大量的热能以辐射形式向焊接作业环境扩散,形成热辐射。电弧热量的20%～30%要逸散到施焊环境中去,因而可以认为焊接弧区是热源的主体。焊接过程中产生的大量热辐射被空气媒质、人体或周围物体吸收后,这种辐射就转化为热能。

某些材料的焊接,要求施焊前必须对焊件预热。预热温度可达150～700℃,并且要求保温。所以预热的焊件,不断向周围环境进行热辐射,形成一个比较强大的热辐射源。

焊接作业场所由于焊接电弧、焊件预热以及焊条烘干等热源的存在,致使空气温度升高,其升高的程度主要取决于热源所散发的热量及环境散热条件。在窄小空间或舱室内焊接时,由于空气对流散热不良,将会形成热量的蓄积,对机体产生加热作用。另外,在某一作业区若有多台焊机同时施焊,由于热源增多,被加热的空气温度就更高,对机体的加热作用就将加剧。

2. 危 害

研究表明,当焊接作业环境气温低于15℃时,人体的代谢增强;当气温在15～25℃时,人体的代谢保持基本水平;当气温高于25℃时,人体的代谢稍有下降;当气温超过35℃时,人体的代谢将又变得强烈。总的看来,在焊接作业区,影响人体代谢变化的主要因素有气温、气流速度、空气的湿度和周围物体的平均辐射温度。在我国南方地区,环境空间气温在夏季很高,且多雨湿度大,尤其应注意因焊接加热局部环境空气的问题。

焊接环境的高温,可导致作业人员代谢机能的显著变化,引起作业人员身体大量地出汗,导致人体内的水盐比例失调,出现不适应症状,同时,还会增加人体触电的危险性。

3. 防 护

为了防止有毒气体、粉尘的污染,一般焊接作业现场均设置有全面自然通风与局部机械通风装置,这些装置对降温亦起到良好的作用。在锅炉和压力容器与舱室内焊接时,应向这些容器与舱室内不断地输送新鲜空气,达到降温目的。送风装置须与通风排污装置结合起来设计,达到统一排污降温的目的。

减少或消除容器内部的焊接是一项防止焊接热污染的主要技术措施。应尽可能采用单面焊双面成型的新工艺,采取单面焊双面成型的新材料,对减少或避免在容器内部的施焊有很好的作用,可使操作人员免除或较少受到热辐射的危害。

将手工焊接工艺改为自动焊接工艺,如埋弧焊的焊剂层在阻挡弧光辐射的同时,也相应地阻挡了热辐射,因而对于防止热污染也是一种很有效的措施。

预热焊件时,为避免热污染的危害,可将炽热的金属焊件用石棉板一类的隔热材料遮盖起来,仅仅露出施焊的部分,这在很大程度上减少了热污染,在对预热温度很高的铬钼钢焊接时,以及对某些大面积预热的堆焊等,这是不可缺少的。

此外,在工作车间的墙壁上涂覆吸收材料,在必要时设置气幕隔离热源等,都可以起到降温的作用。

（五）射线的来源、危害及其防护

1. 来　源

焊接过程中的放射性危害，主要指氩弧焊与等离子弧焊的钍放射性污染等。

某些元素不需要外界的任何作用，它们的原子核就能自行放射出具有一定穿透能力的射线，此谓放射现象。将元素这种性质称为放射性，具有放射性的元素称为放射性元素。

氩弧焊和等离子弧焊使用的钍钨棒电极中的钍，是天然放射性物质，能放射出 α、β、γ 三种射线，其中 α 射线占 90%，β 射线占 9%，γ 射线占 1%。在氩弧焊与等离子弧焊焊接工作中，使用钍钨极会导致放射性污染的发生。其原因是在施焊过程中，由于高温将钍钨极迅速熔化部分蒸发，产生钍的放射性气溶胶、钍射气等。同时，钍及其衰变产物均可放射出 α、β、γ 射线。

2. 危　害

人体内水分占体重的 70%～75%。水分能吸收绝大部分射线辐射能，只有一小部分辐射能直接作用于机体蛋白质。当人体受到的辐射剂量不超过容许值时，射线不会对人体产生危害。但是人体长期受到超容许剂量的外照射，或者放射性物质经常少量进入并蓄积在体内，则可能引起病变，造成中枢神经系统、造血器官和消化系统的疾病，严重者可患放射病。

氩弧焊焊接操作时，基本的和主要的危害形式是钍及其衰变产物呈气溶胶和气体的形式进入体内。钍的气溶胶具有很高的生物学活性，它们很难从体内排出，从而形成内照射。

3. 防　护

对氩弧焊和等离子弧焊的放射性测定结果，一般都低于最高允许浓度。但是在钍钨棒磨尖、修理，特别是贮存地点，放射性浓度大大高于焊接地点，可达到或接近最高允许浓度。

由于放射性气溶胶、钍粉尘等进入体内所引起的内照射，将长期危害机体，所以对钍的有害影响应当引起重视，应采取有效的防护措施，防止钍的放射性烟尘进入体内。防护措施主要有：

① 综合性防护。如对施焊区实行密闭，用薄金属板制成密闭罩，将焊枪和焊件置于罩内，罩的一侧设有观察防护镜。使有毒气体、金属烟尘及放射性气溶胶等，被最大限度地控制在一定的空间内，通过排气系统和净化装置排到室外。

② 焊接地点应设有单室，钍钨棒贮存地点应固定在地下室封闭式箱内。大量存放时应藏于铁箱里，并安装通风装置。

③ 应备有专用砂轮来磨尖钍钨棒，砂轮机应安装除尘设备。图 10-4 为砂轮机的抽排装置示意图。砂轮机地面上的磨屑要经常作湿式扫除并集中深埋处理。地面、墙壁最好铺设瓷砖或水磨石，以利清扫污物。

④ 选用合理的工艺，避免钍钨棒的过量烧损。

⑤ 接触钍钨棒后，应用流动水和肥皂洗手，工作服及手套等应经常清洗。

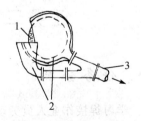

1—砂轮；2—抽吸口；3—排出管

图 10-4　砂轮机抽排装置

⑥ 真空电子束焊的防护重点是 X 射线。首先是焊接室的结构应合理，采取屏蔽防护。目前国产电子束焊机采用的是用低碳钢、复合钢板或不锈钢等材料制成的圆形或矩形焊接室。

为了便于观察焊接过程,焊接室应开设观察窗。观察窗应当用普通玻璃、铅玻璃和钢化玻璃等作三层保护,其中铅玻璃用来防护 X 射线,钢化玻璃用于承受真空室内外的压力差,而普通玻璃经受金属蒸气的污染。

为防止 X 射线对人体的损伤,真空焊接室应采取屏蔽防护。从安全和经济观点考虑,以及现场对 X 射线的测定情况来看,屏蔽防护应尽量靠近辐射源部位,即主要是真空室壁应予以足够的屏蔽防护,真空焊接室顶部电缆通过处和电子枪亦应加强屏蔽防护。

此外,还必须强调加强个人防护,操作者应佩戴铅玻璃眼镜,以保护眼的晶状体不受 X 射线损伤。

(六) 焊接噪声的危害及防护

1. 危 害

噪声的长期影响可造成职业性听力下降或职业性耳聋,也可能导致心血管和消化系统的发病率升高。

等离子弧焊、喷涂和切割时,产生强烈噪声,在防护不好的情况下,会损伤焊工的听觉神经。

2. 防 护

以等离子弧焊接与切割为例,在等离子弧焊接与切割时必须对噪声采取防护措施,主要措施如下。

① 选用小型消音器。

② 佩戴隔音耳罩或隔音耳塞。耳罩的隔音效果优于耳塞,但体积较大,戴用不太方便。耳塞的隔音效能,低频为 10~15 dB,中频为 20~30 dB。

③ 等离子弧焊接工艺产生的噪声强度与工作气体的种类、流量等有关,因此在满足质量要求的前提下,尽量选择小规范、小气量。

④ 尽量采用自动化,使操作者在隔音良好的控制室工作。

⑤ 等离子切割时,可以采取水中切割方法,利用水来吸收噪声。

任务二　焊工作业人员劳动防护要求

一、任务分析

学习焊接作业人员劳动要求,掌握焊接劳动防护及安全作业的有关要求。

二、相关知识

1. 焊接作业人员要求

作业人员应符合焊工特种作业的安全要求,持有电焊特种作业证,具备电焊特种作业资格。

2．焊接劳动保护要求

① 因惰性气体保护焊焊接时产生的大量火花飞溅和强烈的弧光辐射，焊工作业人员必须穿白色帆布电焊服，工作服上不得含有合成纤维、尼龙和贝纶等成分，这一点不仅适用于工作服，同时也适用于焊工所穿的内衣和袜子；必要时应穿着皮围裙进行防护。

② 应佩戴盖住鞋口的护脚套。

③ 作业时要戴好皮手套和防护面罩，防护面罩应使用防飞溅的玻璃，不允许使用塑料面罩；

④ 焊工劳保鞋用橡胶底，以防止触电和在容器或其它结构上工作时滑倒。

⑤ 对于船舶密闭舱室底部一米以下容积小于 $100\ m^3$ 的狭小空间或锅炉等容器施焊作业视情况佩带正压式送风头盔作业，以保持作业人员呼吸新鲜空气，不会吸入有毒有害气体。

3．焊接施工作业安全管理要求

(1) 施工人员作业前的检查

① 焊机电源线有无破损，地线接地是否可靠，导电嘴是否良好，送丝机构是否正常，极性选择是否正确。

② 气路检查。保护气体气路系统包括气瓶、预热器、干燥器、减压阀、电磁气阀、流量计。使用前检查各部连接处是否漏气，气体是否畅通和均匀喷出。

③ 管路检查。应检查惰性气体的供气气管无泄漏，如果使用送风面罩，空气管应无破损，发现气管泄漏或破损应立即停止作业，待修复后方可继续作业。惰性气体气管应按规定做好点检。

(2) 狭小空间或密闭舱室气体保护焊的作业要求

① 船舶双层底不允许实施气体保护焊接作业。

② 密闭舱室气体保护焊实行作业审批制度。

③ 审批程序及要求。

对于船舶密闭舱室，底部 1 m 以下容积大于 $100\ m^3$，对于分段制作过程中形成一定深度的三面围护空间，由施工队提出申请，并提前布置好通风和排风措施，工区/车间安全组负责审批；对于船舶密闭舱室底部 1 m 以下容积小于 $100\ m^3$ 的狭小空间或锅炉等容器作业，由施工队提出申请，并提前布置好通风和排风措施，准备好正压式送风头盔，安全主管负责审批。

④ 进行气体保护焊接作业时必须要进行连续通风，在舱室底部施焊还应采用抽风措施，抽风管应尽量安排在施焊者附近，并且距舱室底部 $100\sim500\ mm$ 的位置，这样尽量降低作业空间有害气体及烟尘的浓度，油轮货油舱等密闭舱室换气次数至少为 2 次/h。

⑤ 气体保护焊接作业的舱室，其入口处要悬挂明显的安全警示标牌，注明"正在进行气体保护焊接作业"、"防止窒息和中毒"等危险提示和"无关人员禁止入内"等安全警示语。

⑥ 在进行二氧化碳气体保护焊接时，产生的二氧化碳和一氧化碳气体因比重大于空气，沉浮在低洼处。为防止二氧化碳往低处流动沉积，处于施焊平面以下、空间狭小的舱室或空间，如双层底，应禁止人员进入施工。

⑦ 密闭舱室内二氧化碳气体保护焊停工时，二氧化碳气体胶管要采取出舱或切断气源措施。视情况也可采取将焊机头出舱的措施。

⑧ 船舶密闭舱室底部一米以下容积小于 $100\ m^3$ 的狭小空间或锅炉等容器焊接作业时，

为防止通风不足而导致的窒息和中毒等事件发生,焊接人员应佩戴送风式头盔呼吸防护,舱室外应设专人进行监护。

（3）舱室气体的检测

① 二氧化碳的气体在空气中的检测浓度应小于 1%,由于对二氧化碳的浓度检测目前还没有更好的仪器,因而采取对氧含量进行检测。在距离施焊者 1 m 左右高度平面的氧含量应不小于 19%,考虑到惰性气体的释放量最大为 25 L/min,因而仅对需要安全主管审批的舱室进行定时监测,监测间隔为 $3\sim6$ h,具体要根据焊机的数量确定,监测实施者可以为安全主管指派的经过安监部专门培训的人员。

② 检测出的数据应实时记录,并在进舱告示牌上注明检测数据。

（4）惰性气体焊接设备的入舱控制

① 散货船舶大舱惰性气体焊接设备工作数量不在控制之内,但应根据天气、气压情况采取通风或限制焊接设备数量,如阴天气压低有毒有害气体更易积聚,应尽量减少焊机数量。

② 气体保护焊接的密闭舱室,应根据二氧化碳的每小时的释放量所占空间体积,二氧化碳的每小时的气态释放量为 $45\sim50$ m³,结合释放的二氧化碳与空气混合以及通风等措施吹散或吸走等综合因素,合理控制进舱作业的二氧化碳焊机数量。

（5）二氧化碳气体预热器要求

二氧化碳气体预热器的电源不得高于 36 V,外壳接地可靠,工作结束,应立即切断电源和气源。

（6）供水系统要求

使用熔化极气体保护焊时还应注意检查供水系统不得泄漏,大电流熔化极气体保护焊时,应在焊把前加防护挡板,防止焊枪水冷系统漏水破坏绝缘发生触电。

（7）二氧化碳供气管路要求

二氧化碳供气管主管路、分气包、分支胶管、焊机胶管等管路颜色标示规定为黄颜色。

练习与思考

1. 简述焊接有害因素的来源及危害。
2. 焊接与切割作业劳动卫生防护措施有哪些？
3. 焊工作业人员劳动防护要求有哪些？

参考文献

[1] 中国机械工程学会焊接学会. 焊接手册:第二卷[M]. 北京:机械工业出版社,2007.
[2] 中国机械工程学会焊接学会. 焊接手册:第一卷[M]. 北京:机械工业出版社,2007.
[3] 李非,王玉公,刘兵. 逆变脉冲熔化极气体保护焊机的工艺特性[J]. 机械工人,2002(3):
    21-24.
[4] 雷世明. 焊接方法与设备[M]. 北京:机械工业出版社,2007.
[5] 朱学忠. 焊接操作技术速查手册. [M]. 北京:人民邮电出版社,2007.
[6] 高卫明. 焊接工艺[M]. 2版. 北京:北京航空航天大学出版社,2011.
[7] 王洪光. 实用焊接工艺手册[M]. 北京:化学工业出版社,2010.
[8] 陈祝年. 焊接工程师手册[M]. 北京:机械工业出版社,2002.
[9] 李亚江. 特种连接技术[M]. 北京:机械工业出版社,2007.
[10] 刘兵,王玉公. 奥氏体不锈钢储罐熔化极气体保护焊[J]. 热加工工艺,2003,25(2):
     19-27.
[11] 李亚江,刘强,王娟,等. 气体保护焊工艺及应用[M]. 2版. 北京:化学工业出版
     社,2009.
[12] 蒋章发. CO_2＋Ar混合气体保护焊在低合金高强钢中的应用[J]. 焊接与切割,2009
     (6):39-40.
[13] 张建春,王国荣,石永华,等. 混合气体在熔化极气体保护焊中的应用[J]. 焊管,
     2006,39(3):49-50.
[14] 殷树言,徐鲁宁,丁京柱. 熔化极气体保护焊的高效化研究[J]. 焊接技术,2000,29
     (12):4-7.
[15] 张京海,魏金山,王雅升,等. 保护气体对焊缝金属氢脆敏感性影响的研究[J]. 材料开
     发与应用,2003,18(10):1-9.
[16] 周业基. 焊接保护气体选择[J]. 广船科技,2000(3):20-24.
[17] 王占英,马轶群,张兰娣,等. 低温材料09MnNiDR的焊接工艺[J]. 焊接,2006(2):
     63-65.
[18] 李冬林. 低温厚壁大型球罐用钢焊接工艺的研究[D]. 西安石油大学,2007.
[19] 许先果. 18MnMoNb钢的混合气体保护焊工艺研究[J]. 重庆大学学报:自然科学版,
     1998,21(4):29-33.
[20] 王春安,闫俊虎. 新型低温等离子体技术及应用[J]. 广东技术师范学院学报:自然科学
     版,2010(1):22-24.
[21] 孟月东,钟少锋,熊新阳. 低温等离子体技术应用研究进展[J]. 物理,2006,35(2):
     140-146.
[22] 陈国余,常红坡,陈春阳,等. 铝及铝合金的变极性等离子焊接设备与工艺[J]. 电焊机,
     2006,36(2):22-26.
[23] 廖志谦,王忠平. 钛合金厚板的等离子焊接[J]. 材料工艺,2005,20(4):28-37.
[24] 别凤喜,等. 焊工[M]. 2版. 北京:中国劳动社会保障出版社,2005.
[25] 张应立. 电焊工基本技能[M]. 北京:金盾出版社,2008.